国家出版基金项目
NATIONAL PUBLICATION FOUNDATION

"十三五"
国家重点出版物出版规划项目

脉冲爆震涡轮发动机技术

郑龙席　王治武　黄希桥　邱华　著

西北工业大学出版社

西安

【内容简介】 本书比较全面地介绍了脉冲爆震涡轮发动机的基本概念、研究现状、发展趋势及需要研究的关键技术问题。本书共分为8章:第1章总结脉冲爆震涡轮发动机的研究现状和关键技术;第2章建立脉冲爆震燃烧室性能计算模型及脉冲爆震涡轮发动机性能计算方法,得到循环参数对发动机性能的影响规律;第3章介绍利用DDT过程生成爆震波的方法和技术;第4章主要阐述爆震室设计方法;第5章介绍爆震室与压气机的相互作用与匹配技术;第6章分析爆震室与涡轮的相互作用及匹配技术;第7章总结尾喷管的设计方法;第8章介绍试验测量技术。

本书可为从事脉冲爆震涡轮发动机研究工作的工程技术人员和相关专业的师生提供参考。

图书在版编目(CIP)数据

脉冲爆震涡轮发动机技术/郑龙席等著 . —西安:
西北工业大学出版社,2019.12
  ISBN 978 - 7 - 5612 - 6869 - 8

  Ⅰ. ①脉… Ⅱ. ①郑… Ⅲ. ①脉冲爆发-发动机
Ⅳ. ①TK05

中国版本图书馆 CIP 数据核字(2019)第 289635 号

MAICHONG BAOZHEN WOLUN FADONGJI JISHU

脉 冲 爆 震 涡 轮 发 动 机 技 术

责任编辑:朱辰浩		策划编辑:雷 军	
责任校对:李阿盟		装帧设计:李 飞	

出版发行:西北工业大学出版社
通信地址:西安市友谊西路 127 号   邮编:710072
电   话:(029)88491757,88493844
网   址:www.nwpup.com
印 刷 者:中煤地西安地图制印有限公司
开   本:787 mm×1 092 mm   1/16
印   张:18.875
字   数:495 千字
版   次:2019 年 12 月第 1 版   2019 年 12 月第 1 次印刷
定   价:168.00 元

序　言

自 20 世纪中叶提出脉冲爆震概念并开展相关研究以来,21 世纪初进一步提出了用脉冲爆震燃烧室替代传统涡轮发动机中等压燃烧室,从而形成脉冲爆震涡轮发动机的想法。近年来,脉冲爆震及脉冲爆震涡轮发动机的研究再次在国内外引起了广泛关注,并取得了不少重要进展。

本书作者对国内外在脉冲爆震涡轮发动机研究方面所取得的成果进行了总结,比较全面地介绍了脉冲爆震涡轮发动机的基本概念、研究现状、发展趋势以及需要特别关注的关键技术问题,特别是包含了作者团队多年来在这一领域辛勤工作所取得的研究成果。

作为航空发动机业界一员,真切希望越来越多"中国创造"的高性能发动机产品推动各类飞行器翱翔蓝天,为国防建设和经济发展提供强劲的动力。在这里由衷地希望,本书的出版能为我国航空发动机事业的发展和发动机从业人员的工作提供重要帮助。

2019 年 9 月

前　言

从 1903 年莱特兄弟在人类历史上首次实现有动力的载人持续可控飞行至今,人类航空工业已经历了 100 多年的发展。在这 100 多年的时间里,前 50 年飞行器主要以活塞发动机作为动力装置,后 60 多年主要以涡轮发动机作为动力装置。随着科学技术的发展,基于布莱顿循环(等压循环)的涡轮发动机技术已经非常成熟,发动机的气动性能和结构性能都已经达到了较高的水平,发动机部分组件效率已经达到并超过 90%,其性能的提高主要依靠新材料的发现和加工工艺的发展,同时也借助于改变或优化发动机循环参数,这不仅提高了生产与使用成本,而且增加了系统的复杂性,加长了研制周期,从而大大制约了新一代发动机的研制。

尽管如此,随着人类对空天探索的不断深入,要求动力装置具备更好的经济性和更优的性能。而传统基于等压循环的涡轮发动机由于热力循环的限制,已经很难适应未来空天动力装置的发展需求。因此,需要寻求新的循环或燃烧方式以实现传统涡轮发动机性能的突破。

自然界存在两种形式的燃烧波:缓燃波与爆震波。缓燃波可看作是一相对简单的化学反应区,它相对于反应物以亚声速传播,未燃气体到已燃气体压力、密度均减小;爆震波相对于反应物以超声速传播,未燃气体到已燃气体压力、密度均增加。爆震波的传播速度极快(2 000 m/s 左右),燃烧波后的产物来不及膨胀,爆震燃烧过程接近等容燃烧;相比于等压燃烧,较低的熵增使基于爆震燃烧的热力循环过程热效率更高;另外,爆震可以实现自增压,能够大大简化发动机结构,由此带来的好处不言而喻。因此基于爆震燃烧方式的发动机概念引起了各国研究者的极大兴趣。

从 20 世纪 40 年代开始,人们已对爆震燃烧应用于推进系统的可行性进行了研究。早期,研究人员主要集中于脉冲爆震冲压发动机的相关研究,即直接利用爆震燃烧产生的高温高压产物通过尾喷管高速排出后产生推力。从 20 世纪 80 年代起,世界各国对基于脉冲爆震燃烧的发动机的研究进入了全面的发展时期,已完成了概念验证、关键技术突破,并进行了样机的研制和试验。脉冲爆震冲压发动机的发展又促进了脉冲爆震燃烧室技术的进步与成熟。

21 世纪初,国外学者提出了利用脉冲爆震燃烧室替代传统涡轮发动机中等压燃烧室的想法,并进行了初步的性能分析。结果显示脉冲爆震涡轮发动机的性能与传统涡轮发动机相比,具有单位推力大、耗油率低、推重比/功重比高、工作马赫数范围宽等优势。巨大的潜在性能优势使其在未来动力装置领域有着广泛的应用前景,可为飞行器、舰船、燃气轮机发电、卡车动力等提供新型动力装置,具有不可估量的经济价值。

脉冲爆震涡轮发动机特有的优势及广阔的应用前景吸引了国外大量研究机构的关注,包括美国 NASA 格兰研究中心、GE 全球研究中心、空军研究实验室、莱特-帕特森空军基地、辛辛那提大学、日本筑波大学、德国柏林科技大学、罗马尼亚燃气轮机研究与发展研究所等众多研究机构都开展了脉冲爆震涡轮发动机的相关研究并取得了大量的研究成果。

西北工业大学爆震推进研究小组在严传俊教授的带领下,自1994年起开展采用脉冲爆震燃烧的发动机相关研究,先后突破了多项两相爆震燃烧的关键技术,建立了成熟的脉冲爆震燃烧室的结构设计方法。2005年起,课题组在相关科研项目的资助下,针对脉冲爆震涡轮发动机关键技术问题展开研究工作,取得了多项突破性的研究进展,包括两相多管脉冲爆震燃烧室设计与协调稳定工作技术、脉冲爆震燃烧室与旋转部件匹配技术、脉冲爆震涡轮发动机整机匹配技术、非稳态工作与性能参数测试技术等。

为了总结经验,扩大交流与合作,本书总结国内外有关脉冲爆震涡轮发动机的研究成果并编辑成册,可为从事这种新型发动机研究工作的工程技术人员和相关专业的师生提供参考。

本书比较全面地介绍了脉冲爆震涡轮发动机的基本概念、研究现状、发展趋势以及需要研究的关键技术问题;重点介绍了脉冲爆震涡轮发动机总体性能、部件设计与试验技术、部件匹配技术以及整机匹配试验技术等方面的内容。

本书共分8章,第1,2,6章由郑龙席教授撰写;第3,5章由王治武教授撰写;第4章由王治武教授、邱华教授撰写;第7章由王治武教授、黄希桥教授、邱华教授撰写;第8章由黄希桥教授撰写。全书由郑龙席教授负责统稿并最终定稿。在编写过程中,李勍工程师、李晓丰博士、彭畅新博士、卢杰博士、王凌羿博士、贾胜锡博士、张淑婷硕士、王苗苗博士等参与了本书部分内容的撰写及图表制作的工作,特此表示感谢。

非常感谢乐嘉陵院士、尹泽勇院士为本书的出版给予的大力支持,感谢尹泽勇院士为本书作序,感谢严传俊教授审阅了本书,并提出了许多重要的修改意见。感谢国家工业和信息化部、国防科技创新特区项目对脉冲爆震涡轮发动机相关研究的大力支持。本书获准"2019年度国家出版基金资助项目""'十三五'国家重点出版物出版规划项目""陕西出版资金精品项目"等立项,感谢相关部门对本书出版的支持。

相对于传统的涡轮发动机,脉冲爆震涡轮发动机尚处于初期研究和发展阶段,研制出实际可用的脉冲爆震涡轮发动机还面临着许多挑战和难题。本书的内容仅是国内外在现阶段研究成果的一个总结和对未来研究方向的展望,部分见解可能有一定的局限性。由于水平有限,疏漏与不当之处在所难免,恳请读者批评指正。

著 者

2019 年 9 月

目　录

第1章 概　　论

1.1　引　　言

国内外理论分析证明,采用脉冲爆震燃烧室替代传统涡轮发动机中的等压燃烧室,可使燃气涡轮发动机的热力循环模式由等压循环转变为爆震循环(近似于等容循环),从而大幅度提升发动机性能。早在 2003 年,美国 GE 公司就提出了未来的燃气轮机和火箭发动机中采用脉冲爆震循环替代原有等压循环的设想(见图 1.1)。

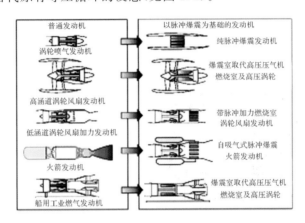

图 1.1　美国 GE 公司提出的下一代发动机脉冲爆震循环的设想图

美国围绕脉冲爆震涡轮发动机技术先后实施了"脉冲爆震发动机技术(Pulse Detonation Engine Technology, PDET)计划""脉冲爆震发动机涡轮相互影响计划(Pulse Detonation Engine Turbine Interaction Project, PDETIP)""等容燃烧循环发动机(Constant Volume Combustion Cycle Engine, CVCCE)研究计划"和"火神发动机计划(Project Vulcan)"等多项相关研究计划。研究表明,脉冲爆震涡轮发动机理论计算性能与传统燃气涡轮发动机相比有明显提高;在同等试验条件下,爆震燃烧产物驱动涡轮可获得比定压燃烧更多的功率。国内西北工业大学经过探索和研究,在脉冲爆震涡轮发动机关键技术和原理样机的研究方面取得了很多突破性的进展,并且用实验验证了该类发动机的技术可行性与性能优越性。

2009 年,美国国防高级计划研究局(Defense Advanced Research Projects Agency, DARPA)提出的"火神发动机计划",旨在研制一种能将高超声速飞行器从零加速到马赫数为 4+的发动机,技术思路为采用等容循环替代传统燃气涡轮发动机中的等压循环,其负责人称脉冲爆震推进是等容燃烧发动机中最成熟的技术。

2011 年,GE 公司先进系统执行官 Dale Carlson 在未来电动飞行器会议上宣称:"GE 公司在 DARPA Vulcan 计划的资助下,正在研发可用于高速军用飞机的脉冲爆震涡轮发动机。"2012年,NASA公布了2012—2035年推进技术发展路线图,计划在2020年使脉冲爆震发动机研究的技术成熟度达到六级。此外,日本、欧盟也开展了脉冲爆震涡轮发动机的相关研究。

本章将从概念、分类、定义、潜在优点、研究现状及关键技术等方面对脉冲爆震涡轮发动机进行总体介绍。

1.2 脉冲爆震涡轮发动机简介

1.2.1 脉冲爆震涡轮发动机概念

脉冲爆震涡轮发动机(Pulse Detonation Turbine Engine,PDTE)是一种利用脉冲爆震燃烧室(Pulse Detonation Combustor,PDC)替代传统涡轮发动机中等压燃烧室(包括主燃烧室和加力燃烧室)的新概念发动机(见图1.2)。该类发动机采用的是具有自增压、燃烧速度快及熵增小等显著优点的爆震燃烧,实现了燃气涡轮发动机循环从等压向等容的转变,可大幅提高发动机性能,具有广阔的应用前景。

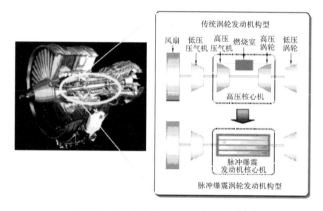

图1.2 脉冲爆震涡轮发动机示意图

1.2.2 脉冲爆震涡轮发动机的分类及定义

根据脉冲爆震燃烧室替换位置的不同可以将脉冲爆震涡轮发动机主要分为以下4种。

(1)带脉冲爆震主燃烧室的涡轮喷气或涡扇发动机。其基本结构包括进气道、风扇、压气机、脉冲爆震主燃烧室、涡轮、传统加力燃烧室等部件,如图1.3所示。这种结构下,传统涡轮发动机的主燃烧室被脉冲爆震燃烧室替代。爆震燃烧产物驱动涡轮后,经过加力燃烧室从尾喷管高速排出产生推力。

(2)带脉冲爆震主燃烧室的涡轮轴/螺旋桨发动机。其基本结构包括进气道、压气机、脉冲爆震主燃烧室、涡轮、动力涡轮、减速器等部件,如图1.4所示。这种结构下,涡轮轴/螺旋桨发动机的主燃烧室被脉冲爆震燃烧室替代,脉冲爆震燃烧产物的能量基本上由涡轮及动力涡轮提取并输出轴功率。

(3)带脉冲爆震外涵加力燃烧室的涡轮风扇发动机。其基本结构包括进气道、风扇、压气机、传统燃烧室、涡轮、外涵道脉冲爆震加力燃烧室等部件,如图1.5所示。这种结构下,发动机的外涵道安装有脉冲爆震加力燃烧室,通过在外涵道组织爆震燃烧来实现增加发动机推力的目的。

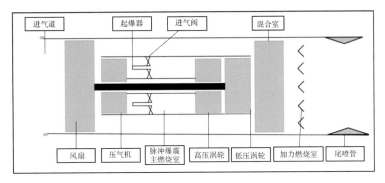

图 1.3　带脉冲爆震主燃烧室的涡扇发动机

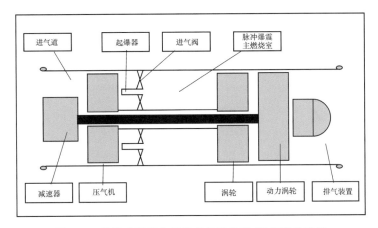

图 1.4　带脉冲爆震主燃烧室的涡轮轴/螺旋桨发动机

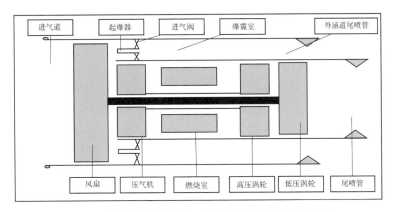

图 1.5　带脉冲爆震外涵加力燃烧室的涡轮风扇发动机

(4)带脉冲爆震加力燃烧室的涡轮喷气或涡扇发动机。其基本结构包括进气道、压气机、燃烧室、涡轮、脉冲爆震加力燃烧室等部件,如图 1.6 所示。这种结构下传统涡轮喷气发动机的加力燃烧室被脉冲爆震加力燃烧室所替代,通过在传统加力燃烧室里面组织爆震燃烧来达到加力的目的。由于脉冲爆震加力燃烧室的增压作用,涡轮后的燃气经脉冲爆震燃烧室燃烧加热后其总压进一步提高,通过尾喷管膨胀后能够大大提高这种发动机的加力性能。

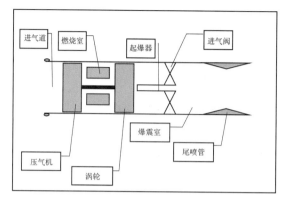

图 1.6　带脉冲爆震加力燃烧室的涡轮喷气或涡扇发动机

1.2.3　脉冲爆震涡轮发动机的潜在优点

脉冲爆震涡轮发动机的潜在优点有如下几方面。

(1)循环热效率高(等压循环的热效率为 0.27,等容循环的热效率为 0.47,爆震循环的热效率为 0.49)。

(2)单位推力大,耗油率低。由于爆震燃烧具有自增压特性,燃烧过程熵增小,所以爆震循环效率高,燃烧产物的热能可以更多地转化为有效功,使得发动机单位推力增大,耗油率降低。

(3)结构相对简单,质量轻,发动机的推重比/功重比高。爆震燃烧具有自增压作用(爆震燃烧后的爆震室出口燃气的平均总压能增加 6 倍左右),用脉冲爆震燃烧室代替传统发动机的主燃烧室后,高压部件的级数可大大减少,甚至直接替代核心机,从而大大减轻发动机质量,提高发动机的推重比/功重比。

(4)工作马赫数范围宽。由于涡轮材料存在耐温极限,在飞行马赫数较高的条件下(马赫数为 2.5 左右,部分涡轮喷气发动机通过采用一体化加力燃烧室或在压气机进口喷水等措施可以将飞行马赫数拓展到 3 左右),传统涡轮喷气发动机已经无法为飞行器提供有效的推力,对于 PDTE 而言,由于 PDC 具有自增压作用,能拓宽传统涡轮发动机的工作马赫数范围(马赫数为 0~4+),故可考虑将其与双模态超燃冲压发动机相结合,形成脉冲爆震涡轮组合发动机(Pulse Detonation Turbine Based Combined Cycle,PD-TBCC),有效实现模态转换过程中马赫数转接、填补推力空白,为高超声速组合动力装置的发展提供新的技术途径。

(5)增推效果好。性能计算结果表明,采用脉冲爆震外涵加力燃烧室的涡轮风扇发动机与传统加力相比,发动机推力可提高为原来的 2 倍。

(6)排气污染少。爆震波是超声速传播的,因此爆震燃烧产物在高温区停留时间短,污染物尤其是氮氧化物的排放能大大减少。

(7)能实现地面启动,功率提取方便。与脉冲爆震冲压发动机相比,脉冲爆震涡轮发动机能真正实现地面启动,并可充分利用燃气涡轮发动机机械功率提取高的优势,扩展脉冲爆震发动机的应用范围。

1.3　脉冲爆震涡轮发动机研究现状

爆震现象的研究最早可追溯到 19 世纪末[1]，由 Berthelot、Vieille(1881,1882)，Mallard 和 Le Chatelier(1881)在进行火焰传播试验时发现。而有关脉冲爆震发动机的研究起始于 20 世纪 40 年代 [Hoffman[2]（1940）、Nicholls 等人[3]（1957）、Dunlap 等人[4]（1958）、Krzycki[5]（1962）]，但在 20 世纪 60 年代后期，由于错误的研究结论，脉冲爆震发动机(Pulse Detonation Engine，PDE)的研究被迫中止，直到 20 世纪 80 年代后期，Helman 等人[6]的研究才重新点燃了人们对 PDE 研究的热情。

从 20 世纪 80 年代后期到 21 世纪初，大量学者的研究工作都主要集中在用爆震管直接产生推力的脉冲爆震发动机上，如脉冲爆震冲压发动机和脉冲爆震火箭发动机。为了防止大量爆震燃气的热量经尾喷管排出后直接耗散在大气环境中，学者们在 20 世纪末提出了在爆震室进口和出口加装压气机和涡轮的新概念发动机设计方案，即脉冲爆震涡轮发动机。该发动机结合了爆震循环热效率高和涡轮机械功率提取方便的优势，可将爆震燃气中的大部分热量转化为机械能，减少热量在环境中的浪费，从而提高发动机性能。随后国内外众多学者提出了多种不同形式的脉冲爆震涡轮发动机并申请了大量的专利。

1997 年，美国 R.L. SCRAGG[7]首先提出了基于爆震循环的涡轮发动机，并申请了专利，其结构如图 1.7 所示，主要由压气机、涡轮及两个脉冲爆震燃烧室组成。他指出该发动机与现有活塞发动机相比燃油消耗率可减小 1/3，污染物排放可降低 30% 以上。

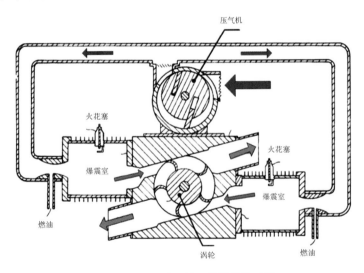

图 1.7　基于爆震循环的涡轮发动机

2000 年，美国 J.E. Johnson 等人[8-10]首先提出了将脉冲爆震燃烧室应用于传统航空发动机上的设想，主要想法是用脉冲爆震燃烧室替换传统涡扇发动机中的核心机或加力燃烧室，从而将发动机从等压循环转变为爆震循环，以提高发动机的总体性能，其申请的专利如图 1.8 所示。

2003 年，K.S. Venkataramani 等人[11-12]提出了将脉冲爆震燃烧室应用于大涵道比涡扇发动机中，其结构如图 1.9 所示。发动机中的等压主燃烧室被爆震室所替代，采用爆震燃烧后压气机级数减小到 3 级,涡轮级数降为 1 级,大大减轻了发动机质量,可一定程度上提高发动机的推重比。

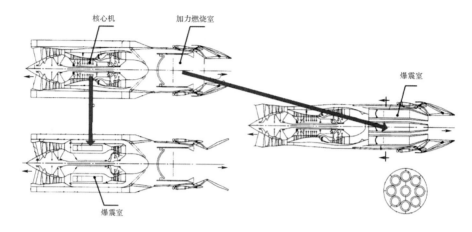

图 1.8　脉冲爆震涡轮发动机

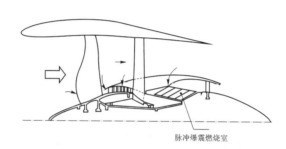

图 1.9　大涵道比脉冲爆震涡轮发动机

2004 年,美国 GE 公司 R.J. Orlando 等人[13-14]申请了基于爆震燃烧的燃气涡轮发动机技术专利,即在燃气涡轮发动机中采用爆震燃烧来提高发动机的循环热效率以及功率输出。其主要由风扇、低压压气机、脉冲爆震燃烧系统及低压涡轮组成,如图 1.10 所示。

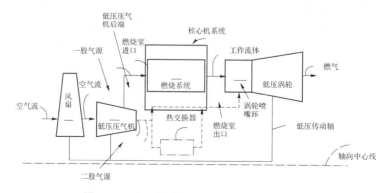

图 1.10　基于爆震燃烧的燃气涡轮发动机

2009 年,美国 J.M. Li 等人[15]提出了用脉冲爆震燃烧室驱动涡轮带动发电机发电的构想,并申请了专利,如图 1.11 所示。其主要由风扇,脉冲爆震燃烧室,高、低压涡轮,减速器及发电机组成,为了缩短燃烧室的长度,专利中采用了多管螺旋形脉冲爆震燃烧室。F.K.

Lu 指出该发电系统与现有火力发电系统相比,具有低污染、高效率的优点。

2009 年,邱华等人[16-17]提出了一种前置涡轮组合脉冲爆震发动机的构想,并进行了初步的性能分析。结果表明,这种结构的脉冲爆震涡轮发动机可以通过改变驱动面积比的大小来调节发动机工况以适应不同的飞行马赫数来流,从而能让这种发动机在较大飞行马赫数范围内工作。

可以看出,脉冲爆震涡轮发动机可广泛应用于军、民用动力装置领域,包括民用汽车发动机、发电燃气轮机、大涵道比涡轮风扇发动机、军用涡轮喷气/涡轮风扇发动机等。下面简要介绍国内外研究现状。

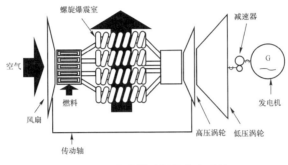

图 1.11　脉冲爆震涡轮发电系统

1.3.1　国外研究现状

国外研究机构在脉冲爆震涡轮发动机的性能计算、数值模拟和试验研究等方面开展了大量的工作。

1. 性能计算

PDC 的周期性、非定常流动特性导致 PDTE 的性能分析与传统涡轮发动机性能分析方法存在较大的不同,性能分析模型建立难度较大,但 PDTE 的性能分析方法对于 PDTE 的研制具有重要意义。因此,研究人员围绕 PDTE 性能分析开展了大量的研究工作,建立了多种性能分析模型对 PDTE 的性能进行评估。根据爆震室模型的不同,可以将 PDTE 性能分析模型分为零维模型、一维模型及多维模型等三种类型。

(1)零维模型。零维模型大都是基于 Chapman 和 Jouguet 提出的简单爆震波理论模型,即所谓的 C‐J(Chapman‐Jouguet)理论,并对 PDC 的非稳态工作过程进行适当简化而得到的一种半解析或解析模型。它主要考虑气动参数、几何参数等对 PDTE 性能的影响,可用于 PDTE 性能的快速评估。

Heiser 和 Pratt 等人[18]将 ZND 模型(Zel‐dovinch, von Neumann, Doring 分别独立提出的爆震波结构模型)和传统热力循环分析方法相结合,建立了脉冲爆震发动机的热力循环分析模型。该模型将理想爆震循环过程分为等熵压缩、爆震燃烧、等熵膨胀和等压放热四个热力学过程,其中爆震燃烧过程按照 C‐J 理论进行计算。Wu 等人[19]对该理想热力循环模型进行进一步完善,考虑反应物和产物比热比的差异,建立了分段变比热理想爆震循环分析模型。C.J.A. Kentfield[20]也从 ZND 模型出发,对吸气式 PDE 理想热力学性能进行分析。另外,他还基于等容循环来计算理想 PDE 循环过程的循环功,然后基于理想循环功全部转化为发动机排气动能这一前提,计算发动机的等效排气速度,最后依据动量定理来获得发动机的单位推力、比冲等性能参数[21]。此外,Wintenberger 等人[22]提出了一种替代爆震循环的热力循环模型,即 Fickett‑Jacobs(F‑J)循环,可用于计算给定质量的可爆混合物经过爆震燃烧后能够输出的最大机械功。Hutchins 等人[23]则从能量和㶲的角度出发,用等容循环替代爆震循环来计算理想 PDE 的循环热效率。Bellini 等人[24]也用㶲分析方法对用于轴功率输出的 PDTE 装置的性能进行了分析。Roux[25]建立了理想 PDE 性能分析模型来对 PDE 进行参数化研究,研究了压比、来流马赫数对 PDE 单位推力、油气比、热效率、推进效率以及总效率的影响。热力循环分析结果表明,在相同进口条件下,理想爆震循环的循环热效率要略高于理想等容循环(Humphrey 循环),且要远高于理想等压循环(Brayton 循环)。

虽然上述理想热力循环分析模型大部分是针对 PDE 建立的,但这些模型也可用于 PDTE 理想性能的评估。其区别在于 PDE 的等熵压缩过程由进气道完成,而 PDTE 的等熵压缩过程由进气道和压气机共同完成。对于爆震产物的等熵膨胀过程,PDE 主要在尾喷管中进行,而 PDTE 则是在涡轮和尾喷管两大部件中进行。

基于理想热力循环的性能分析模型可以很方便地计算得到理想爆震循环的热效率,进而计算 PDE 或 PDTE 的比冲、推力等性能。但这些模型没有考虑 PDC 的非定常工作过程,只是简单地将脉冲爆震燃烧过程简化为基于 ZND 模型的 C‑J 爆震燃烧过程。因此,这些模型可以认为是爆震室工作频率无穷大的一种极限情况。但在实际工作过程中,PDC 的工作频率都是有限的,这也就意味着通过这些热力循环分析模型获得的只是 PDE 或 PDTE 性能的上限。

为了在零维模型中考虑 PDC 的周期性工作特性,必须建立 PDC 周期性工作过程的解析模型。早在 1957 年,Nicholls 等人[26]就在直管单次爆震试验基础上提出了一种光滑直管单次爆震性能解析模型,通过用爆震室头部压力平台区的压力对作用时间积分获得爆震管的推力,但该模型没有考虑压力松弛过程对推力的贡献。Zitoun 和 Desbordes 等人[27]对该模型进行了修正,考虑了压力松弛过程对推力的贡献,并给出了估算单次爆震比冲的半经验关系式。Wintenberger 等人[28-30]则根据爆震波后的自相似解的气体动力学原理计算推力壁处压力平台区的压力,并结合理论分析与试验数据获得了压力松弛过程对推力的贡献,建立了直光管爆震室单次爆震比冲的半解析关系式。该模型与试验数据吻合较好,预测的比冲性能和试验值最大相差不超过 15%。此外,他们还基于控制体方法,在单次爆震半解析模型的基础上建立了吸气式 PDE 的解析模型[31],详细考虑了爆震填充、吹熄等过程对发动机性能的影响。该模型可用于对吸气式 PDE 的多循环性能分析。B. Hitch 等人[32]则建立了带喷管的 PDE 性能解析模型并与试验结果进行了对比验证。该模型将爆震燃烧和排气过程简化为两部分,一部分为等压燃烧,一部分为等容燃烧,在爆震波传播出去后,两部分进行压力平衡计算。

上述单次爆震解析模型中大都包含一个经验系数,而且不同的模型经验系数取值不一致,因此预测得到的结果和经验系数的取值密切相关。为了获得不依赖于经验系数的完全解析模型,Endo 等人[33-35]通过不断研究最终建立了光滑直管爆震室完全解析模型。该模型将 PDC 的一个循环过程分为爆震起爆、传播、排气、填充四个部分。假设爆震波直接从推力壁处起爆生成后向爆震室出口传播,在爆震波传播到爆震室出口后,会产生一道反射膨胀波,在反射膨胀波达到爆震室推力壁处之前,爆震室内的流动都是简单波区,简单波存在自相似性,可以根据波的自相似性获得流动参数的解析解。在爆震室出口的第一个反射膨胀波到达推力壁后,会在推力壁处产生反射膨胀波,推力壁压力平台区进入压力松弛过程,此时爆震室内的流动是复杂波区,流动参数无法用简单的解析表达式来表达。Endo 等人假设推力壁处反射的膨胀波是一个自相似波,也就是说压力平台区的压力松弛过程是一个自相似过程。基于这一近似,Endo 等人建立了一个不依赖经验系数的完全解析模型,并得到了试验的验证。

在上述半解析和完全解析模型基础上,研究人员将其与传统涡轮发动机性能分析方法相结合,建立了 PDTE 性能分析模型,并对 PDTE 的性能进行研究。

Petters 等人[36]利用推进系统数值仿真程序(Numerical Propulsion System Simulation,NPSS)对采用 PDC 替代高涵道比涡扇发动机核心机的 PDTE 进行了性能分析。结果发现用 PDC 替代涡扇发动机核心机后,在产生几乎相同推力的前提下发动机的耗油率能降低 11% 左右。文中爆震室出口参数采用时间平均的等效出口参数,但并未对爆震室模型进行详细介绍。

Andrus 等人[37-38]同样利用 NPSS 软件对用 PDC 替代高涵道比涡扇发动机主燃烧室的 PDTE 性能进行了分析,其计算模型如图 1.12 所示。模型中假设高压压气机出口空气只有部分进入爆震室参与爆震燃烧,剩余空气沿着爆震室外壁对爆震室管壁进行冷却,同时考虑了爆震室工作频率的影响。通过研究表明:在获得相同推力条件下,发动机耗油率降低了 8% 左右。

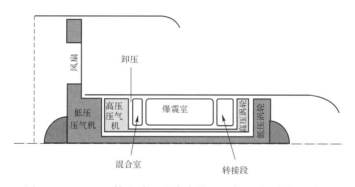

图 1.12　Andrus 等人采用的脉冲爆震涡扇发动机结构示意图

Kumar 等人[39]利用 Endo 等人的解析模型对带脉冲爆震外涵加力燃烧室的混合排气涡扇发动机的性能进行了分析。通过对 PDTE 的性能进行优化后,PDTE 在设计点巡航状态下的推力相对基准涡扇发动机可增加 11.8%。但在 Kumar 等人的性能分析中,外涵道爆震室出口的总参数直接利用 PDC 推力壁处压力和温度在一个循环内的平均值来替代,没有考虑爆震出口的压力、温度和推力壁处的压力、温度两者间的差异。

(2)一维模型。一维模型主要通过求解带化学反应的一维非稳态守恒方程来获得 PDC 在一个循环内详细的流动参数,进而计算 PDTE 的性能。在 PDE 的研究过程中,一维模型曾广泛用于直管或带喷管的 PDE 性能研究[40-48]。

NASA 格兰研究中心的 Paxson 等人[49-53]开发了用于求解爆震室内一维非定常守恒方程的代码。该代码采用二阶 Lax-Wendroff 格式对守恒方程进行积分求解,通量项采用 Roe 近似黎曼求解器获得。通过对 PDC 一个循环内的流动参数进行计算分析,Paxson 等人[52-53]发现,爆震室在一个循环内的时间平均总压比(PDC 出口时间平均总压与进口平均总压之比)可以表示为质量平均总焓比的函数(总焓比与 PDC 进口总温、可爆混合物油气比、燃料热值、吹熄因子等因素有关),从而可以利用一个简单的传递函数来对脉冲爆震燃烧室进行建模,大大简化了 PDC 模型。Paxson 利用该传递函数针对带进气道/尾喷管的吸气式 PDE 以及带 PDC 加力燃烧室的涡轮喷气发动机的性能进行了分析。其中,对带 PDC 加力燃烧室的涡轮喷气发动机性能分析结果表明,由于加力燃烧室进口温度已经很高,在尾喷管壁面温度的限制条件下,爆震室的加热量较小,燃气通过 PDC 加力燃烧室后的总焓和总压增加有限,导致采用 PDC 加力燃烧室的涡喷发动机与传统加力相比性能改善程度有限。Paxson 等人[54]还利用所开发的一维性能代码对变截面的 PDC 进行了优化设计。此外,他将一维模型计算得到的一个循环内 PDC 出口参数随时间的变化加载到一个通用涡轮特性图上,以获得在 PDC 燃气冲击下的涡轮非定常效率和输出功[55],结果表明 PDC 燃气冲击涡轮下的输出功只有等容燃烧室冲击涡轮下的输出功的 92%。由于传统涡轮特性图是在稳态燃气冲击下获得的,所以采用这种方法获得的涡轮效率和输出功只能作为一个参考,但 Paxson 等人的研究为后人提供了一个有借鉴价值的思路。

GE 全球研究中心的 Tangirala 等人[56]也开发了 PDC 工作过程的非定常一维数值仿真程序。他们针对两种脉冲爆震基发动机,即冲压式 PDE 和带 PDC 主燃烧室的涡轮发动机开展研究。对于带 PDC 主燃烧室的涡轮发动机主要研究了 PDC 的部件特性。他们利用类似 Paxson 等人的方法研究了 PDC 进出口时间平均总压比与质量平均总焓比的关系式,发现根据给定进口条件计算得到的 PDC 总压比要低于 Paxson 等人的计算结果,而且比热比取值不同对计算得到的总压比有较大影响。随后,Tangirala 等人[57-59]利用三段变比热计算方法对 Paxson 提出的 PDC 传递函数进行了修正,并将修正后的传递函数模型与传统性能分析软件 Gate-Cycle 相结合对带 PDC 主燃烧室的脉冲爆震涡轮发动机(替换核心机)的推进性能进行了参数化研究。结果表明,用 PDC 替换涡扇发动机的核心机后,发动机的热效率要高于基准涡扇发动机。在此基础上,他们还对不同构型的 PDTE 及其组合的热效率及单位功率进行了研究[60],其中包括在高、低压压气机间安装空气中间冷却器的构型(构型Ⅰ),低压涡轮出口带有再生回热装置的构型(构型Ⅱ)以及高、低压涡轮间采用传统涡轮级间燃烧室的构型(构型Ⅲ)。研究表明构型Ⅰ和构型Ⅱ的组合 PDTE 在所有压比范围内的热效率最高,而构型Ⅰ和构型Ⅲ组合则能输出最大单位功率。

GE 全球研究中心的 Ma 等人[61-62]针对 PDTE 用脉冲爆震燃烧室建立了有限循环分析模型。该模型详细考虑了进气阀、燃烧室、燃料喷嘴、爆震室出口排气喷管以及爆震室内的总压和传热损失。利用此模型,Ma 等人对 PDC 性能进行优化。优化参数包括 PDC 长度、排气喷管喉道面积比、PDC 工作频率、阀门开启时间、燃料填充时间等。结果表明,优化后的 PDC 最大总增压比与优化前相比提高了 18%。

一维模型能够获得 PDC 多循环工作过程中较为详细的流场参数,可用于 PDTE 的性能评估,但一维模型不能处理复杂几何构型和边界条件。若要获得更为精确的流场参数信息,则必须进行二维或三维数值模拟研究。

(3)多维模型。多维模型就是通过求解控制爆震室流动过程的二维/三维非定常欧拉或 N-S 方程来获得详细的压力、温度等流场参数信息,进而计算 PDTE 性能的一种数值仿真模型。

Mawid 等人[63-64]利用三维数值模拟对装有 PDC 外涵加力燃烧室的涡扇发动机性能进行了分析。模型中假设涡扇发动机的传统加力燃烧室被脉冲爆震外涵加力燃烧室替代,外涵空气经爆震燃烧后不与内涵燃气掺混而是直接通过外涵喷管排出,其模型示意图如图 1.13 所示。该模型通过对外涵爆震室进行三维数值模拟获得外涵道爆震室的推力增益,然后将该推力增益加上涡扇发动机内涵推力计算采用外涵加力后的推力性能。性能分析结果表明：当爆震室工作频率超过 100 Hz 时，带 PDC 外涵加力燃烧室的涡扇发动机性能与带传统加力燃烧室的涡扇发动机性能相比有明显提高，发动机推力增加为原来的 2 倍，耗油率降低了一半左右。另外，Mawid 等人也指出，涡扇外涵道安装 PDC 后，需要研究 PDC 与风扇的匹配与相互作用等问题，以防止爆震室压力反传影响风扇的正常工作。

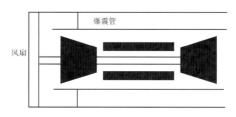

图 1.13　带 PDC 外涵加力燃烧室的涡扇发动机计算模型示意图

此外，他们也用类似的三维数值模拟方法对带 PDC 加力燃烧室的涡扇发动机性能进行了初步的分析[65]，模型示意图如图 1.14 所示。由于计算中没有考虑核心机中进入爆震室的那部分燃气对推力的贡献，也没有考虑喷管对爆震室的增推作用，导致计算得到的加力性能与传统加力性能相比要小。在进一步的研究中，他们对上述模型进行了修正，在爆震室出口安装有简单的扩张喷管，并研究了喷管出口面积与喉道面积之比对带 PDC 加力燃烧室的涡扇发动机性能的影响[66]。结果表明，随着喷管面积比的提高，发动机的性能大大改善。当喷管面积比超过 1.71 时，带 PDC 加力燃烧室的涡扇发动机性能要优于带传统加力燃烧室的涡扇发动机性能。

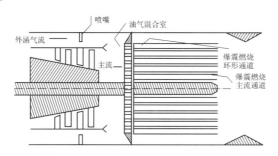

图 1.14　带 PDC 加力燃烧室的涡扇发动机计算模型示意图

多维模型能够通过非常详细的流场参数对 PDTE 的性能进行精确评估，可作为 PDTE 内部流动及性能优化的一个工具。

2. 数值模拟

数值模拟方面的主要研究工作集中在爆震波与涡轮的相互作用，包括二维和三维以及考虑详细化学反应机理的数值模拟。

GE 全球研究中心的 A.Rasheed 等人[67]以氢气为燃料，对脉冲爆震燃烧室与二维涡轮叶栅的相互作用进行数值模拟与试验研究。数值模拟与试验研究都表明，爆震波通过二维涡轮叶栅后，会反射一道强激波，并且有一道弱激波通过涡轮叶栅通道向下游传播。

日本东京理工大学的 Nango 等人[68]以氢气为燃料，采用五步简化机理对 PDC 与二维涡轮叶栅的相互作用、涡轮的输出功及热效率进行了数值研究。在涡轮叶尖速度为 300 m/s 的情况下，涡轮的热效率为 18.9%（涡轮输出功与加入燃气的能量的比值），总的绝热效率为

81.8％。随后他们对单级涡轮叶栅与PDC相互作用进行了进一步研究,用两种方法计算了涡轮的输出功率,并研究了涡轮转速和涡轮输出功率的关系[69-70]。他们发现在设计转速150％范围内,涡轮输出功随着涡轮转速的增加而增大。此外,日本航空宇航研究机构的Kojima等人[71]还利用数值模拟对涡轮的设计进行了初步研究,得出的结论是当爆震波通过涡轮叶栅通道时,65％的总焓降发生在1～2倍特征排气时间段内(特征排气时间为爆震波从推力壁处传播到爆震室出口的时间),也即排气初始阶段。因此,需要针对这一阶段的流动特征对涡轮构型进行优化研究以提高涡轮性能。

普渡大学Guoping等人[72]将一维数值模拟与三维数值模拟相结合,开展了PDC与涡轮叶栅的相互作用研究。其中PDC内部流场用一维数值模拟方法求解,并将PDC出口流场参数作为入口边界条件加载到三维涡轮叶栅上。数值模拟中采用丙烷为燃料、氧气为氧化剂,模拟了爆震波与叶片的相互作用,计算结果表明,相邻爆震管产生的爆震波都会造成涡轮叶栅入口和出口的大幅度压力脉动,进而影响涡轮的效率。

NASA格兰研究中心的Van Zante等人[73]则利用TURBO软件对脉冲爆震燃烧室与单级轴流涡轮相互作用流场进行三维数值模拟并分析了爆震波通过涡轮后排气噪声的衰减以及涡轮的效率。研究表明,爆震波通过涡轮后噪声衰减了15 dB,涡轮叶栅进口在PDC一个工作循环内存在回流现象。由于涡轮工作点离设计点较远,所以通过时间平均计算得到的涡轮效率仅为26.7％。

这些数值模拟结果均表明,爆震室与涡轮叶栅之间存在复杂的相互作用,进而影响涡轮效率,基于稳态设计方法设计的涡轮结构存在改进和优化的空间。

此外,2013年,欧盟第七框架计划(the 7th Framework Program,FP7)启动了切向进排气脉冲爆震发动机(Tangential Impulse Detonation Engine,TIDE)项目,如图1.15所示。该项目基于脉冲爆震燃烧原理,旨在突破现有推进技术,使航空运输在未来半个世纪内有阶跃式的发展。在该项目资助下,2014年,罗马尼亚燃气轮机研究与发展研究所设计了一种可自点火的高频爆震室,并对其进行了数值验证;2016年比利时冯·卡门流体力学研究所与瑞典隆德大学开展了爆震载荷对离心压气机影响规律的三维数值研究。

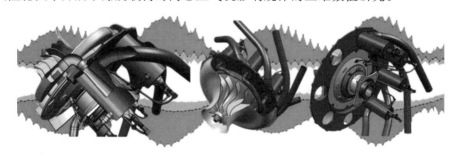

图1.15　切向进排气脉冲爆震发动机项目的爆震室与离心压气机示意图

3.试验研究

在试验研究方面,美国空军研究实验室、GE全球研究中心、辛辛那提大学等科研单位纷纷建立了PDC与涡轮相互作用的试验器,围绕脉冲爆震燃气冲击下涡轮的效率和功率提取开展了大量研究工作。

美国空军实验室的John Hoke等人[71,74]利用双管PDC驱动涡轮增压器的涡轮验证了PDTE实现自吸气的可能性。试验中采用氢气/空气为燃料和氧化剂,双管PDC的一部分燃气通过涡轮排出,另一部分通过尾喷管排出产生推力。涡轮增压器的压气机出口通过三通阀门与爆震室进口相连。该实验证明了脉冲爆震燃烧室与涡轮组合的方案是可行的,而且加装涡轮有利于降低发动机的噪声。

2010 年,空军实验室继续围绕这种 PDC 与涡轮增压器的组合系统进行详细研究[75-84]。此时采用单管 PDC 直接与涡轮增压器涡轮相连接,压气机进口与质量流量计相连接以测量压气机进口流量,出口连接有一个球阀以进行背压调节,试验器如图 1.16 所示。试验过程中对压气机、涡轮进出口参数包括涡轮转速等进行了详细测量。Rouser 等人[75-76]利用该试验系统对 PDC 驱动下和等压燃烧驱动下的涡轮性能参数如涡轮单位输出功、单位燃油消耗率(燃油流量与涡轮输出功之比)进行了对比,并研究了 PDC 工作频率、当量比对涡轮性能的影响。结果表明,PDC 驱动下的涡轮单位输出功要比相同进口试验条件下的等压燃烧高41.3%,而单位燃油消耗率降低了 28.7%。且 PDC 工作频率对涡轮的单位输出功影响比当量比更大,工作频率越高,涡轮单位输出功越大,涡轮转子转速越接近稳态。为了获得 PDC 驱动下的非定常涡轮效率和输出功,他们与普渡大学的 Rankin 等人合作,利用双色高温计、热电偶、压力传感器、粒子条纹测速仪等测量手段对涡轮进、出口的参数包括温度、压力以及速度进行了详细的测量和对比验证[77-81]。基于试验测量得到的涡轮进出口瞬态温度、压力以及速度等参数,Rouser 等人[82-83]对瞬态涡轮输出功、涡轮效率等参数进行了计算分析。测量结果表明,当工作频率较低时(10 Hz 和 20 Hz),在 PDC 一个工作周期内,涡轮进口存在短暂的回流现象,涡轮出现负功状态。在 PDC 工作频率达到 30 Hz 后涡轮进口回流现象消失。提高爆震室工作频率能够提高涡轮进口的平均温度,涡轮输出功也随之增大。平均涡轮效率为 40% 时的 PDC 燃气驱动涡轮的输出功与涡轮效率为 60% 的等压燃烧驱动涡轮的输出功相当。

图 1.16 美国空军实验室脉冲爆震燃烧室与涡轮增压器组合试验器

GE 全球研究中心在 NASA 等容燃烧循环发动机计划和 GE 脉冲爆震先进发动机技术计划(Pulsed Detonation Advanced Technology Program,PDATP)资助下,围绕多管 PDC 与轴流涡轮的相互作用进行了详细的试验研究[84-91]。Rasheed 等人[84-89]建立了八管脉冲爆震燃烧室与大尺寸单级轴流涡轮相互作用综合试验系统,试验器的结构示意图如图 1.17 所示。试验中爆震室最大工作频率为 30 Hz,工作模式有单管点火、八管同时点火及八管顺序点火。他们针对 PDC 冲击下涡轮结构强度问题、爆震波通过涡轮后声学噪声的衰减、多管 PDC 之间的相互影响以及 PDC 驱动轴流涡轮的性能等问题进行了研究。试验数据表明,爆震波通过轴流涡轮后峰值噪声降低了 20 dB。PDC 与涡轮之间的相互作用会影响多管顺序点火的工作稳定性。共用进气道的无阀设计使得 PDC 的压力反传严重影响多管共同工作,部分燃气也会进入共用进气道导致发动机性能的损失。性能试验数据表明,在测量误差范围内,PDC 驱动的涡轮效率与等压燃烧驱动下的涡轮效率几乎没有区别,而且 PDC 驱动下的整个系统的热效率要比等压燃烧驱动下的热效率高。此外,该中心的 Hofer 等人[90-91]还提出了多种 PDC 驱动下的非定常涡轮效率计算方法。

图 1.17　GE 全球研究中心八管 PDC 与轴流涡轮相互作用试验器

辛辛那提大学也在 NASA 和 GE 全球研究中心资助下建立了六管 PDC 与轴流涡轮相互作用试验平台并进行了大量研究[92-95]。该试验系统的实物如图 1.18 所示。其中,爆震室内径 1 in(1 in=0.025 4 m),长 25 in,采用乙烯为燃料,氮气稀释的氧气为氧化剂(40％氮气＋60％氧气)。爆震室出口燃气先同旁路空气混合,再进入涡轮中。涡轮转子与测功仪相连接以测量涡轮的输出功率。试验过程中单管爆震室的最高工作频率达到 20 Hz。试验数据显示,在涡轮的工作特性范围内,PDC 驱动的涡轮效率与等压燃烧驱动涡轮的效率相当。

由于 GE 全球研究中心和辛辛那提大学的多管 PDC 与轴流涡轮相互作用试验系统中,都存在二股气流与爆震燃气相互掺混的过程,大大降低了脉冲爆震燃气的脉动程度,试验结果不能反映强脉冲爆震燃气冲击下的涡轮性能。为了研究直接在脉冲爆震燃气作用下涡轮的真实性能,辛辛那提大学建立了新的吸气式六管 PDC 与轴流涡轮直连的组合试验系统并开展试验研究[96-98]。试验系统的照片如图 1.19 所示。目前已对这个系统进行了成功调试,并详细研究了非定常流冲击下涡轮的性能,对比分析了不同平均方法下的涡轮效率。结果发现,涡轮效率主要与平均换算流量和气流进入涡轮的攻角有关。另外,美国空军研究实验室同伯明翰大学合作,也建立了一个类似的试验装置,以研究在非定常脉动气流作用下涡轮的性能[99]。

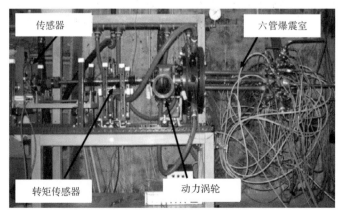

图 1.18　辛辛那提大学六管 PDC 与轴流涡轮相互作用试验系统

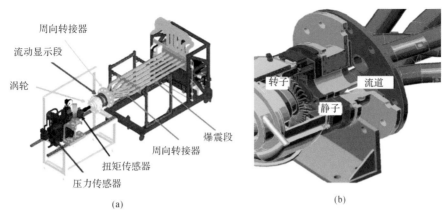

图 1.19　辛辛那提大学六管 PDC 与轴流涡轮直连试验系统
(a)试验系统示意图；(b)涡轮与 PDC 连接结构

日本筑波大学 Tsukui 等人[100]对脉动气流与向心涡轮的相互作用进行了试验研究,埼玉大学 Tsuji 等人[101]也研究了单管/双管 PDC 与向心涡轮的相互作用,发现并联双管 PDC 工作过程中,从相邻爆震管传来的不仅有激波还有燃烧产物。

美国德克萨斯州大学 P. K. Panicker 等人[102]对脉冲爆震涡轮发动机在民用发电领域的应用问题进行了研究,其原理简图如图 1.20 所示。他将一直径为 19 mm、长 1 000 mm 的 PDC 与一汽车用涡轮增压器组合,并将涡轮轴通过减速器连接一小型发电机,PDC 分别采用丙烷和氧气作为燃料和氧化剂,发动机工作频率为 15 Hz,联机运行了 20 s,发电机功率为 27 W,涡轮转速达 127 000 r/min,压气机流量为 0.055 kg/s,涡轮出口温度为 800℃。他们指出由于径向涡轮将气流方向改变了 90°,造成了很大的损失,相比而言,轴流涡轮更适用于 PDC。

此外,2012 年在德国科学基金会(Deutsche Forschungs Gemeinschaft,DFG)的资助下,柏林科技大学特别研究区 1029 开展了“非定常流动和燃烧耦合下燃气涡轮机效率提升”的综合研究项目。项目主要包括爆震燃烧室设计和非定常机械特性研究两部分,至 2016 年已经设计了多种新型爆震室以及适应爆震室工作特性的压气机。

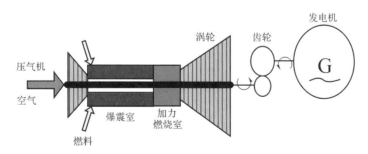

图 1.20　美国德克萨斯州大学试验器原理简图

1.3.2　国内研究现状

西北工业大学从 1994 年起,率先在国内开展脉冲爆震发动机研究,“九五”期间突破了脉冲爆震燃烧组织技术;“十五”期间开展了单管脉冲爆震燃烧室技术研究;“十一五”和“十二五"期间,开展了脉冲爆震涡轮发动机相关研究,形成了完备的理论体系,并在关键技术、样机研制方面取得了大量突破性进展,主要包含以下几方面。

(1)针对脉冲爆震燃烧室的非定常工作特性,建立了爆震室等效计算模型和脉冲爆震涡轮发动机总体性能计算模型;通过总体性能计算分析,获得了部件设计参数对发动机性能的影响规律,以及脉冲爆震涡轮发动机的高度、速度特性规律[103-104]。

(2)通过对点火方式的优化研究,实现了短距、快速、可靠的起爆,揭示了脉冲爆震燃烧过程中压力反传机理和规律,形成了圆形及异形脉冲爆震燃烧室结构优化设计方法,提出了气、液两相多管脉冲爆震燃烧室设计技术,突破了高频爆震与多管综合控制等关键技术;形成了关键零部件气-热-固耦合强度分析方法,获得了真实载荷作用下,爆震频率、爆震室壁厚/壁面温度/材料等因素对爆震室结构响应的影响规律,提出了爆震室壁厚优化设计方法及结构设计准则[105-106]。

(3)设计、集成了由涡轮增压器、脉冲爆震燃烧室、燃油供给单元、润滑单元和测控单元构成的脉冲爆震涡轮发动机原理性试验系统。研究了这种系统的噪声辐射特性[107];对爆震波与涡轮的相互作用进行了试验研究,获得了整个系统的性能[108-110]。试验表明压气机的压比、效率以及涡轮的功率随着爆震室工作频率的增大而增大。

(4)对压气机、脉冲爆震燃烧室及涡轮三者之间的匹配机理进行了试验研究[111-114]。利用这套试验系统实现了由脉冲爆震燃烧室驱动涡轮、涡轮带动压气机、压气机压缩空气给爆震室供气的自吸气工作模式,爆震室的工作频率高达40 Hz,充分验证了用脉冲爆震燃烧室代替传统等压燃烧室的可行性。试验性能与理论性能的对比分析表明,脉冲爆震涡喷发动机的试验性能要优于同等工况下的理想涡喷发动机的性能,从而充分证明了脉冲爆震涡喷发动机性能的优越性。下一步的目标是结合相关关键技术的突破,进一步加快脉冲爆震涡轮发动机的工程应用步伐。

(5)建立了首个径流压气机与多管脉冲爆震燃烧室匹配综合试验平台。该平台由径流压气机及其驱动控制系统、两相四管脉冲爆震燃烧室以及其他附属系统组成,可用于研究压气机与爆震室的相互作用及匹配、脉冲爆震外涵加力燃烧室推力增益等。对多管爆震室与径流压气机的相互作用及匹配工作开展了大量的试验研究,首次实现了多管爆震室与径流压气机在不同工作模式下的稳定匹配工作。两部件匹配工作模式包括单管点火、双管同时点火、三管同时点火、四管同时点火和四管分时点火,两部件最大匹配工作频率达到了单管45 Hz、四管180 Hz。获得了不同匹配工作模式下多管脉冲爆震燃烧室与压气机的匹配规律。通过试验获得了模拟外涵来流条件下,采用脉冲爆震外涵加力燃烧室的涡扇发动机的增推性能[115]。

1.4 脉冲爆震涡轮发动机关键技术

虽然国内外在性能计算、数值模拟及试验等各个方面对脉冲爆震涡轮发动机进行了广泛的研究,但要真正实现工程化应用,还需要围绕以下关键技术开展深入研究。

(1)脉冲爆震涡轮发动机总体设计技术。一方面,由于脉冲爆震燃烧室的非稳态燃烧特性与传统定压燃烧室存在较大的差异,导致在进行脉冲爆震涡轮发动机总体性能计算时不能采用传统发动机常规性能分析方法,需要结合工作的特性,建立新的气动热力耦合理论与方法,突破总体性能模拟技术。另一方面,由于爆震波具有自增压特性,脉冲爆震涡轮发动机的压气机级数和涡轮级数会降低,转子自身结构会发生变化;在脉冲爆震波的作用下,转子将承受强脉冲的轴向力和扭矩作用,导致转子动力学特性发生变化;此外,发动机产生的推力也是脉冲的,需要特殊的承力系统将脉冲推力转换为平稳推力。因此,必须要突破总体结构设计技术这一难题。

(2)高性能脉冲爆震燃烧室优化设计技术。脉冲爆震燃烧室是脉冲爆震涡轮发动机的核心部件,其工作状态直接影响该类发动机性能。该技术包括燃油雾化掺混、点火起爆特性、反传抑制、异形爆震室设计、气-热-固耦合分析以及宽工况爆震燃烧组织等关键问题。该技术的突破可降低爆震室压力反传,缩短起爆距离和时间,研制适用于涡轮基发动机的超短型高性能多管脉冲爆震燃烧室,为脉冲爆震燃烧室与压气机/涡轮匹配及最终的整机匹配研究奠定基础。

(3)风扇/压气机与脉冲爆震燃烧室匹配技术。由于脉冲爆震燃烧室内形成爆震波后被高压高温燃气充满,此时高压燃气势必会往上游传播,形成压力和燃气的反传现象。反传会影响风扇/压气机正常工作,降低压气机工作效率,严重时甚至造成压气机喘振,从而影响发动机稳定工作。因此要实现爆震室与压气机稳定匹配工作,必须掌握脉冲爆震燃烧室与风扇/压气机相互作用机理,设计风扇/压气机和爆震室隔离转接段,进一步降低和隔离爆震室压力反传,实现风扇/压气机和爆震室两部件可靠匹配工作。

(4)脉冲爆震燃烧室与涡轮匹配技术。脉冲爆震燃烧室工作的非稳态特性使得爆震室出口气流的各气动参数存在剧烈的脉动,相应的爆震室下游部件涡轮的入口参数也存在剧烈的变化,现有的涡轮设计方法很难保证这种高幅值脉动气流作用下涡轮的功率提取效率;另外,爆震室出口存在涡轮转动部件,爆震燃烧对其做功的同时,爆震室工作循环也会受涡轮的影响。因此需要合理设计排气转接段与特型涡轮,探索脉冲爆震燃烧与涡轮相互匹配规律,揭示并掌握其相互作用机理及能量转化规律。

(5)脉冲爆震涡轮发动机整机匹配技术。压气机/爆震室/涡轮三部件匹配工作是脉冲爆震涡轮发动机样机成功研制的核心所在。然而,三部件的稳定匹配工作,要在保证高幅值脉动气流作用下涡轮功率提取效率和实现反传隔离的基础上,同时考虑部件共同工作规律,保证部件的流量平衡、转速平衡、功率平衡,难度较大。此外,脉冲爆震涡轮发动机的非稳态特性对进气道及尾喷管的设计也提出了新要求,设计适用于脉冲爆震涡轮发动机的进气道及尾喷管,从而实现整机的稳定匹配工作也是一大挑战。

(6)脉冲爆震涡轮发动机高精度数值模拟技术。由于爆震室固有的周期性、强非稳态、自增压等工作特性,给发动机部件匹配工作带来了困难,需要高精度数值模拟对流动燃烧过程进行预报分析,从而为部件及整机的匹配研究奠定理论基础。但是,脉冲爆震涡轮发动机内部的流动与燃烧过程十分复杂,涉及湍流、燃料液雾、燃烧、激波之间的相互作用和影响,特别是燃烧过程中激波与爆震波的多尺度相互耦合以及爆震室与涡轮、压气机间的非稳态传热、传质与燃烧反应之间的耦合作用。这些复杂的多尺度、多物理过程给数值模拟带来了挑战,因此脉冲爆震涡轮发动机高精度数值模拟技术是研究过程中的一大技术难点。

(7)飞机/发动机一体化融合设计技术。在 PDTE 以及脉冲爆震基涡轮组合发动机(Pulse Detonation Turbine Based Combined Cycle,PD-TBCC)设计过程中,要考虑其与飞机的密切关系,而 PDTE 以及 PD-TBCC 的速度、高度特性与传统涡轮发动机及传统 TBCC 存在区别。在初步方案设计过程中,一方面,明确飞行任务对飞机和发动机的性能以及几何结构等需求;另一方面,结合发动机的飞行特性,优化飞行任务,加速飞机方案的收敛。通过一体化融合设计技术,给飞机和发动机设计提出了明确的要求,使飞机/发动机尽可能发挥各自潜能,减少性能损失,得到最佳的飞机/发动机匹配方案。

(8)脉冲爆震涡轮发动机控制技术。对于单管脉冲爆震燃烧室,燃油流量及供气量的改变都将影响爆震室内爆震燃烧特性及爆震室出口状态;对于多管爆震室,要通过调控实现协调稳定匹配工作;对于脉冲爆震涡轮基组合发动机,模态转换过程的控制规律如何选取也是需要解决的问题。要实现发动机的精确控制,需要确定脉冲爆震涡轮发动机输入与输出变量选取准则,建立脉冲爆震涡轮发动机部件及整机动态及稳态控制模型,而脉冲爆震涡轮发动机的非定常周期性工作特点给控制方案数学建模带来了很大的挑战,是一大技术难点。

(9)脉冲爆震涡轮发动机热管理与热防护技术。脉冲爆震涡轮发动机的热部件主要包括脉冲爆震燃烧室和涡轮。在周期性爆震燃烧的作用下,爆震室壁面轴向温度分布不均并不断变化,且涡轮进口温度和压力是脉动变化的,在这种工作条件下,需要开展爆震室壁面再生冷却研究和爆震室出口条件下涡轮冷却研究,从而有效降低爆震室和涡轮的工作温度,提高爆震室和涡轮的使用寿命。

参 考 文 献

[1] ROY G D, FROLOV S M, BORISOV A A, et al. Pulse Detonation Propulsion: Challenges, Current Status, and Future Perspective[J]. Progress in Energy and Combustion Science, 2004, 30(6):545 – 672.

[2] HOFFMAN N. Reaction Propulsion by Intermittent Detonation Combustion[R]. [出版地不详]:Ministry of Supply, Volkenrode Translation, 1949.

[3] NICHOLLS J A, WILKINSON H R, MORRISON R B. Intermittent Detonation as a Thrust – Producing Mechanism [J]. Jet Propulsion, 1957, 27(5): 534 – 541.

[4] DUNLAP R, BREHM R L, NICHOLLS J A. A Preliminary Study of the Application of Steady State Detonative Combustion of a Reaction Engine [J]. ARS J, 1958, 28: 451 – 456.

[5] KRZYCKI L J. Performance Characteristics of an Intermittent – Detonation Device [R]. China Lake: NAVWEPS, 1962.

[6] HELMAN D, SHREEVE R P, EIDELMAN S. Detonation Pulse Engine [C]. Huntsville: AIAA 86 – 1683, 22nd ASME/SAE/ASEE Joint Propulsion Conference, 1986.

[7] SCRAGG R L. Detonation Cycle Gas Turbine Engine System Having Intermittent Fuel and Air Delivery: United States Patent, US006000214A[P]. 1997 – 12 – 16.

[8] JOHNSON J E, DUNBAR L W, BUTLER L. Combined cycle pulse detonation turbine engine: United States Patent, US6442930[P]. 2003 – 04 – 22.

[9] JOHNSON J E, DUNBAR L W, BUTLER L. Combined cycle pulse detonation turbine engine operating method: United States Patent, US6550235[P]. 2002 – 09 – 03.

[10] BUTLER L, JOHNSON J E, DUNBAR L W. Combined cycle pulse detonation turbine engine: United States Patent, US6666018[P]. 2003 – 12 – 23.

[11] VENKATARAMANI K S, BUTLER L, BAILEY W A. Pulse detonation system

for a gas turbine engine：United States Patent，US6928804[P]. 2006 − 05 − 31.

[12]　VENKATARAMANI K S，BUTLER L，JAMES P D. Pulse detonation system for a gas turbine engine having multiple spools：United States Patent，US7328570[P]. 2008 − 02 − 12.

[13]　ORLANDO R J，VENKATARAMANI K S，LEE C P. Gas Turbine Engine Having Improved Core System：United States Patent，US7093446[P]. 2006 − 08 − 22.

[14]　ORLANDO R J，VENKATARAMANI K S，LEE C P，et al. High Thrust Gas Turbine Engine With improved Core System：United States Patent，US7096674[P]. 2006 − 08 − 29.

[15]　LI J M，LU F K，PANICKER P K，et al. System and Method for Power Production Using a Hybrid Helical Detonation Device：United States Patent，US20090322102[P]. 2012 − 03 − 06.

[16]　邱华，熊姹，严传俊. 前置涡轮组合脉冲爆震发动机性能分析[J]. 推进技术，2012，33(2)：327 − 332.

[17]　QIU H，XIONG C，YAN C J，et al. Propulsive Performance of Ideal Detonation Turbine Based Combined Cycle Engine [J]. Journal of Engineering for Gas Turbines and Power，2012，134(8)：081201.

[18]　HEISER W H，PRATT D T. Thermodynamic Cycle Analysis of Pulse Detonation Engines[J]. Journal of Propulsion and Power，2002，18(1)：68 − 76.

[19]　WU Y，MA F，YANG V. System Performance and Thermodynamic Cycle Analysis of Airbreathing Pulse Detonation Engines[J]. Journal of Propulsion and Power，2003，19(4)：556 − 567.

[20]　KENTFIELD C J A. Thermodynamics of Airbreathing Pulse Detonation Engines [J]. Journal of propulsion and power，2002，18(6)：1170 − 1175.

[21]　KENTFIELD C J A. Fundamentals of Idealized Airbreathing Pulse Detonation Engines[J]. Journal of Propulsion and power，2002，18(1)：77 − 83.

[22]　WINTENBERGER E，SHEPHERD J E. Thermodynamic Cycle Analysis for Propagating Detonations[J]. Journal of propulsion and power，2006，22(3)：694 − 698.

[23]　HUTCHINS T E，METGHALCHI M. Energy and Exergy Analyses of the Pulse Detonation Engine[J]. Journal of engineering for gas turbines and power，2003，125(4)：1075 − 1080.

[24]　BELLINI R，LU F K. Exergy Analysis of a Hybrid Pulse Detonation Power Device [J]. Journal of Propulsion and Power，2010，26(4)：875 − 878.

[25]　ROUX J A. Parametric Cycle Analysis of an Ideal Pulse Detonation Engine[J]. Journal of Thermophysics and Heat Transfer，2015，29(4)：671 − 677.

[26]　NICHOLLS J A，WILKINSON H R，MORRISON R B. Intermittent Detonation as a Thrust − Producing Mechanism[J]. Jet Propulsion，1957，27：534 − 541.

[27]　ZITOUN R，DESBORDES D. Propulsive Performances of Pulsed Detonations[J]. Combustion Science and Technology，1999，144(1 − 6)：93 − 114.

[28] WINTENBERGER E, AUSTIN J M, COOPER M, et al. Analytical Model for the Impulse of Single Cycle Pulse Detonation Tube[J]. Journal of propulsion and power, 2003, 19(1): 22 - 38.

[29] RADULESCU M I, HANSON R K, WINTENBERGER E, et al. Comment on: Analytical Model for the Impulse of Single Cycle Pulse Detonation Tube[J]. Journal of propulsion and power, 2004, 20(5): 956 - 959.

[30] WINTENBERGER E, COOPER M, PINTGEN F, et al. Reply to Comment on "Analytical Model for the Impulse of Single Cycle Pulse Detonation Tube" by MI Radulescu and RK Hanson[J]. Journal of Propulsion and Power, 2004, 20(5): 957 - 959.

[31] WINTENBERGER E, SHEPHERD J E. Model for the Performance of Airbreathing Pulse Detonation Engines[J]. Journal of Propulsion and Power, 2006, 22(3): 593 - 603.

[32] HITCH B, WHEAT RIDGE C O. An Analytical Mdel of the Pulse Detonation Engine Cycle[C]. Reno: 40th AIAA Aerospace Sciences Meeting & Exhibit, Aerospace Sciences Meetings, AIAA, 2002.

[33] ENDO T, FUJIWARA T. A Simplified Analysis on a Pulse Detonation Engine Model[J]. Transactions of theJapan Society for Aeronautical and Space Sciences, 2002, 44(146): 217 - 222.

[34] ENDO T, FUJIWARA T. Analytical Estimation of Performance Parameters of an Ideal Pulse Detonation Engine [J]. Transactions of theJapan Society for Aeronautical and Space Sciences, 2003, 45(150): 249 - 254.

[35] ENDO T, KASAHARA J, MATSUO A, et al. Pressure History at the Thrust Wall of a Simplified Pulse Detonation Engine[J]. AIAA journal, 2004, 42(9): 1921 - 1930.

[36] PETTERS D P, FELDE J L. Engine System Performance of Pulse Detonation Concepts Using the NPSS Program[C]. Indianapolis: 38th AIAA/ASME/SAE/ASEE Joint Propulsion Conference & Exhibit, Joint Propulsion Conferences, AIAA, 2002.

[37] ANDRUS I Q, KING P I. Evaluation of a High Bypass Turbofan Hybrid Utilizing a Pulsed Detonation Combustor[C]. Cincinati: 43rd AIAA/ASME/SAE/ASEE Joint Propulsion Conference & Exhibit, AIAA, 2007.

[38] ANDRUS I Q. Comparative Analysis of a High Bypass Turbofan Using a Pulsed Detonation Combustor[D]. Ohio: Air Force Institute of Technology, 2007.

[39] KUMAR S A. Parametric and Performance Analysis of a Hybrid Pulse Detonation/ Turbofan Engine[J]. Seminars in Cell& Developmental Biology, 2011, 22(1): 97 - 104.

[40] CAMBIER J L, ADELMAN H G. Preliminary Numerical Simulations of a Pulsed Detonation Wave Engine[C]. Boston: 24th AIAA/ASME/SAE/ASEE Joint Propulsion Conference and Exhibit, AIAA, 1988.

[41] CAMBIER J L, TEGNER J K. Strategies for Pulsed Detonation Engine Performance Optimization[J]. Journal of Propulsion and Power, 1998, 14(4): 489 - 498.

[42] KAILASANATH K, PATNAIK G, LI C. Computational Studies of Pulse Detonation Engines: A Status Report[C]. Los Angeles: 35th Joint Propulsion Conference and Exhibit, Joint Propulsion Conferences, AIAA, 1999.

[43] KAILASANATH K, PATNAIK G. Performance Estimates of Pulsed Detonation Engines[J]. Proceedings of the combustion institute, 2000, 28(1): 595 - 601.

[44] FONG K K, NALIM M R. Gas Dynamics Limits and Optimization of Pulsed Detonation Static Thrust[C]. Las Vegas: 36th AIAA/ASME/SAE/ASEE Joint Propulsion Conference and Exhibit, Joint Propulsion Conferences, AIAA, 2000.

[45] KAILASANATH K, PATNAIK G, LI C. The Flowfield and Performance of Pulse Detonation Engines[J]. Proceedings of the Combustion Institute, 2002, 29(2): 2855 - 2862.

[46] WU Y H, MA F H, YANG V. System Performance and Thermodynamic Cycle Analysis of Airbreathing Pulse Detonation Engines[J]. Journal of Propulsion and Power, 2003, 19(4): 556 - 567.

[47] RADULESCU M I, HANSON R K. Effect of Heat Loss on Pulse Detonation Engine Flow Fields and Performance[J]. Journal of Propulsion and Power, 2005, 21 (2): 274 - 285.

[48] MAWID M A. Development of Transient Pulse Detonation Engine Cycle Analysis and Performance Prediction (PDE - CAPP) Code[C]. Hartford: 44th AIAA/ASME/SAE/ASEE Joint Propulsion Conference & Exhibit, Joint Propulsion Conferences, AIAA, 2008.

[49] NALIM R M, PAXSON D E. A Numerical Investigation of Premixed Combustion in Wave Rotors[J]. ASME Journal of Engineering for Gas Turbines and Power, 1997, 119(3): 668 - 675.

[50] PAXSON D E. Numerical Simulation of Dynamic Wave Rotor Performance[J]. Journal of Propulsion and Power, 1996, 12(5): 949 - 957.

[51] PAXSON D E, LINDAU J W. Numerical Assessment of Four - Port Through - Row Wave Rotor Cycles With Passage Height Variation[C]. Seattle: 33rd AIAA/ASME/SAE/ASEE Joint Propulsion Conference and Exhibit, AIAA, 1997.

[52] PAXSON D E. A Performance Map for Ideal Air Breathing Pulse Detonation Engines[C]. Salt Lake City: 37th Joint Propulsion Conference and Exhibit, Joint Propulsion Conferences, AIAA, 2001.

[53] PAXSON D E. Performance Evaluation Method for Ideal Airbreathing Pulse Detonation Engines[J]. Journal of Propulsion and Power, 2004, 20(5): 945 - 950.

[54] PAXSON D E. Optimal Area Profiles for Ideal Single Nozzle Air - breathing Pulse Detonation Engines[C]. Huntsville: 39th AIAA/ASME/SAE/ASEE Joint Propulsion Conference and Exhibit, Joint Propulsion Conferences, AIAA, 2003.

[55] PAXSON D E, KAEMMING T A. Foundational Performance Analyses of Pressure Gain Combustion Thermodynamic Benefits for Gas Turbines[C]. Nashville: 50th AIAA Aerospace Sciences Meeting including the New Horizons Forum and Aerospace Exposition, Aerospace Sciences Meetings, AIAA, 2012.

[56] TANGIRALA V E, MURROW K, FAKUNLE O, et al. Thermodynamic and Unsteady Flow Considerations in Performance Estimation for Pulse Detonation Applications[C]. Reno: 43rd Aerospace Sciences Meeting, AIAA, 2005.

[57] GOLDMEER J, TANGIRALA V, DEAN A. Systems – Level Performance Estimation of a Pulse Detonation Based Hybrid Engine[J]. Journal of Engineering for Gas Turbines and Power, 2008, 130(1): 82 – 93.

[58] TANGIRALA V E, RASHEED A, DEAN A J. Performance of a Pulse Detonation Combustor – Based Hybrid Engine[C]. Montreal: Proceedings of GT2007 ASME Turbo Expo 2007: Power for Land, Sea and Air, GT2007 – 28056, 2007.

[59] GOLDMEER J, TANGIRALA V, DEAN A. System – level Performance Estimation of a Pulse Detonation Based Hybrid Engine[J]. Journal of Engineering for Gas Turbines and Power, 2008, 130(1): 011201.

[60] TANGIRALA V E, JOSHI N D. Systems Level Performance Estimations for a Pulse Detonation Combustor Based Hybrid Engine[C]. Berlin: Proceedings of ASME Turbo Expo 2008: Power for Land, Sea and Air, GT2008 – 51525, 2008.

[61] MA F, LAVERTU T, TANGIRALA V. Limit Cycle Investigations of Pulse Detonation Combustor for Pulse Detonation Turbine Engine[C]. Nashville: 46th AIAA/ASME/SAE/ASEE Joint Propulsion Conference & Exhibit, Joint Propulsion Conferences, AIAA, 2010.

[62] LAVERTU T M, MA F, TANGIRALA V E. Estimation of PDE Performance Using a Pulsed Limit Cycle Unsteady Combustion Calculation[C]. Nashville: 46th AIAA/ASME/SAE/ASEE Joint Propulsion Conference & Exhibit, AIAA, 2010.

[63] MAWID M A, PARK T W, SEKAR B. Performance Analysis of a Pulse Detonation Device as an Afterburner[C]. Las Vegas: 36th AIAA/ASME/SAE/ASEE Joint Propulsion Conference and Exhibit, AIAA, 2000.

[64] MAWID M A, PARK T W, SEKAR B, et al. Application of Pulse Detonation Combustion to Turbofan Engines[J]. Journal of engineering for gas turbines and power, 2003, 125(1): 270 – 283.

[65] MAWID M, PARK T W. Towards Replacement of Turbofan Engines Afterburners with Pulse Detonation Devices[C]. Salt Lake City: 37th AIAA/ASME/SAE/ASEE Joint Propulsion Conference and Exhibit, AIAA, 2001.

[66] MAWID M, ARANA C, PARK T, et al. Turbofan Engine Thrust Augmentation with Pulse Detonation Afterburners – Nozzle Influence[C]. Indianapolis: 38th AIAA/ASME/SAE/ASEE Joint Propulsion Conference and Exhibit, AIAA, 2002.

[67] RASHEED A, TANGIRALA V E, VANDERVORT C L, et al. Interactions of a Pulsed Detonation Engine with a 2D Blade Cascade[R]. Reno: AIAA, 2004.

［68］ NANGO A，INABE K，KOJIMA T，et al. Aerodynamic Effect of Turbine Blade Geometry in Pulse Detonation Combustor［R］. Reno：AIAA，2007.

［69］ NANGO A，INABA K，KOJIMA T. Numerical Study on the Pulse Detonation Combustor with Stator/Rotor Turbine System［C］. Reno：46th AIAA Aerospace Sciences Meeting and Exhibit，AIAA，2008.

［70］ NANGO A，INABA K，KOJIMA T，et al. Numerical Study on Single‐stage Axial Turbine with Pulse Detonation Combustor［C］. Orlando：47th AIAA Aerospace Sciences Meeting including the New Horizons Forum and Aerospace Exposition，AIAA，2009.

［71］ KOJIMA T，TSUBOI N，TAGUCHI H，et al. Design Study of Turbine for Pulse Detonation Combustor［C］. Cincinati：43rd AIAA/ASME/SAE/ASEE Joint Propulsion Conference & Exhibit，Joint Propulsion Conferences，AIAA，2007.

［72］ XIA G P，LI D，MERKLE C. Modeling of Pulsed Detonation Tubes in Turbine Systems［C］. Reno：43rd AIAA Aerospace Sciences Meeting and Exhibit，Aerospace Sciences Meetings，AIAA，2005.

［73］ VANZANTE D，ENVIA E，TURNER M G. The Attenuation of a Detonation Wave by an Aircraft Engine Axial Turbine Stage［C］. Beijing：18th ISABE Conference (ISABE 2007)，2007.

［74］ FRED S，BRADLEY R，HOKE J. Interaction of a Pulsed Detonation Engine with a Turbine［C］. Reno：41st AIAA Aerospace Sciences Meeting & Exhibit，2003.

［75］ ROUSER K P，KING P I，SCHAUER F R，et al. Unsteady Performance of a Turbine Driven by a Pulse Detonation Engine［C］. Orlando：48th AIAA Aerospace Sciences Meeting Including the New Horizons Forum and Aerospace Exposition，Aerospace Sciences Meetings，AIAA，2010.

［76］ ROUSER K P，KING P I，SCHAUER F R，et al. Parametric Study of Unsteady Turbine Performance Driven by a Pulse Detonation Combustor［C］. Nashville：46th AIAA/ASME/SAE/ASEE Joint Propulsion Conference & Exhibit，Joint Propulsion Conferences，AIAA，2010.

［77］ ROUSER K P，KING P I，SCHAUER F R，et al. Time‐accurate Flow Field and Rotor Speed Measurements of a Pulsed Detonation Driven Turbine［C］. Orlando：49th AIAA Aerospace Sciences Meeting，AIAA，2011.

［78］ LONGOA N C，KINGB P I，SCHAUERC F R，et al. Heat Transfer Experiments on a Pulsed Detonation Driven Radial Turbine Exhaust［C］. Orlando：49th AIAA Aerospace Sciences Meeting including the New Horizons Forum and Aerospace Exposition，AIAA，2011.

［79］ ROUSER K P，KING P I，SCHAUER F R，et al. Time‐Resolved Flow Properties in a Turbine Driven by Pulsed Detonations［J］. Journal of Propulsion and Power，2014，30(6)：1528‐1536.

［80］ RANKIN B A，GORE J P，HOKE J L，et al. Radiation Measurements and Temperature Estimates of Unsteady Exhaust Plumes Exiting From a Turbine Driven by

Pulsed Detonation Combustion[C]. Grapevine: 51st AIAA Aerospace Sciences Meeting including the New Horizons Forum and Aerospace Exposition, Aerospace Sciences Meetings, AIAA, 2013.

[81] RANKIN B A, GORE J P, HOKE J L, et al. Temperature Estimates of Exhaust Plumes from a Turbine Driven by Pulsed Detonations[J]. Journal of Propulsion and Power, 2014, 30(5): 1438 – 1443.

[82] ROUSER K P, KING P I, SCHAUER F R, et al. Performance of a Turbine Driven by a Pulsed Detonation Combustor[C]. Colorado: ASME 2011 International Mechanical Engineering Congress and Exposition. American Society of Mechanical Engineers, 2011.

[83] ROUSER K, KING P, SCHAUER F, et al. Experimental Performance Evaluation of a Turbine Driven by Pulsed Detonations[C]. Grapevine: 51st AIAA Aerospace Sciences Meeting including the New Horizons Forum and Aerospace Exposition, Aerospace Sciences Meetings, AIAA, 2013.

[84] RASHEED A, FURMAN A, DEAN A J. Experimental Investigations of an Axial Turbine Driven by a Multi – tube Pulsed Detonation Combustor System [C]. Tucson: 41st AIAA/ASME/SAE/ASEE Joint Propulsion Conference & Exhibit, Joint Propulsion Conferences, AIAA, 2005.

[85] RASHEED A, FURMAN A, DEAN A J. Wave Attenuation and Interactions in a Pulsed Detonation Combustor – Turbine Hybrid System[C]. Reno: 44th AIAA Aerospace Sciences Meeting and Exhibit, Aerospace Sciences Meetings, AIAA, 2006.

[86] RASHEED A, FURMAN A, DEAN A J. Wave Interactions in a Multi – tube Pulsed Detonation Combustor – Turbine Hybrid System[C]. Sacramento: 42nd AIAA/ASME/SAE/ASEE Joint Propulsion Conference & Exhibit, AIAA, 2006.

[87] BAPTISTA M, RASHEED A, BADDING B, et al. Mechanical Response in a Multi – tube Pulsed Detonation Combustor – Turbine Hybrid System[C]. Reno: 44th AIAA Aerospace Sciences Meeting and Exhibit, Aerospace Sciences Meetings, AIAA, 2006.

[88] RASHEED A, FURMAN A H, DEAN A J. Pressure Measurements and Attenuation in a Hybrid Multitube Pulse Detonation Turbine System[J]. Journal of Propulsion and Power, 2009, 25(1): 148 – 161.

[89] RASHEED A, FURMAN A H, DEAN A J. Experimental Investigations of the Performance of a Multitube Pulse Detonation Turbine System[J]. Journal of Propulsion and Power, 2011, 27(3): 586 – 596.

[90] HOFER D C, TANGIRALA V E, SURESH A. Performance Metrics for Pulse Detonation Combustor Turbine Hybrid Systems[C]. Orlando: 47th AIAA Aerospace Sciences Meeting, AIAA, 2009.

[91] SURESH A, HOFER D C, TANGIRALA V E. Turbine Efficiency for Unsteady, Periodic Flows[J]. Journal of turbomachinery, 2012, 134(3): 034501.

［92］ GLASER A J，CALDWELL N，GUTMARK E. Performance Measurements of a Pulse Detonation Combustor Array Integrated With an Axial Flow Turbine［C］. Reno：44th AIAA Aerospace Sciences Meeting and Exhibit，AIAA，2006.

［93］ GLASER A J，CALDWELL N，GUTMARK E. Performance of an Axial Flow Turbine Driven by Multiple Pulse Detonation Combustors［C］. Reno：45th AIAA Aerospace Sciences Meeting and Exhibit，AIAA，2007.

［94］ CALDWELL N，GUTMARK E. Experimental Analysis of a Hybrid Pulse Detonation Combustor/Gas Turbine Engine［C］. Reno：46th AIAA Aerospace Sciences Meeting and Exhibit，AIAA，2008.

［95］ CALDWELL N，GUTMARK E. Performance Analysis of a Hybrid Pulse Detonation Combustor/Gas Turbine System［C］. Hartford：44th AIAA/ASME/SAE/ASEE Joint Propulsion Conference & Exhibit，AIAA，2008.

［96］ MUNDAY D，ST GEORGE A C，DRISCOLL R，et al. The Design and Validation of a Pulse Detonation Engine Facility With and Without Axial Turbine Integration［C］. Grapevine：51st AIAA Aerospace Sciences Meeting Including the New Horizons Forum and Aerospace Exposition，AIAA，2013.

［97］ GEORGE A S，DRISCOLL R，MUNDAY D，et al. Experimental Investigation of Axial Turbine Performance Driven by Steady and Pulsating Flows［C］. Grapevine：51st AIAA Aerospace Sciences Meeting including the New Horizons Forum and Aerospace Exposition，AIAA，2013.

［98］ GEORGE A S，DRISCOLL R，GUTMARK E，et al. Experimental Comparison of Axial Turbine Performance Under Steady and Pulsating Flows［J］. Journal of Turbomachinery，2014，136(11)：111005.

［99］ FERNELIUS M H，GORRELL S E，HOKE J L，et al. Design and Fabrication of an Experimental Test Facility to Compare the Performance of Pulsed and Steady Flow Through a Turbine［C］. Grapevine：51st AIAA Aerospace Sciences Meeting Including the New Horizons Forum and Aerospace Exhibition，AIAA，2013.

［100］ TSUKUI A，MATSUMOTO K，KASAHARA J，et al. Research on Interaction Between an Intermittent Flow and a PDE turbine［R］. Orlando：47th AIAA Aerospace Sciences Meeting Including The New Horizons Forum and Aerospace Exposition，AIAA，2009.

［101］ TSUJI T，SHIRAKAWA S，YOSHIHASHI T，et al. Interaction Between Two Cylinders in a Pulse Detonation Engine［J］. International Journal of Energetic Materials and Chemical Propulsion，2009，8(6)：489－500.

［102］ PANICKER P K，LI J M，LU F K. Application of Pulsed Detonation Engine for Electric Power Generation［R］. Reno：AIAA，2007.

［103］ 卢杰. 脉冲爆震涡轮发动机关键技术研究［D］. 西安:西北工业大学,2016.

［104］ 张淑婷. 脉冲爆震涡轮发动机性能计算与总体方案研究［D］. 西安:西北工业大学,2018.

［105］ 陈景彬,郑龙席,黄希桥,等. 多循环脉冲爆震发动机爆震室内部压力分布实验研究

[J]. 实验流体力学,2013,27(3):41-46.

[106] 郑龙席,李少华,卢杰,等. 真实爆震载荷作用下爆震室等寿命设计方法[J]. 航空动力学报,2017,32(9):2055-2062.

[107] 郑龙席,邓君香,严传俊,等. 混合式脉冲爆震发动机原理性试验系统设计、集成与调试[J].实验流体力学,2009,23(1):74-78.

[108] DENG J X, ZHENG L X, YAN C J,et al. Experimental investigations of a pulse detonation combustor integrated with a turbine[J]. International Journal of Turbo & Jet-Engines, 2008,25(4):42-47.

[109] 邓君香,郑龙席,严传俊,等. 脉冲爆震燃烧室与涡轮相互作用的试验[J]. 航空动力学报,2009, 24(2):307-312.

[110] 邓君香,郑龙席,严传俊,等. 脉冲爆震燃烧室与涡轮组合的性能试验研究[J]. 西北工业大学学报, 2009(3):300-304.

[111] LI X F,ZHENG L X,QIU H,et al. Experimental Investigations on the Power Extraction of a Turbine Driven by a Pulse Detonation Combustor[J]. Chinese Journal of Aeronautics, 2013, 26(6):1353-1359.

[112] 李晓丰,郑龙席,邱华,等. 两相脉冲爆震涡轮发动机原理性试验研究[J]. 航空动力学报, 2013, 28(12):2731-2736.

[113] 李晓丰,郑龙席,邱华. 脉冲爆震涡轮发动机气动阀数值模拟研究[J]. 西北工业大学学报, 2013, 31(6):935-939.

[114] 李晓丰,郑龙席,邱华,等. 脉冲爆震涡轮发动机原理性试验研究[J]. 实验流体力学, 2013, 27(6):1-5.

[115] 彭畅新. 脉冲爆震外涵加力燃烧室关键技术研究[D]. 西安:西北工业大学,2013.

第2章 热力循环及推进性能

2.1 引　言

在脉冲爆震涡轮发动机的发展过程中,快速、准确的性能评估对其总体方案的选择和研制具有重要意义。脉冲爆震燃烧室特有的自增压、周期性工作等特点,使其与传统等压燃烧室存在较大差异,因此传统发动机的热力循环及性能分析方法不适用于脉冲爆震涡轮发动机,需要建立新的性能计算模型对其进行准确评估。

本章在对脉冲爆震涡轮发动机理想循环及其性能进行分析的基础上,介绍脉冲爆震燃烧室性能计算模型及脉冲爆震涡轮发动机性能计算方法,并分析循环参数对发动机性能的影响规律,以及不同类型脉冲爆震涡轮发动机的总体性能。

2.2　理想爆震循环过程及推进性能

2.2.1　理想热力循环

在进行脉冲爆震涡轮发动机性能分析之前,首先需要对它的热力循环进行分析,这是脉冲爆震涡轮发动机性能分析的基础。

Heiser 和 Pratt 发展了一种稳态爆震极限模型[1]。该模型基于经典热力学闭式循环分析,采用 C‑J 爆震波理论,假设 C‑J 爆震燃气经过涡轮、尾喷管等熵膨胀后排出,能反映脉冲爆震涡轮发动机的理想性能。该模型考虑了燃烧后的激波压缩过程,但未考虑波后放热膨胀过程。

在 Heiser 和 Pratt 建立的模型基础上,结合 ZND 模型,给出了理想爆震循环的温‑熵图(T‑S 图),并将其与理想等压循环(Brayton 循环)进行对比,如图 2.1 所示,其中理想爆震循环的热力循环过程如下:0 — 3 为进气道/压气机等熵压缩过程;3 — 4 为爆震燃烧过程,包括 3 — 3a 的激波压缩过程和 3a — 4 燃烧放热过程;4 — 10 为涡轮/尾喷管等熵膨胀过程;10 — 0 为燃气在外界环境中的一个等压放热过程。而理想等压循环与理想爆震循环的唯一区别在于其加热过程为等压加热过程。

根据爆震波的 C‑J 理论,爆震燃烧过程的熵增小于等压燃烧过程的熵增,而从自由来流到燃烧室进口截面均为等熵压缩过程(0 — 3),因此理想爆震循环在燃烧室出口截面 4 处的熵值要小于理想等压循环 4′处的熵值,燃气在涡轮/尾喷管等部件中经过等熵膨胀后(4 — 10 和 4′— 10′),截面 10 处的熵值仍小于 10′处的熵值。因此,理想爆震循环在外界环境中的等压放热过程(10 — 0)的放热量要小于理想等压循环等压放热过程(10′— 0)中的放热量(等压放热过程的放热量为温‑熵图上等压放热曲线 10 — 0 和 10′— 0 向熵坐标投影所围成的面积)。当循环过程中的加热量相同时,理想爆震循环过程的吸热量要比理想等压循环的吸热量大,即循环功大,循环的热效率高。

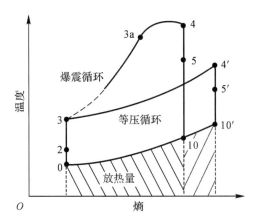

图 2.1　理想爆震循环、等压循环温-熵图

根据理想热力循环过程可以对两种循环的理想性能进行定量计算。理想循环的热效率定义为理想循环功与加热量的比值,即

$$\eta_{th} = L_{id}/q_{add} = 1 - q_{reject}/q_{add} \tag{2.1}$$

式中:η_{th} 是循环热效率;L_{id} 是理想循环功;q_{add} 是循环过程加热量;q_{reject} 是循环过程放热量。

由爆震波的 C-J 理论,可以推导得到理想爆震循环过程的循环功及循环热效率如下[2]:

$$L_{id,PDTE} = C_p T_0 \left\{ \tilde{q} - \left[\frac{\gamma_1 - 1}{\gamma_2 - 1} \left(\frac{\gamma_2}{\gamma_1} \right)^2 \frac{1}{Ma_{CJ}^2} \left(\frac{1 + \gamma_1 Ma_{CJ}^2}{1 + \gamma_2} \right)^{(\gamma_2+1)/\gamma_2} \times \psi^{1-[(\gamma_2-1)/(\gamma_1-1)](\gamma_1/\gamma_2)} - 1 \right] \right\} \tag{2.2}$$

$$\eta_{th,PDTE} = 1 - \left\{ \left[\frac{\gamma_1 - 1}{\gamma_2 - 1} \left(\frac{\gamma_2}{\gamma_1} \right)^2 \frac{1}{Ma_{CJ}^2} \left(\frac{1 + \gamma_1 Ma_{CJ}^2}{1 + \gamma_2} \right)^{(\gamma_2+1)/\gamma_2} \times \psi^{1-[(\gamma_2-1)/(\gamma_1-1)](\gamma_1/\gamma_2)} - 1 \right] / \tilde{q} \right\} \tag{2.3}$$

式中:C_p 是空气定压比热容;T_0 是来流温度;$\tilde{q}$ 是无量纲的加热量,$\tilde{q} = q_{add}/C_p T_0$;$\gamma_1$ 是反应物比热比;γ_2 是产物比热比;ψ 是 3 截面与 0 截面处的温比,$\psi = T_3/T_0$;Ma_{CJ} 是爆震波马赫数。

爆震波马赫数 Ma_{CJ} 的计算公式如下:

$$Ma_{CJ}^2 = \left(\frac{\gamma_2^2 - \gamma_1}{\gamma_1^2 - \gamma_1} + \frac{\gamma_2^2 - 1}{\gamma_1 - 1} \frac{\tilde{q}}{\psi} \right) + \sqrt{ \left(\frac{\gamma_2^2 - \gamma_1}{\gamma_1^2 - \gamma_1} + \frac{\gamma_2^2 - 1}{\gamma_1 - 1} \frac{\tilde{q}}{\psi} \right)^2 - \left(\frac{\gamma_2}{\gamma_1} \right)^2 } \tag{2.4}$$

从式(2.2)～式(2.4)可以看出,当反应物产物比热比一定时,理想爆震循环的循环功和热效率仅为温度比 ψ、无量纲加热量 $\tilde{q}$ 的函数。

定义循环过程的总增压比 π 和总的加热比 δ 分别如下:

$$\pi = p_3/p_0 \tag{2.5}$$

$$\delta = T_4/T_0 \tag{2.6}$$

式中:p_3 是 3 截面压力;p_0 是 0 截面压力;T_4 是 4 截面温度。

虽然循环功和热效率的计算式(2.2)和式(2.3)中没有加热比和增压比,但根据等熵关系式以及爆震波的 C‐J 理论,可以得到理想循环功和循环热效率与加热比、增压比的关系。

式(2.2)~式(2.4)中的无量纲加热量可表示为循环过程增压比和总加热比的函数,即

$$\tilde{q} = f(\delta, \pi) \tag{2.7}$$

温度比 ψ 可以表示为

$$\psi = (p_3/p_0)^{(\gamma_1 - 1)/\gamma_1} = \pi^{(\gamma_1 - 1)/\gamma_1} \tag{2.8}$$

这样,温度比 ψ、无量纲加热量 $\tilde{q}$ 均可以表示为循环过程增压比以及加热比的函数。因此,脉冲爆震涡轮发动机的理想循环功和热效率可以表示为加热比和增压比的函数。

类似地,可以得到传统涡轮发动机理想等压循环过程的循环功和循环热效率与温度比 ψ、无量纲加热量 $\tilde{q}$ 的函数关系如下:

$$L_{\mathrm{id, Brayton}} = C_p T_0 \{\tilde{q} - [(\tilde{q}/\psi + 1)\psi^{1-[(\gamma_2 - 1)/(\gamma_1 - 1)](\gamma_1/\gamma_2)} - 1]\} \tag{2.9}$$

$$\eta_{\mathrm{th, Brayton}} = 1 - \{[(\tilde{q}/\psi + 1)\psi^{1-[(\gamma_2 - 1)/(\gamma_1 - 1)](\gamma_1/\gamma_2)} - 1]/\tilde{q}\} \tag{2.10}$$

同样,利用式(2.7)和式(2.8),可以将理想等压循环的循环功和循环热效率表示为加热比和增压比的函数。

根据以上关系式,可以获得两种理想循环的循环功和热效率随循环过程增压比、加热比的变化规律。图 2.2 和图 2.3 分别给出了不同的加热比下,两种循环的理想循环功和热效率随增压比的变化曲线,其中反应物和产物比热比分别为 $\gamma_1 = 1.4$,$\gamma_2 = 1.26$。从图中可以看出,两种循环的循环功和热效率的变化趋势是一致的,但存在如下差异。

(1) 在相同增压比和加热比条件下,理想爆震循环的循环功和热效率均高于理想等压循环的循环功和热效率。增压比一定时,加热比越大,两种循环的循环功和热效率差距越大,脉冲爆震涡轮发动机的性能优势越明显。

(2) 在加热比一定时,存在最佳增压比使得两种循环的循环功达到最大值。加热比越大,理想循环的循环功达到最大值所对应的最佳增压比也越大。但是由于爆震燃烧过程具有自增压作用,理想爆震循环对应的最佳增压比要小于理想等压循环的最佳增压比。因此,脉冲爆震涡轮发动机可以采用更低的设计压比来达到和传统涡轮发动机相同的性能,从而可大大减轻发动机质量。

(3) 在加热比较小时($\delta = 3$),存在最经济增压比,使循环热效率达到最大值,这和传统涡轮发动机的实际循环过程中热效率的变化趋势是一致的。

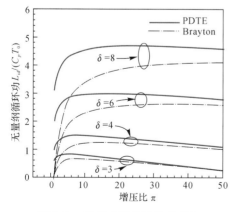

图 2.2　循环功随增压比的变化

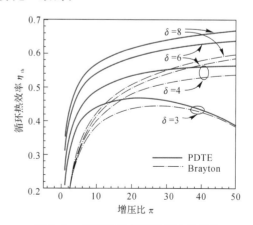

图 2.3　循环热效率随增压比的变化

2.2.2 推进性能

根据理想热力循环热效率,可以用如下公式计算基于理想循环的发动机性能参数,如单位推力、单位燃油消耗率等。

$$F_s = \sqrt{v_0^2 + 2\eta_{th}q_{add}} - v_0 \tag{2.11}$$

$$\text{sfc} = 3\,600\text{FAR}/(\sqrt{v_0^2 + 2\eta_{th}q_{add}} - v_0) \tag{2.12}$$

式中:F_s 是单位推力;v_0 是来流速度;sfc 是单位燃油消耗率;FAR 是油气比。

(1)由理想爆震循环分析可知,爆震循环热效率高,根据式(2.11)、式(2.12)可知,加热量相同时,其单位推力大,耗油率低,如图 2.4 和图 2.5 所示,在相同压比下,采用爆震循环的发动机单位推力、耗油率低性能均优于采用等压循环的发动机。

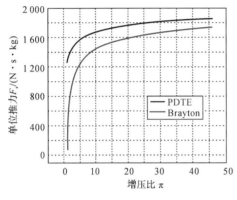

图 2.4 单位推力随压比的变化曲线

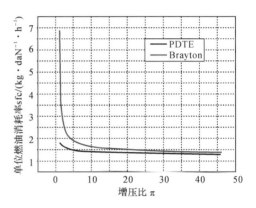

图 2.5 耗油率随压比的变化曲线

(2)爆震燃烧过程具有自增压作用(理论增压比在 6 左右),在利用脉冲爆震燃烧室替换传统涡轮发动机的主燃烧室后,部分压气机的增压比可以通过爆震室来实现,从而可以减少压气机级数,压气机级数减少后,涡轮级数也相应减少,发动机结构得到简化,质量大大减轻,从而能提高发动机推重比或功重比。

(3)传统燃气涡轮发动机由于涡轮前温度的限制导致其工作马赫数不能太高。其原因主要在于随着飞行马赫数的增大,来流总温升高,气流经压气机压缩后总温更高,然而由于涡轮前温度的限制,燃烧室的加热量随着来流马赫数的提高只能逐渐减少,导致发动机循环功降低,推力减小,进而无法给飞行器提供有效的推力。如图 2.6 所示,脉冲爆震涡轮发动机由于爆震燃烧的自增压特性,压气机部分增压能力可以通过爆震室来实现,从而降低了压气机的负荷。压气机压比的减小使得压气机出口总温降低,一方面,在涡轮前温度不变的情况下,脉冲爆震燃烧室的加热量增加,整个循环过程的循环功也增大;另一方面,压气机负荷减小后,涡轮从燃气中提取的能量也相应减少,更多的燃气能量可以通过尾喷管膨胀后产生有效的推力。这样,在高马赫数条件下飞行时,脉冲爆震涡轮发动机仍能产生有效推力,其工作马赫数范围更宽。

综上所述,将脉冲爆震燃烧应用于传统涡轮发动机中,一方面可提升发动机推力,降低耗油率;另一方面亦可减少压气机和涡轮级数,提高发动机推重比或功重比,且可使工作马赫数范围更宽,从而大大提高发动机的性能水平。

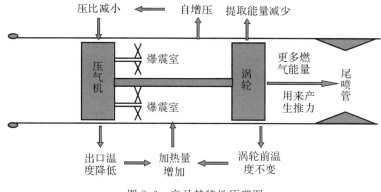

图 2.6　高马赫特性原理图

2.3　爆震室性能计算模型

由于理想热力循环性能分析没有考虑脉冲爆震燃烧室的周期性工作特性,忽略了爆震室工作参数对整机性能的影响,所以通过理想循环只能得到一些定性的规律和发动机的极限性能。要更加准确地对脉冲爆震涡轮发动机性能进行快速评估,掌握部件参数对发动机整机性能的影响规律,进而为发动机设计参数的选择提供参考,就必须结合脉冲爆震燃烧室的非稳态工作特性,建立等效爆震室模型,并结合传统涡轮发动机性能计算方法对脉冲爆震涡轮发动机性能进行分析。

现有的爆震室等效模型有推力壁模型[3]、PDC 特性图模型[4-7]以及考虑爆震室实际工作过程的等效模型[8]等,下面对这几种模型进行介绍。

2.3.1　推力壁模型

推力壁模型利用爆震室推力壁处压力平台区的总温和总压作为爆震室出口等效总温和总压。根据爆震波的 ZND 模型,推力壁处压力和温度可用如下公式计算:

$$p_H = p_{CJ}[1 - (\gamma_2 - 1)/2Ma_{CJ}]^{2\gamma_2/(\gamma_2-1)} \tag{2.13}$$

$$T_H = T_{CJ}[1 - (\gamma_2 - 1)/2Ma_{CJ}]^2 \tag{2.14}$$

式中:p_H 是推力壁处压力;p_{CJ} 是爆震波 C-J 点压力;T_H 是推力壁处温度;T_{CJ} 是爆震波 C-J 点温度。

爆震波 C-J 点的参数可以利用 CEA 软件或者 ZND 模型进行求解。这样,只要获得爆震室入口参数,就可以根据上述推力壁模型计算得到推力壁处的压力和温度参数,然后作为爆震室出口等效总参数,来对脉冲爆震涡轮发动机性能进行计算。

2.3.2　PDC 特性图模型

PDC 特性图模型则是 Paxson 等人[4]根据一维数值模拟总结得到的一种等效模型。根据该模型,爆震室进出口时间平均总压比(PR)可以表示为质量平均总焓比(HR)的参数,详见式(2.15)。因此,只要知道爆震室进口总参数、燃料热值以及当量比等参数,就可以计算得到爆震室的质量平均总焓比和时间平均总压比,进而得到爆震出口等效总温和总压。

$$PR = HR^{[0.12\gamma/(\gamma-1)]} \tag{2.15}$$

式中:PR 是爆震室一个循环内进出口时间平均总压之比;HR 是爆震室一个循环内进出口质量流量平均总焓之比;γ 是比热比。

随后,Tangirala 等人[5-7]利用三段变比热计算方法对 Paxson 提出的 PDC 传递函数进行了修正,修正后的传递函数如下:

$$PR = HR^{[0.105\gamma/(\gamma-1)]} \tag{2.16}$$

式(2.16)中,爆震室进出口的平均总焓比可以根据爆震室的燃料热值 ΔH_f、油气比 FAR、吹熄因子 pf、爆震室进口总温 T_{tin} 等参数来计算,具体公式如下:

$$HR = 1 + q_0(\gamma-1)(1-pf) \tag{2.17}$$

$$q_0 = \frac{\Delta H_f}{(1+FAR)\gamma R_g T_{tin}} \tag{2.18}$$

在 PDC 特性图模型中,首先由给定的燃料热值、油气比、爆震室进口总温等参数,根据式(2.17)和式(2.18)计算得到爆震室进出口的平均总焓比;然后由修正后的传递函数式(2.16)可以计算得到爆震室进出口的时间平均总压比;最后根据爆震室进口的总温、总压以及进出口总焓比、总压比可以计算得到爆震室出口等效总温、总压。

上述两种模型对爆震室工作过程进行了大量简化,不能详细、准确地反映爆震室的工作过程并估算其性能。主要是因为推力壁模型直接将爆震室封闭端的参数作为出口参数,计算值为性能上限,结果偏大;PDC 特性图模型根据数值模拟结果拟合经验公式计算爆震室性能,不能反映工作频率对爆震室性能的影响。而且以上两种模型均未得到相关试验数据的验证,计算结果差异也较大。西北工业大学卢杰、张淑婷等人在 Takuma Endo 等人[9-11]的直管单次爆震解析模型基础上,发展了考虑爆震室工作过程的等效性能计算模型。

2.3.3 考虑爆震室实际工作过程的等效模型

本节根据爆震燃烧机理,结合一维特征线理论和爆震室工作过程建立了各阶段(包括起爆、传播、排气、填充)工作过程解析模型,在此基础上,通过质量流量平均方法建立了爆震室的等效性能计算模型。

图 2.7 给出了爆震室一个工作过程内压力时空分布图,图中主要变量的意义如下:

x_2:爆震波位置;

x_3:减速稀疏波后边界位置;

x_{rf}:排气稀疏波前边界位置;

x_{rf}^*:排气稀疏波与减速稀疏波后边界相交的位置;

x_{ir}:排气稀疏波和其来自推力壁的反射波相互干涉区域边界;

t_{CJ}:爆震波到达开口端所需的时间;

t^*:排气稀疏波与减速稀疏波后边界相交的时间;

$t_{plateau}$:排气稀疏波前边界到达封闭端的时间;

$t^\#$:排气稀疏波和其来自推力壁的反射波相互干涉区到达开口端的时间;

$t_{exhaust}$:推力壁处的压力降低到初始压力的时间。

根据该图将爆震室工作过程分为 6 个阶段,气体初始温度和压力分别为 T_1 和 p_1。

(1)阶段 1:爆震波起爆过程($0 < t < t_{DDT}$)。对于爆震波起爆过程,即 DDT 过程,目前的认识有限,尚无数学模型来描述,但 DDT 过程中,爆震室出口的参数即为爆震室填充的可爆混合物的总参数,因此在性能计算中只需考虑 DDT 过程的持续时间,DDT 过程时间可

根据试验值公式近似拟合得到

$$t_{DDT} = e^{m\lg(f)+n} \tag{2.19}$$

式中：$m = -0.291$；$n = 2.924\,35$；f 是爆震室工作频率。

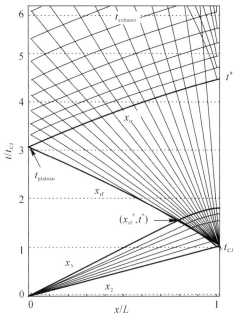

图 2.7 直管爆震室内时空（x-t）特性图[11]

（2）阶段 2：爆震波传播过程（$t_{DDT} < t < t_{CJ}$）。起爆后，爆震波从封闭端向出口传播，t_{CJ} 时刻爆震波到达出口端，出口端压力激增，爆震波后燃气参数可用下式表示：

$$p_2 = \frac{\gamma_1 Ma_{CJ}^2 + 1}{\gamma_2 + 1} p_1 \tag{2.20a}$$

$$a_2 = \frac{\gamma_1 Ma_{CJ}^2 + 1}{\gamma_1 Ma_{CJ}^2} \frac{\gamma_2}{\gamma_2 + 1} D_{CJ} \tag{2.20b}$$

$$u_2 = \frac{\gamma_1 Ma_{CJ}^2 - \gamma_2}{\gamma_1 Ma_{CJ}^2} \frac{1}{\gamma_2 + 1} D_{CJ} \tag{2.20c}$$

式中：p_2 是爆震波后表面的静压；a_2 是爆震波后表面处声速；u_2 是爆震波后表面处速度；D_{CJ} 是爆震波 C-J 点速度。

忽略爆震波的厚度，爆震波后表面的位置可由下式确定：

$$x_2 = D_{CJ}t \tag{2.20d}$$

爆震波到达开口端的时间可用下式计算，t_{CJ} 是管内的一个气体动力学特征时间：

$$t_{CJ} = L/D_{CJ} \tag{2.21}$$

在减速膨胀波（即空间区域 $x_3 < x < x_2$）中的气体状态参数可用下式表示：

$$p = \left(1 - \frac{\gamma_2 - 1}{\gamma_2 + 1} \frac{x_2 - x}{a_2 t}\right)^{2\gamma_2/(\gamma_2-1)} \frac{\gamma_1 Ma_{CJ}^2 + 1}{\gamma_2 + 1} p_1 \tag{2.22a}$$

$$a = \frac{\gamma_1 Ma_{CJ}^2 + \gamma_2}{\gamma_1 Ma_{CJ}^2} \frac{1}{\gamma_2 + 1} D_{CJ} + \frac{\gamma_2 - 1}{\gamma_2 + 1} \frac{x}{t} \tag{2.22b}$$

$$u = \frac{\gamma_1 Ma_{CJ}^2 + \gamma_2}{\gamma_1 Ma_{CJ}^2} \frac{1}{\gamma_2 + 1} D_{CJ} + \frac{2}{\gamma_2 + 1} \frac{x}{t} \tag{2.22c}$$

式中：p 是减速膨胀波在 x 处的静压；a 是减速膨胀波在 x 处的声速；u 是减速膨胀波在 x 处的速度。

上述公式通过减速稀疏波前边界与 C-J 爆震波后表面一致的边界条件即可获得。由不等式 $x \leqslant x_2$ 和 $\gamma_2 > 1$ 可导出不等式 $u < a$。减速稀疏波后边界的气体状态参数（即区域 $0 \leqslant x \leqslant x_3$）由下式给出：

$$p_3 = \delta_{A_1} p_1 \tag{2.23a}$$

$$a_3 = D_{CJ} / \delta_{A_2} \tag{2.23b}$$

$$x_3 = a_3 t \tag{2.23c}$$

式中：

$$\delta_{A_1} = \frac{\gamma_1 Ma_{CJ}^2 + \gamma_2}{2\gamma_1} \left(\frac{\gamma_1 Ma_{CJ}^2 + \gamma_2}{\gamma_1 Ma_{CJ}^2 + 1} \frac{\gamma_2 + 1}{2\gamma_2} \right)^{(\gamma_2+1)/(\gamma_2-1)} \tag{2.24a}$$

$$\delta_{A_2} = 2 \frac{\gamma_1 Ma_{CJ}^2}{\gamma_1 Ma_{CJ}^2 + \gamma_2} \tag{2.24b}$$

式中：δ_{A_1} 是气体特征参数；δ_{A_2} 是气体特征参数。

通过式（2.22a）～式（2.22c）以及边界条件 $u_3 = 0$ 可得到上述公式。压力 p_3 是推力变化中的平台压力，这是表征脉冲爆震燃烧室性能的重要参数之一。

在此过程中，爆震波没有到达爆震室出口，故此时的出口总压、总温与可燃混合物填充过程的总压、总温相等，可用下式计算：

$$p(t) = p_1 \sigma_{valve} \tag{2.25a}$$

$$T(t) = T_1 \tag{2.25b}$$

式中：σ_{valve} 是爆震室进气阀处总压恢复系数。

（3）阶段 3：简单波区排气（$t_{CJ} < t < t^*$）。该阶段内，从爆震室出口端传入一束左传膨胀波，并与爆震波后的泰勒膨胀波相互作用，使出口压力快速下降。

在 t_{CJ} 时刻，减速稀疏波开始从开口端向封闭端（推力壁）传播，最初排气稀疏波前边界在减速稀疏波中传播，减速稀疏波中的声速和气体流速分别由式（2.22b）和式（2.22c）给出，排气稀疏波前边界的传播速度用如下公式表示：

$$\frac{\mathrm{d}x_{rf}}{\mathrm{d}t} = u - a = -\frac{\gamma_1 Ma_{CJ}^2 + \gamma_2}{\gamma_1 Ma_{CJ}^2} \frac{1}{\gamma_2 + 1} D_{CJ} + \frac{3 - \gamma_2}{\gamma_2 + 1} \frac{x_{rf}}{t} \tag{2.26}$$

给出边界条件：$t = t_{CJ}$ 时 $x_{rf} = L$，求解该微分方程，得到以下解：

$$x_{rf} = \frac{D_{CJ} t}{\gamma_2 - 1} \left[\gamma_2 \frac{\gamma_1 Ma_{CJ}^2 + 1}{\gamma_1 Ma_{CJ}^2} \left(\frac{t_{CJ}}{t} \right)^{2(\gamma_2-1)/(\gamma_2+1)} - \frac{\gamma_1 Ma_{CJ}^2 + \gamma_2}{\gamma_1 Ma_{CJ}^2} \right] \tag{2.27}$$

该公式适用于 $x_3 \leqslant x_{rf}$ 区域，排气稀疏波前边界在时间 t^* 和位置 x_{rf}^* 处与减速稀疏波的后边界相交。将条件 $x_{rf} = x_3$ 代入式（2.27），获得时间 t^* 和位置 x_{rf}^*：

$$t^* = \left(\frac{\gamma_1 Ma_{CJ}^2 + \gamma_2}{\gamma_1 Ma_{CJ}^2} \frac{\gamma_2 + 1}{2\gamma_2} \right)^{-(\gamma_2+1)/2(\gamma_2-1)} \tag{2.28a}$$

$$x_{rf}^* = \frac{1}{\delta_{A_2}} \left(\frac{\gamma_1 Ma_{CJ}^2 + \gamma_2}{\gamma_1 Ma_{CJ}^2 + 1} \frac{\gamma_2 + 1}{2\gamma_2} \right)^{-(\gamma_2+1)/2(\gamma_2-1)} \tag{2.28b}$$

结合式（2.22a）～式（2.22c），可得到此阶段内爆震室出口压力和温度的计算方法：

$$p(t) = p \left(1 + \frac{\gamma_2 - 1}{2} Ma^2 \right)^{\frac{\gamma_2}{\gamma_2-1}} \tag{2.29a}$$

$$T(t) = \frac{a^2}{kR}\left(1 + \frac{\gamma_2 - 1}{2}Ma^2\right)^{\frac{\gamma_2}{\gamma_2 - 1}} \tag{2.29b}$$

式中：R 是混合气体常数，287 J/(kg·K)。

（4）阶段 4：压力平台区（$t^* < t < t_{\text{plateau}}$）。在时间 $t^* \sim t_{\text{plateau}}$ 内，入口压力为一平台，在这一时间段内左传膨胀波到达封闭段后又反射一束右传膨胀波，t_{plateau} 时刻右传膨胀波到达管口。

在时间 t^* 之后，因为区域 $0 \leqslant x \leqslant x_3$ 中的气体处于静止状态，故排气稀薄波的前边界以声速 a_3 向封闭端传播，排气稀疏波的前边界在时间 t_{plateau} 到达封闭端：

$$t_{\text{plateau}} = t^* + x_{\text{rf}}^*/a_3 = \delta_B t_{\text{CJ}} \tag{2.30}$$

式中：

$$\delta_B = 2\left(\frac{\gamma_1 Ma_{\text{CJ}}^2 + \gamma_2}{\gamma_1 Ma_{\text{CJ}}^2 + 1}\frac{\gamma_2 + 1}{2\gamma_2}\right)^{-(\gamma_2+1)/2(\gamma_2-1)} \tag{2.31}$$

这一阶段，爆震室出口总压为压力平台区压力，出口总压和总温的计算公式如下：

$$p(t) = p_3 = \delta_{A_1} p_1 \tag{2.32a}$$

$$T(t) = \frac{a_3^2}{kR} \tag{2.32b}$$

式中：δ_B 是气体特征参数；p_3 是减速稀疏波后边界静压；a_3 是减速稀疏波后边界声速。

（5）阶段 5：压力衰减阶段（$t_{\text{plateau}} < t < t_{\text{exhaust}}$）。该过程实际为复杂波排气阶段，爆震室出口和封闭端处压力继续下降，直至封闭端压力下降为填充压力，当 $t = t_{\text{exhaust}}$ 时，排气过程结束，压力恢复。

研究推力壁压力变化的衰减部分时，首先考虑时间 t_{plateau} 之前爆震管中的流场，如果 $x_{\text{rf}}^* \approx L$，排气稀疏波应该是一个自相似的稀疏波，在以 $\gamma_3(=\gamma_2)$，p_3，a_3 和 $u_3(=0)$ 为特征量的均匀气体中，从开口端向封闭端传播，称这种自相似的稀疏波为近似的自相似稀疏波。简要总结近似自相似稀疏波的气体动力学特征，其前边界在时间 t_{plateau} 到达封闭端，近似自相似稀疏波中的压力、声速和气体流速分别由下式给出：

$$p = \left(\frac{2}{\gamma_2 + 1} + \frac{\gamma_2 - 1}{\gamma_2 + 1}\frac{L - x}{a_3 t - a_3 t_{\text{plateau}} + L}\right)^{2\gamma_2/(\gamma_2-1)} p_3 \tag{2.33a}$$

$$a = \frac{2}{\gamma_2 + 1}a_3 + \frac{\gamma_2 - 1}{\gamma_2 + 1}\frac{L - x}{t - t_{\text{plateau}} + L/a_3} \tag{2.33b}$$

$$u = a - \frac{L - x}{t - t_{\text{plateau}} + L/a_3} \leqslant a \tag{2.33c}$$

以上参数在开口端（即 $x = L$）处分别为

$$p\big|_{x=L} = [2/(\gamma_2 + 1)]^{2\gamma_2/(\gamma_2-1)} p_3 \tag{2.34a}$$

$$a\big|_{x=L} = [2/(\gamma_2 + 1)]a_3 \tag{2.34b}$$

$$u\big|_{x=L} = a\big|_{x=L} \tag{2.34c}$$

在描述推力壁处的压力衰减过程时，即在时间区域 $t_{\text{plateau}} < t$ 中的推力壁处的压力变化时，可将排气稀疏波与其封闭端的反射之间的干扰置换为从开口端向封闭端传播的自相似稀疏波与其从封闭端的反射之间的干扰。当近似自相似稀疏波的前边界在 t_{plateau} 时刻到达长度为 L 的直管封闭端时，在时间 t_{plateau} 之后的封闭端的气体状态由下式描述：

$$t - \left(t_{\text{plateau}} - \frac{L}{a_3}\right) = \frac{1}{2^n n!}\left(\frac{1}{a_w}\frac{\partial}{\partial a_w}\right)^n\left[\frac{1}{a_w}(a_w^2 - a_3^2)^n\right] \tag{2.35}$$

式中: a_w 是爆震管推力壁内表面声速。

利用时间的显式函数给出推力衰减过程,根据 $t = t_{plateau}$ 时, $p_w = p_3$ 的条件,拟合函数:

$$p_w/p_3 = k_A \exp\left[-k_B(a_3/L)(t - t_{plateau})\right] + (1 - k_A) \exp\left[-k_C(a_3/L)(t - t_{plateau})\right]$$

(2.36)

式中: k_A, k_B 和 k_C 是由 χ 方差最小化确定的数值常数,拟合结果为 $k_A = 0.6066$, $k_B = 2.991$, $k_C = 0.5014$; p_w 是爆震管推力壁内表面静压。

排气时间:

$$t_{exhaust} = \{\delta_{A_2}[f_{n'}(\delta_{A1}) - 1] + \delta_B\}t_{CJ}$$

(2.37)

结合式(2.33a)~式(2.33c)以及式(2.36)可得到此阶段内爆震室出口压力和温度的计算公式:

$$p(t) = p_w$$

(2.38a)

$$T(t) = \frac{a_w^2}{kR}\left(1 + \frac{\gamma_2 - 1}{2}Ma^2\right)^{\frac{\gamma_2}{\gamma_2 - 1}}$$

(2.38b)

(6)阶段6:封闭端改为压力入口,填充新鲜可燃物。新鲜可燃物的填充速度为

$$v_{fill} = Ma_{fill}a_1 = Ma_{fill}\sqrt{\gamma_1 R T_1}$$

(2.39)

式中: T_1 为初始静温; γ_1 为可燃混合物比热比; Ma_{fill} 为可燃混合物填充马赫数; a_1 为可燃混合物声速; R 为可燃混合物的气体常数,值为 287 J/(kg·K)。

填充过程时间可以根据爆震室长度和填充速度来计算:

$$t_{fill} = L/v_{fill}$$

(2.40)

在填充过程中,爆震室出口总压、总温为

$$p(t) = p_1\sigma_{valve}$$

(2.41a)

$$T(t) = T_1$$

(2.41b)

根据以上6个过程,计算脉冲爆震燃烧室性能,具体计算步骤如图2.8所示。

第一步,已知爆震室进口总压和总温 p_{t3}, T_{t3} (即 p_{tin} 和 T_{tin}),确定爆震室的结构参数及工作参数:管长 L_{tube}、管径 D_{tube}、管数 N_{tube}、工作频率 f 和当量比 ER 等。

第二步,计算可爆混合物静参数:首先假设爆震室进口填充马赫数为 Ma_{fill},然后根据总温、总压与静温、静压的函数关系确定可爆混合物的静压 p_4 和静温 T_4,即

$$T_4 = T_{tin}/\left(1 + \frac{\gamma_1 - 1}{2}Ma_{fill}^2\right)$$

(2.42a)

$$p_4 = p_{tin}\sigma_{valve}/\left(1 + \frac{\gamma_1 - 1}{2}Ma_{fill}^2\right)^{\frac{\gamma_1}{\gamma_1 - 1}}$$

(2.42b)

第三步,计算爆震波参数:根据爆震室当量比 ER 和可爆混合物静压 p_4 及静温 T_4 计算得到爆震燃烧前后的比热比 γ_1 和 γ_2、爆震波马赫数 Ma_{CJ}、爆震波速 D_{CJ} 等(该步骤可利用 CEA 软件进行)。

第四步,计算工作时间及工作频率:首先利用各阶段工作过程解析模型,计算爆震室各个阶段的工作时间,从而得到一个循环内爆震室的工作时间,再根据计算得到的工作时间确定对应的工作频率。

$$t_{cycle} = t_{DDT} + t_{CJ} + t_{exhaust} + t_{fill}$$

(2.43)

$$f' = \frac{1}{t_{DDT} + t_{CJ} + t_{exhaust} + t_{fill}}$$

(2.44)

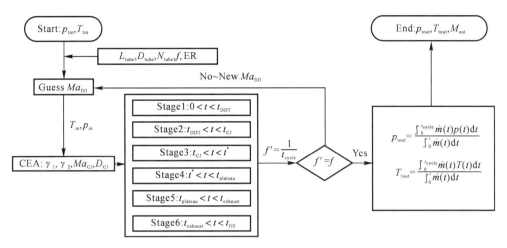

图 2.8　直管脉冲爆震燃烧室性能计算模型流程图

在确定工作频率时,需要进行迭代计算,首先设定计算频率 f' 与给定频率 f 的允许误差,然后以第二步假设的爆震室进口填充马赫数 Ma_{fill} 为初值进行计算,若 f' 与 f 的误差不在允许范围内,则更改 Ma_{fill} 的值,直到误差小于允许误差,即迭代过程收敛,计算结束,输出此时的填充马赫数,根据填充马赫数求出相关状态参数。

第五步,利用式(2.45)和式(2.46)计算得到爆震室出口的平均总压和平均总温:

$$p_{tout} = \frac{\int_0^{t_{cycle}} \dot{m}(t) p(t) \mathrm{d}t}{\int_0^{\tau} \dot{m}(t) \mathrm{d}t} \tag{2.45}$$

$$T_{tout} = \frac{\int_0^{t_{cycle}} \dot{m}(t) T(t) \mathrm{d}t}{\int_0^{\tau} \dot{m}(t) \mathrm{d}t} \tag{2.46}$$

式中:

$$\dot{m} = \frac{p(t)}{RT(t)} \frac{\pi D_{tube}^2}{4} N_{tube} u(t) f \tag{2.47}$$

$u(t)$ 为 t 时刻气流速度。

一个循环内参与爆震燃烧的空气流量可用如下公式表示:

$$M_{out} = \frac{p_{in}}{RT_{in}} A_{tube} N_{tube} L_{tube} f \tag{2.48}$$

式中:N_{tube} 是爆震室管数;A_{tube} 是爆震室进口横截面积;M_{out} 是参与爆震燃烧的空气流量。

2.4　脉冲爆震涡轮发动机设计点性能

在设计发动机时,会选定一个主要状态作为发动机设计状态,即发动机的设计点,为保证设计点的发动机性能满足飞行需求,需要开展设计点性能计算,选取最优的工作过程参数,从而为发动机的部件及整机设计提供原始参考数据。

对于 PDTE 这一新概念发动机,也需要开展设计点性能计算,分析确定发动机设计点热力循环参数,并获得发动机单位性能随工作过程参数的变化规律,为该类发动机的研制奠定理论基础。

本节结合脉冲爆震燃烧室等效计算模型和传统涡轮发动机设计点性能计算这两种方法,进行脉冲爆震涡轮发动机总体性能计算,分析循环参数对发动机性能的影响以及设计点循环参数的确定方法。

2.4.1　循环参数对发动机性能的影响

1. 压气机压比对爆震室增压能力的影响

脉冲爆震燃烧室是脉冲爆震涡轮发动机的核心部件,其性能直接影响着整机性能,因此要先对爆震室的性能开展研究,为整机性能研究提供参考。

在爆震燃烧过程中,爆震燃烧波的传播速度一般为几千米每秒,压力来不及膨胀,因此爆震燃烧不仅能提高燃气温度,还能提高燃气压力,具有自增压的能力。图 2.9 和图 2.10 给出了当 $Ma=0,H=0$ 时,爆震室增压比和发动机总增压比随压气机增压比的变化关系。从两幅图中可以看出:爆震室的增压能力受压气机增压比的影响,随着压气机设计压比的提高,爆震室的平均增压比下降,在图中计算范围内,爆震室平均增加比不小于 2.5;爆震室的自增压能力可减小压气机的压比设计负担,如图 2.10 所示,当发动机总增压比为 14.6 时,所需的压气机设计压比为 4,这样可以大大降低压气机级数,从而减轻发动机质量,有效提高推重比。

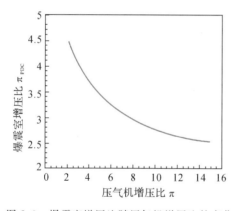
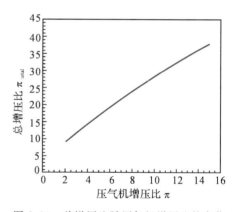

图 2.9　爆震室增压比随压气机增压比的变化　　　图 2.10　总增压比随压气机增压比的变化

2. 压气机压比和涡轮前总温对发动机性能的影响

图 2.11 和图 2.12 分别给出了不同飞行条件下涡喷发动机单位推力 F_s、耗油率 sfc 随压气机增压比 π、涡轮前总温 T_{t4} 的变化关系。

从图中可以看出以下几点。

(1)在发动机涡轮前总温一定的情况下,存在一个最佳的压气机增压比,使单位推力达到最大值,发动机的最佳增压比为 3～6。

(2)最佳增压比会随着涡轮前总温的升高而增大;当飞行马赫数较大时,压气机最佳增压比较小,此时提高增压比,单位推力将明显降低。

(3)耗油率随压比的变化关系受涡轮前温度、飞行高度、飞行马赫数的影响较大。当在低速条件下飞行时,若涡轮前总温较低,则耗油率随压比的增加先减小后增大,因此存在一个最经济增压比,若涡轮前总温较高,则在整个计算范围内,耗油率随压比的增加一直呈降低趋势;当在高速条件下飞行时,耗油率随压比的增加一直呈先减小后增大的变化趋势,即始终存在最经济增压比,且最经济增压比随涡轮前总温的升高而增大。当飞行马赫数较小时,由于压气机最经济增压比较大,提高压气机增压比可以降低耗油率。

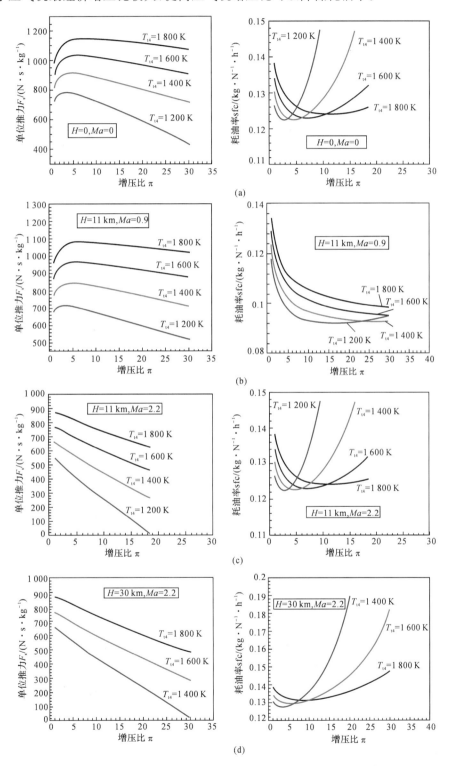

图 2.11　不同飞行条件下单位推力和耗油率随增压比的变化关系

(a)$H=0$,$Ma=0$;(b)$H=11$ km,$Ma=0.9$;

(c)$H=11$ km,$Ma=2.2$;(d)$H=30$ km,$Ma=2.2$

（4）在压气机增压比一定的情况下，脉冲爆震涡轮发动机的单位推力随涡轮前总温的增加而增加。

（5）在压气机增压比一定的情况下，存在使耗油率达到最小值的涡轮前总温，该温度称为最经济涡轮前总温，飞行状态一定时，最经济涡轮前总温随压气机增压比的增加而增加，且随飞行马赫数的增大而增大。

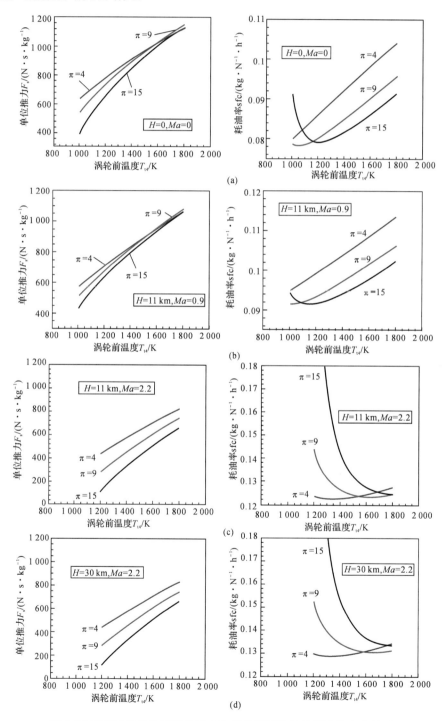

图 2.12 不同飞行条件下单位推力和耗油率随涡轮前温度的变化关系

（a）$H=0,Ma=0$；（b）$H=11\ km,Ma=0.9$；

（c）$H=11\ km,Ma=2.2$；（d）$H=30\ km,Ma=2.2$

3. 压气机效率和涡轮效率对发动机性能的影响

脉冲爆震燃烧室的自增压、周期性工作特性会带来压力反传、脉动燃气冲击涡轮等问题,从而影响压气机和涡轮部件的效率,进而影响整机性能,图 2.13~图 2.15 反映了压气机/涡轮部件对发动机单位推力、耗油率、爆震室增压比的影响,图 2.16 反映了压气机效率对发动机推力、流量的影响(计算工况为 $Ma=0,H=0,T_{t4}=1\,800\text{ K},\pi_c=3,f=30\text{ Hz},\eta_T$ 为涡轮效率,η_c 为压气机效率)。从图中可以看出:在给定的工作频率下,压气机/涡轮效率越低,发动机的单位推力越小,耗油率越高;单位推力和耗油率性能受压气机效率的影响较大,受涡轮效率的影响较小,且涡轮效率对爆震室增压比没有显著的影响;在给定的工作频率下,压气机效率越低,发动机的流量越小,发动机的推力也随之降低。

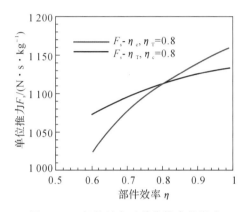

图 2.13　部件效率对单位推力的影响

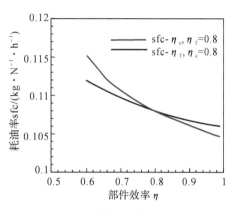

图 2.14　部件效率对耗油率的影响

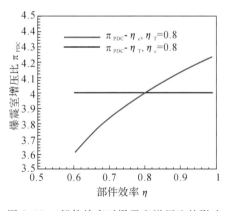

图 2.15　部件效率对爆震室增压比的影响

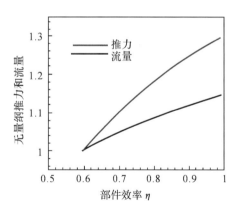

图 2.16　压气机效率对推力、流量的影响

4. 涡扇发动机涵道比对发动机性能的影响

相比涡喷发动机,涡扇发动机将通过发动机的空气分为两路,内涵的循环功转换为两个涵道的空气动能,具有更高的推进效率。涡扇发动机中将外涵道的空气质量流量与内涵道的空气质量流量之比称为涵道比(记为 B),图 2.17~图 2.19 分别给出了在不同的增压比下,一种混合排气的脉冲爆震涡扇发动机(爆震室替代传统涡扇发动机核心机)的设计涵道比 B 对单位推力、耗油率、总推力的影响(计算工况为 $Ma=0,H=0,T_{t4}=1\,800\text{ K},f=$

30 Hz),从图中可以看出:随着设计涵道比的增大,脉冲爆震涡扇发动机的单位推力、耗油率逐渐下降,总推力逐渐增加;随着涵道比的不断增大,改善脉冲爆震涡扇发动机经济性的效果会明显降低。

对于混合排气的脉冲爆震涡扇发动机,内外涵出口总压应大致相等,以减少气流混合的损失。因此设计涵道比和风扇压气机的增压比有一定的约束条件,不能独立地选择。将对应外涵道出口气流压力与涡轮出口气流压力相等的风扇增压比称为最佳增压比 π_{opt},图 2.20 给出了最佳风扇增压比随设计涵道比的变化关系,从图中可以看出,随着设计涵道比的增大,最佳风扇增压比逐渐减小,因此,当涵道比较大时,应选取较小的风扇增压比。

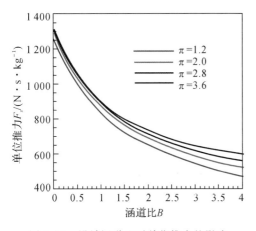

图 2.17　设计涵道比对单位推力的影响

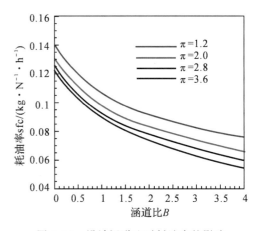

图 2.18　设计涵道比对耗油率的影响

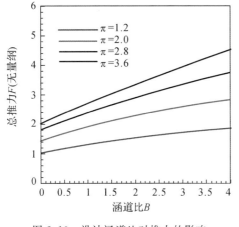

图 2.19　设计涵道比对推力的影响

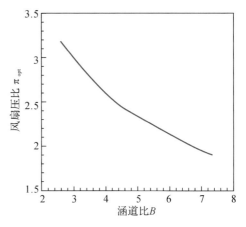

图 2.20　设计涵道比对风扇设计压比的影响

2.4.2　设计点循环参数确定方法

确定脉冲爆震涡轮发动机设计点循环参数的第一步是选定设计点性能目标值,在此基础上,选定发动机类型,然后利用脉冲爆震涡轮发动机总体性能计算程序,输入给定的设计点飞行状态参数,并根据目前的设计水平或设计目标要求,选取爆震涡轮发动机工作过程参数的范围,计算出设计点性能,最后根据性能目标值和限制值,在可行域(即满足飞行任务要求的爆震涡轮发动机设计参数的集合)中找出一组最佳参数。

图 2.21 给出了具体的流程[12]。

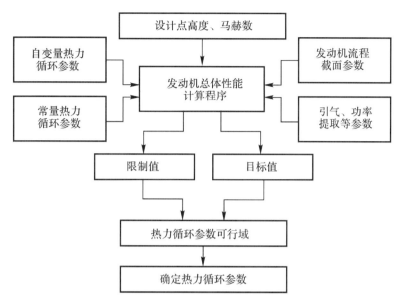

图 2.21 设计点热力循环参数分析框图

(1)首先根据需求确定发动机类型,画出发动机流程截面图,标明流程截面符号,将流程截面图上设定的截面符号输入总体性能计算程序中,以便计算出对应截面上的气体流量、总温和总压等气动参数。

(2)输入 PDTE 设计点飞行状态参数,即飞行高度和飞行马赫数。

(3)输入功率提取量、高/低压涡轮冷却空气量、飞机引气量等参数。

(4)输入自变量热力循环参数。自变量热力循环参数[12]即为循环参数确定过程中的被优化计算量,如涵道比 B、风扇/压气机增压比、涡轮前气体总温等。

(5)输入常量热力循环参数。常量热力循环参数[12]是指可作为常量输入的参数,通常是根据部件目前的设计水平或设计目标要求确定的,如发动机的总空气流量、风扇/压气机绝热效率、爆震室燃烧效率、高/低压涡轮绝热效率、高/低压轴机械效率,以及发动机流道内各段的流程损失系数(包括进气道总压恢复系数、混合室总压恢复系数、尾喷管总压恢复系数等)。

(6)将(1)~(5)中所涉及的参数输入 PDTE 总体性能计算程序后,给定自变量热力循环参数的范围和数量,可计算出多组设计点参数,以混合排气的脉冲爆震涡扇发动机(爆震室替代传统涡扇发动机核心机)为例,若自变量热力循环参数取三种涵道比、三种风扇压比、三种涡轮前总温,则可计算出 $3 \times 3 \times 3 = 27$ 组 PDTE 设计点参数。

(7)用作图法确定循环参数可行域。通过作图,将不满足设计目标值以及超过限制值的参数剔除,剩下的参数集合即为可行域,如图 2.22 所示。

(8)热力循环参数的确定:在确定热力循环参数的可行域后,可根据单位推力高、耗油率低的原则,选取热力循环参数,但是循环参数的选择很难同时兼顾单位推力最高、耗油率最低,此时应根据飞行任务需求,综合选取。

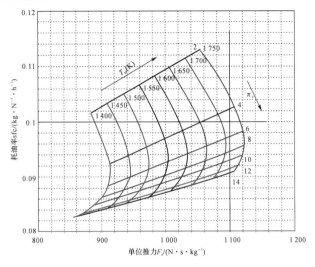

图 2.22　循环参数可行域

2.5　脉冲爆震涡轮发动机非设计点性能

　　除了在设计点保持良好的性能外,发动机还要能够在不同的飞行条件下稳定工作,即在非设计点满足飞行器动力需求,保持良好的性能。发动机的非设计点性能又称为发动机特性[13],发动机特性与飞行器的飞行性能密切相关,决定了飞行器能否完成飞行包线内的飞行任务,脉冲爆震涡轮发动机作为一种新型动力装置,也需要开展其特性分析。

2.5.1　非设计点性能计算方法

　　当发动机偏离设计点工作时,发动机的工作过程参数发生改变,此时要计算发动机特性,必须先确定部件的共同工作点,即找到使各部件满足流量平衡、转速平衡、功率平衡以及压力平衡的工作点,再进行热力计算。

　　下面以带脉冲爆震主燃烧室的双转子混合排气涡扇发动机(不加力)非设计点性能计算为例[14],对脉冲爆震涡轮发动机各主要部件的非设计点热力参数的计算过程进行介绍,图2.23给出了发动机各截面符号。

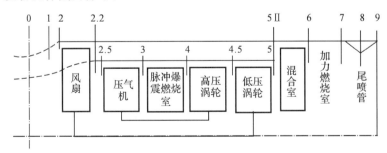

图 2.23　带脉冲爆震主燃烧室的双转子混合排气涡扇发动机各截面符号

　　(1)进气道。
　　已知参数:飞行高度 H、飞行马赫数 Ma_0。
　　所求参数:进气道出口总温 T_{t2}、出口总压 p_{t2}。

求解步骤：

1）根据飞行高度由国际标准大气环境表插值计算得到对应飞行条件下的来流静温 T_1 和静压 p_1，然后由飞行马赫数和静温来计算来流总焓 h_2，根据总焓 h_2 求出对应总温 T_{t2} 和等熵滞止总压 p'_{t2}。

2）根据已知飞行马赫数由军用标准进气道总压恢复系数关系式计算得到进气道总压恢复系数，进而求得进气道实际出口总压 p_{t2}，由实际总压和总温求解总焓 h_2 和熵 S_2。

（2）风扇／压气机。风扇和压气机出口的热力参数求解过程相似，下面以风扇为例进行介绍。

已知参数：进口总温 T_{t2}、总压 p_{t2}、总焓 h_2、熵 S_2。

所求参数：风扇出口总温 T_{t22}、出口总压 p_{t22}、总焓 h_{22}、熵 S_{22} 以及流量 W_{A22}。

求解步骤：

1）假设风扇的初始增压比 π_f 和相对换算转速 PCNF，由风扇通用特性图插值得到风扇效率 η_f 和换算流量 WAFC，根据进口总温、总压及换算流量可求解风扇进口实际空气流量 W_{A22}。

2）根据风扇增压比 π_f 和进口总压求出口总压 p_{t22}。根据出口总压及进口熵值求出等熵压缩条件下的出口总温及对应的等熵压缩出口总焓 h_{22}'。

3）根据风扇效率的定义 $\eta_f = (h_{22}' - h_2)/(h_{22} - h_2)$，可计算实际压缩过程对应风扇出口总焓 h_{22}，由实际出口总焓求出解实际出口总温 T_{t22} 及对应的熵 S_{22}。

（3）脉冲爆震燃烧室。脉冲爆震燃烧室热力参数的计算可根据 2.3 节所建立的等效爆震室模型并结合变比热计算方法来进行。

已知参数：压气机出口总温 T_{t3}、出口总压 p_{t3}、总焓 h_3、熵 S_3、流量 W_{A3}、爆震室工作频率 f、当量比 ER 和结构参数（内径 D_{tube}、长度 L、管数 N 等）。

所求参数：脉冲爆震燃烧室总油气比 FAR、涡轮进口燃气总压 p_{t4}、总温 T_{t4}、流量 W_{G4}、总焓 h_4、熵 S_4。

求解步骤：

1）根据爆震室等效模型，由已知参数求解脉冲爆震燃烧室消耗的燃油流量 WFB 和空气流量 W_{Adet}、爆震室总油气比 FAR_4、爆震燃烧后平均总压 p_{t4}'。用流量平均关系式计算爆震燃气与压气机出口冷却空气掺混后的总压 p_{t4}。

2）根据燃油流量 WFB、燃料热值及进口空气流量 W_{A3}、总焓 h_3，由能量守恒方程计算得到涡轮进口总焓 h_4，并根据总焓 h_4 求出涡轮进口燃气总温 T_{t4}。

3）根据涡轮进口燃气总温 T_{t4}，p_{t4} 以及总焓，求解燃气熵 S_4。

（4）涡轮。高压涡轮和低压涡轮的热力参数求解过程相似，下面以高压涡轮为例进行介绍。

已知参数：高压涡轮进口燃气总压 p_{t4}、总温 T_{t4}、总焓 h_4、熵 S_4、流量 W_{G4}、总油气比 FAR_4、涡轮冷气系数 BLHP、高压涡轮功率输出 W_{exit}。

所求参数：高压涡轮出口总油气比 FAR_{50}、燃气总压 p_{t50}、总温 T_{t50}、流量 W_{G50}、总焓 h_{50}、熵 S_{50}。

求解步骤：

1）假设高压涡轮进口换算流量，由已知参数计算高压涡轮换算转速。根据高压涡轮换算转速和流量函数由涡轮通用特性图插值求解高压涡轮功函数，换算流量和高压涡轮效率。

2）根据高压涡轮进口燃气总温、总压及流量计算涡轮换算流量，根据压气机与涡轮功率平衡方程计算涡轮功函数，将两者计算值和涡轮特性图插值得到的数值对比可得到两个误差 ER(1) 和 ER(2)。

3）根据涡轮进口总焓，涡轮输出功及涡轮效率可计算得到涡轮出口实际总焓 h_{50}，根据涡轮出口总焓 h_{50} 求出涡轮出口总温 T_{t50}，进一步求解得到熵 S_{50}，根据熵函数迭代求解得到涡轮出口总压 p_{t50}。

对于低压涡轮，同样可以得到两个误差 ER(3)和 ER(4)。

（5）外涵道。外涵道若无加力燃烧室，则气体流动可以当成绝热流动处理，总焓和总温均不变，只考虑流动过程中的总压损失。总压损失系数可根据设计点的值以及非设计点与设计点外涵空气流量比值的乘积来确定。

（6）混合室。混合室将内涵燃气和外涵冷空气混合均匀后通过尾喷管膨胀排出，混合室要求进口两股气流的静压相等以减少掺混过程中的损失。

已知参数：内外涵两股气流的总压、总温、总焓、熵、流量以及设计点的内涵气流马赫数。

所求参数：混合室出口总压、总温、总焓、熵、流量、总油气比。

计算设计点时，根据内涵气流参数及出口马赫数求解内涵混合室进口面积 A_{55} 及静压值 p_{s55}，再根据静压相同条件得到外涵出口静压。由外涵静压及外涵气流参数计算得到外涵混合室进口面积 A_{25}。

计算非设计点时，可先根据能量守恒方程求解得到混合室出口总焓，进而求出混合室出口总温。而总流量和油气比则可根据两股掺混气流的空气流量、燃油流量来求解。混合室出口总压的计算则根据流量守恒方程和动量守恒方程联立迭代求解。同时，非设计点计算过程中需要根据设计点计算得到的混合室内外涵进口面积求得内外涵混合排气时的静压误差 ER(5)。

（7）尾喷管。对于喉道面积不可调的尾喷管，计算设计点时，认为尾喷管进口燃气通过尾喷管后完全膨胀至外界大气压，喷管进口参数即为混合室出口总参数（开加力时，即为加力燃烧室出口参数），可通过喷管进口总参数及完全膨胀条件计算得到喷管喉道面积和出口面积。计算非设计点时，根据喷管进口参数及喷管喉道、出口面积计算得到喷管出口速度、压力 p_{S9}、燃气流量等。同时根据喷管喉道流量计算得到喷管进口总压，并与加力燃烧室出口总压（不开加力即为混合室出口总压）相比得到喷管进口总压误差 ER(6)。

（8）发动机性能参数计算。性能计算过程中已知尾喷管出口速度 V_9、静压 p_{S9}、燃气流量 W_{G9}、喷管出口面积 A_9、发动机进口速度 C_0 以及环境压力 p_0，根据动量守恒方程计算发动机的推力，由燃油流量、空气流量及推力计算发动机耗油率、单位推力。

在整个非设计点性能计算过程中，共假设了 6 个独立变量：风扇、压气机增压比 V_1，V_2，风扇、压气机相对换算转速百分比 V_3，V_4，高低压涡轮进口换算流量 V_5，V_6。根据发动机各部件共同工作条件，即高低压转子功率平衡、涡轮与压气机流量平衡、混合室内外涵静压相等、加力燃烧室出口与尾喷管的流量平衡，可计算得到 6 个误差函数 ER(1)～ER(6)。发动机部件的共同工作条件要求这 6 个误差函数同时为零，即

$$ER_1(V_1, V_2, V_3, \cdots, V_6) = 0 \tag{2.49}$$

$$ER_2(V_1, V_2, V_3, \cdots, V_6) = 0 \tag{2.50}$$

$$ER_3(V_1, V_2, V_3, \cdots, V_6) = 0 \tag{2.51}$$

$$ER_4(V_1, V_2, V_3, \cdots, V_6) = 0 \tag{2.52}$$

$$ER_5(V_1, V_2, V_3, \cdots, V_6) = 0 \tag{2.53}$$

$$ER_6(V_1, V_2, V_3, \cdots, V_6) = 0 \tag{2.54}$$

若这 6 个误差函数值为零或满足给定的误差要求，则说明计算过程中假设的 6 个独立变量是正确的。若不满足，则通过数值迭代求解这 6 个误差函数组成的非线性方程组（可通过牛顿迭代法求解），进而获得非设计工况下发动机的共同工作点，然后计算得到非设计点

发动机的性能。

2.5.2 单轴脉冲爆震涡喷发动机特性

单轴脉冲爆震涡喷发动机设计参数见表 2.1,计算中采用发动机最大工作状态调节规律。

表 2.1 单轴脉冲爆震涡喷发动机主要设计参数

压气机		爆震室				涡轮
压比	流量/$(kg \cdot s^{-1})$	管长/m	管径/m	管数	频率/Hz	涡轮前温度/K
6	2.808	1	0.06	4	45	1 750

图 2.24 给出了几组不同飞行高度下,单轴脉冲爆震涡喷发动机单位推力、耗油率、流量、推力、爆震室增压比、油气比随飞行马赫数的变化规律。

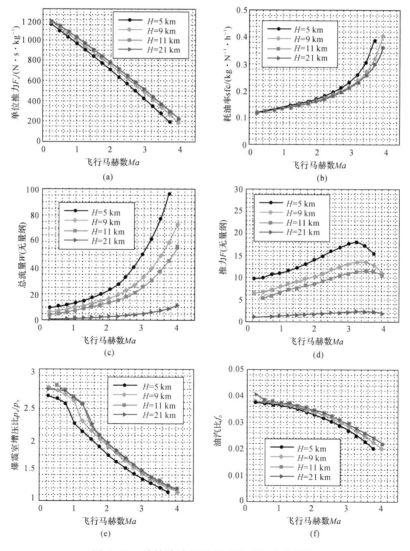

图 2.24 单轴脉冲爆震涡喷发动机速度特性

(a)单位推力 F_s 随 Ma 变化关系;(b)耗油率 sfc 随 Ma 变化关系;(c)流量 W(无量纲)随 Ma 变化关系;

(d)推力 F(无量纲)随 Ma 变化关系;(e)爆震室增压比随 Ma 变化关系;(f)油气比 f_0 随 Ma 变化关系

从图中可以看出,随着飞行马赫数的增大:

(1)脉冲爆震涡喷发动机的单位推力 F_s 不断减小直至为零;

(2)脉冲爆震涡喷发动机的耗油率 sfc 不断增加,Ma 达到某一值时 sfc 急剧增大;

(3)空气流量 W 不断增大,在不同的飞行范围内增加速度快慢不同,亚声速范围内增加较慢,超声速范围内增加较快;

(4)脉冲爆震涡喷发动机的推力 F 先缓慢增大,增至某一值后开始减小;

(5)脉冲爆震燃烧室的增压比逐渐减小;

(6)脉冲爆震涡喷发动机的油气比逐渐减小。

下面对上述变化规律进行分析。

单轴脉冲爆震涡喷发动机的单位推力为 $F_s = C_9 - C_0$。随着飞行马赫数的增加,入口气流速度 C_0 增大,总压比也随速度冲压的增大而增大,进气总压增大,气流在发动机沿程流路所有截面上的总压都增大,尾喷管前总压也增大,尾喷管可以将压比提高,燃气完全膨胀时出口速度 C_9 增大;但是随着飞行马赫数增加,进气总温升高,压气机压缩空气有效性降低,压气机增压比下降,使压缩过程总压比的增长缓慢,尾喷管前总压增大的速度也减缓,因此 C_9 增大的速度要小于 C_0 增大的速度,故发动机单位推力减小。

耗油率 $sfc = 3\,600 f_0 / F_s$ 随飞行马赫数的变化取决于油气比 f_0 和单位推力 F_s 的变化,随着飞行马赫数的增加,压气机出口(即爆震室入口)温度 T_{t3} 增大,$T_{t4} - T_{t3}$ 减小,故燃油流量 W_f 减小,空气流量 W 增大的情况下,油气比 f_0 减小,但 F_s 的下降速度比 f_0 更快,故 sfc 随马赫数的增加而增大,当单位推力趋于 0 时,sfc 急剧增大。

由 $W \sqrt{T_{t4}} / p_{t4} = \text{const}$ 可以看出,当涡轮前总温保持不变时,发动机空气流量与爆震室出口总压成正比。随着飞行马赫数的增大,爆震室的出口总压不断升高,相应地,发动机空气流量也不断增加。

脉冲爆震涡喷发动机的推力 F 随飞行马赫数的变化关系是由单位推力和空气流量随飞行马赫数的变化关系所决定的。当飞行马赫数增大时,单位推力下降,空气流量却增加,当飞行马赫数较低时,空气流量的增加对发动机推力影响较大,此时发动机推力会随着飞行马赫数增大而增大,当飞行马赫数到达某一值时,单位推力的下降对发动机推力变化起主要作用,虽然空气流量继续增大,但发动机单位推力下降很多,故总推力会降低。

随着飞行马赫数的增加,来流总压 p_0 升高,压气机出口的总压也升高,爆震室进口的基线压力增大,增压性能下降。但 p_0 的升高使发动机总增压比升高,将对发动机的热力循环产生有利影响。随着总压的升高,脉冲爆震涡轮发动机各部件出口总压都增大,尾喷管前总压也相应增大,可用膨胀比随之提高。

图 2.25 给出了几组不同飞行马赫数下,单轴脉冲爆震涡喷发动机单位推力、耗油率、流量、推力、爆震室增压比、油气比随飞行高度 的变化规律。

从图中可以得出以下几点结论:

(1)当 $H < 11$ km 时,F_s 随 H 的升高而增大,当 $H > 11$ km 时,F_s 基本不变;

(2)当 $H < 11$ km 时,发动机耗油率随飞行高度的升高而减小,当 $H > 11$ km 时,发动机耗油率基本不变;

(3)随着 H 的增加,发动机流量逐渐减小;

(4)随着 H 的增加,发动机推力逐渐减小;

(5)当 $H < 11$ km 时,爆震室增压比随 H 的升高缓慢增大,当 $H > 11$ km 时,爆震室增压比基本不变；

（6）当 $H < 11$ km 时，油气比随飞行高度的升高缓慢增大，当 $H > 11$ km 时，油气比基本不变。

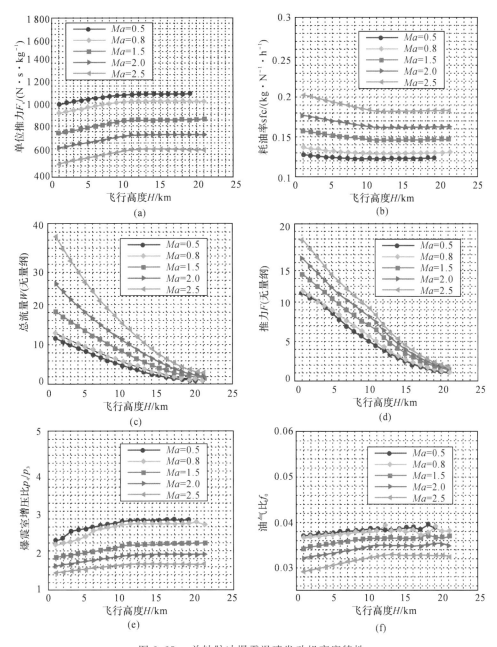

图 2.25　单轴脉冲爆震涡喷发动机高度特性

（a）单位推力 F_s 随 H 变化关系；（b）耗油率 sfc 随 H 变化关系；（c）流量 W（无量纲）随 H 变化关系；
（d）推力 F（无量纲）随 H 变化关系；（e）爆震室增压比随 H 变化关系；（f）油气比 f_0 随 H 变化关系

从上述六条结论可以发现，除空气流量和推力一直受飞行高度影响外，其余性能参数当 $H < 11$ km 时受飞行高度的影响，当 $H > 11$ km 时几乎不受影响。这是因为 H 改变时，环境大气压力、温度随之改变，当 H 在 11 km 以下时，随着 H 的增加，大气压力及大气温度都在下降,11 km 以上为同温层,只有大气压力变化,随 H 的增加继续下降。

当 $H<11$ km 时,H 增加,一方面,大气温度下降导致进气道出口温度 T_{t2}、压气机出口温度 T_{t3} 随之下降,$T_{t4}-T_{t3}$ 增大,即随着飞行高度的增加,发动机的加热量增大,同时油气比也升高;另一方面,随着 T_{t2} 减小,相对换算转速 $\bar{n}_{cor}$ 将增大,对应压比将增大,使单位推力随着 H 的增加而增大,耗油率也有所下降。当 $H>11$ km 时,大气温度不变,单位推力和耗油率也保持不变。

随着飞行高度的增加,发动机进口气流的密度减小,故进口空气流量 W 减小。根据 $W\sqrt{T_{t4}}/p_{t4}=$ const,可知当 $T_{t4}=$ const 时,空气流量 W 与涡轮前总压成正比,当 $H<11$ km 时,总增压比随着 H 的增加而增大,这表明 p_{t4} 比 p_{t0} 降低的速度慢,相比大气压力,W 减小的速度更慢,当 $H>11$ km 时,大气温度不再变化,W 随 H 的增加与大气压力以相同的速度减小。

推力的变化是由空气流量和单位推力共同决定的,当 $H<11$ km 时,随着飞行高度的增加,单位推力略有上升,空气流量一直减小,此时发动机推力主要受空气流量影响,随飞行高度升高逐渐降低;当 $H>11$ km 时,单位推力保持不变,空气流量减小,则随飞行高度的变化,发动机推力进一步降低。

爆震室的增压比的变化受入口总温和总压的影响,当 $H<11$ km 时,大气压力、温度随高度的增加下降,爆震室入口基线压力降低,爆震室增压能力将增强;当 $H>11$ km 时,大气温度不变,爆震室增压比几乎不变。

2.6　脉冲爆震涡轮发动机与传统涡轮发动机性能对比

2.6.1　脉冲爆震涡喷发动机

传统涡喷发动机设计点涡轮前燃气温度为 1 800 K,总增压比为 14(此时,脉冲爆震涡喷发动机压气机增压比为 4,爆震室增压比为 3.5)时脉冲爆震涡喷发动机(见图 2.26)和传统涡喷发动机的高度、速度特性如图 2.27 所示。可以看出,整个计算范围内,脉冲爆震涡喷发动机的单位推力性能和耗油率性能均优于传统涡喷发动机。在飞行高度为 15 km 的条件下,飞行马赫数 $Ma=2$ 时,脉冲爆震涡喷发动机的单位推力比传统涡喷发动机的单位推力高 20.4%,耗油率降低了约 14.3%;当飞行马赫数 $Ma>2.5$ 时,传统涡喷发动机的单位推力快速下降,耗油率急剧增大;当飞行马赫数 $Ma=3$ 时,传统涡喷发动机单位推力几乎为 0,已经无法正常工作,而脉冲爆震涡喷发动机依然具有有效的单位推力,且能维持低耗油率,从而证明了脉冲爆震涡喷发动机的高马赫工作特性。

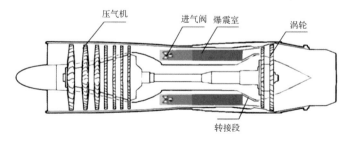

图 2.26　脉冲爆震涡喷发动机结构示意图

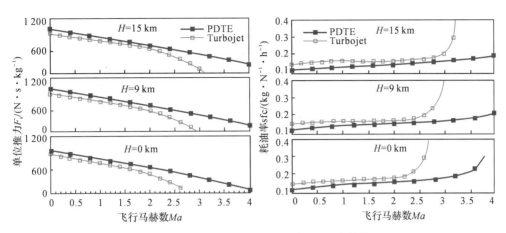

图 2.27 脉冲爆震涡喷发动机高度、速度特性

基于脉冲爆震涡喷发动机的高马赫数特性,可考虑将其与双模态超燃冲压发动机相结合,形成脉冲爆震基涡轮组合发动机(见图 2.28),有效实现模态转换过程中马赫数转接、填补推力空白,为高超声速组合动力装置的发展提供新的技术途径。

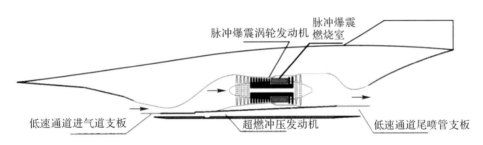

图 2.28 脉冲爆震涡喷发动机+超燃冲压发动机组合方案(并联)

2.6.2 脉冲爆震涡轴发动机

图 2.30 给出了涡轮前温度为 1 500 K 时,脉冲爆震涡轴发动机(见图 2.29)和传统涡轴发动机单位功率、耗油率随压气机压比的变化关系。从图中可看出,在压气机压比范围(1～20)内,脉冲爆震涡轴发动机单位功率明显高于传统涡轴发动机水平,耗油率则低于传统涡轴发动机。传统涡轴发动机最佳增压比为 15,此时单位功率为 301 kW/(kg·s^{-1}),耗油率为 0.254 kg/(kW·h)。而脉冲爆震涡轴发动机最佳增压比为 4,此时单位功率为 418.5 kW/(kg·s^{-1}),相比传统涡轴发动机单位功率提高了 39%;耗油率为 0.232 kg/(kW·h),相比传统涡轴发动机耗油率减少了 8.6%。可见,脉冲爆震涡轴发动机最佳增压比远小于传统涡轴发动机,可减少对压气机压比设计负担,减少压气机、涡轮级数,提高功重比;同时可提高发动机单位轴功率,改善发动机的耗油率,增加直升机有效载荷,增加作战半径。因此,脉冲爆震涡轴发动机可作为高性能直升机的动力装置。

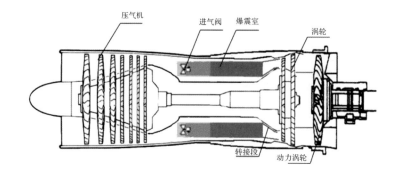

图 2.29　脉冲爆震涡轴发动机结构示意图

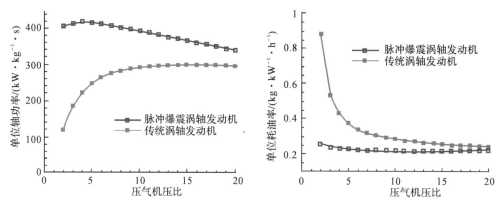

图 2.30　脉冲爆震涡轴发动机与传统涡轴发动机性能对比

2.6.3　脉冲爆震涡扇发动机

图 2.32 给出了在 7 km 高度处,以两种发动机设计点推力相等为条件,脉冲爆震涡扇发动机(见图 2.31,设计点涡轮前温度为 1 500 K,涵道比为 3,风扇压比为 1.8,压气机压比为 1.6)与传统涡扇发动机(设计点涡轮前温度为 1 500 K,涵道比为 3,总增压比为 15.5)推力、耗油率随飞行马赫数的变化曲线。从图中可以看出在不同飞行马赫数下,脉冲爆震涡扇发动机耗油率均低于传统涡扇发动机;在高速、低速飞行条件下脉冲爆震涡扇发动机的推力均高于传统涡扇发动机。显然脉冲爆震涡扇发动机在有效拓宽飞行器飞行马赫数上、下限的同时,亦可增加航程。

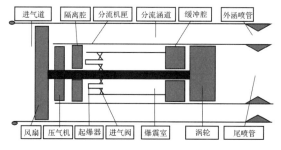

图 2.31　脉冲爆震涡扇发动机结构示意图

图 2.33 为两种发动机装配飞行器后的飞行包线图。从图中可见采用传统涡扇发动机的某型飞行器的飞行范围为 Ma:0.2～0.82,H:0～10.5 km;改用脉冲爆震涡扇发动机后,飞行范围拓宽为 Ma:0.1～1.7,H:0～15 km。

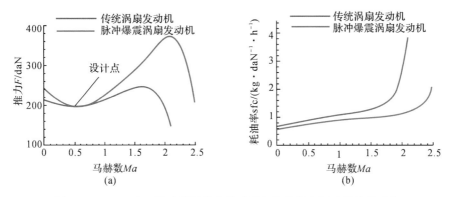

图 2.32　$H=7$ km 脉冲爆震涡扇发动机与传统涡扇发动机性能对比

(a)推力对比;　(b)耗油率对比

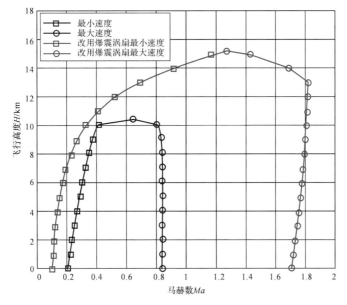

图 2.33　采用脉冲爆震涡扇发动机与传统涡扇发动机的飞行器飞行包线对比

参 考 文 献

[1]　HEISER W H，PRATT D T. Thermodynamic Cycle Analysis of Pulse Detonation Engines[J]. Journal of Propulsion and Power，2002，18(1)：68－76.

[2]　李晓丰. 脉冲爆震涡轮发动机技术研究[D]. 西安:西北工业大学,2013.

[3]　邓君香，严传俊，郑龙席，等. 装有脉冲爆震主燃烧室的燃气涡轮发动机热力性能计算[J]. 西北工业大学学报，2008，26(3)：362－367.

[4]　PAXSON D E. Performance Evaluation Method for Ideal Airbreathing Pulse Detona-

tion Engines [J]. Journal of Propulsion and Power，2004，20(5)：945－950.

[5] GOLDMEER J，TANGIRALA V，DEAN A. Systems－Level Performance Estimation of a Pulse Detonation Based Hybrid Engine[J]. Journal of Engineering for Gas Tubines and Power，2008,130(1):82－93.

[6] TANGIRALA V E，RASHEED A，DEAN A J. Performance of a Pulse Detonation Combustor－Based Hybrid Engine[C]. Montreal：Proceedings of GT2007 ASME Turbo Expo 2007：Power for Land，Sea and Air，GT2007－28056，2007.

[7] GOLDMEER J，TANGIRALA V，DEAN A. System－level Performance Estimation of a Pulse Detonation Based Hybrid Engine [J]. Journal of Engineering for Gas Turbines and Power，2008，130(1)：011201.

[8] 张淑婷. 脉冲爆震涡轮发动机性能计算与总体方案研究[D]. 西安：西北工业大学，2018.

[9] ENDO T，FUJIWARA T. A Simplified Analysis on a Pulse Detonation Engine Model [J]. Transactions of the Japan Society for Aeronautical and Space Sciences，2002，44(146)：217－222.

[10] ENDO T，FUJIWARA T. Analytical Estimation of Performance Parameters of an Ideal Pulse Detonation Engine [J]. Transactions of the Japan Society for Aeronautical and Space Sciences，2003，45(150)：249－254.

[11] ENDO T，KASAHARA J，MATSUO A，et al. Pressure History at the Thrust Wall of a Simplified Pulse Detonation Engine [J]. AIAA journal，2004，42(9)：1921－1930.

[12] 《航空发动机设计手册》总编委会.航空发动机设计手册第 5 册:涡喷及涡扇发动机总体[M]. 北京:航空工业出版社,2001.

[13] 廉筱纯,吴虎. 航空发动机原理[M].西安:西北工业大学出版社,2005.

[14] 卢杰. 脉冲爆震涡轮发动机关键技术研究[D]. 西安:西北工业大学,2016.

第 3 章 脉冲爆震点火起爆

3.1 引 言

快速有效的起爆是所有爆震类发动机稳定工作的保障,而脉冲爆震涡轮发动机对起爆要求更高,需要在更短距离内得到更高频次的爆震波。所有可爆混合物都存在一个起爆能量临界值,当点火能量超过该值时,爆震波能够直接在可爆混合物中生成,即直接起爆。但是,实际应用中很难提供直接起爆所需的巨大点火能量高频点火,因此实际可行的起爆须经由弱火花点火后将爆燃转变成爆震波,该过程即称作 DDT(Deflagration to Detonation Transition)过程。本章主要介绍利用 DDT 过程生成爆震波的方法和技术。

3.2 起爆理论与方法

3.2.1 基本理论

关于爆震燃烧可能的应用形式大致有如下几类:单次爆震燃烧、脉冲爆震燃烧、驻定爆震燃烧和旋转爆震燃烧。然而,不管是哪一类爆震燃烧,也不管是哪一类爆震设备,首要前提就是要可靠可控地获得充分发展的爆震波。

从最初的爆震研究到现在广为关注的爆震发动机,爆震起爆技术一直都是研究的焦点和难点,尤其是在低敏感介质中。相对于普通爆燃燃烧,爆震燃烧需要更为苛刻的生成条件,因而,创造适合爆震燃烧条件的技术就可以称之为爆震起爆技术。爆震燃烧要求反应物满足可爆极限条件、反应区域满足约束条件、反应区满足 Zeldovich 梯度要求等。前两条可以做到精确控制,而梯度要求则很难做到精确控制,因为混合物的时空域分布以及初始点火源都不可能精确控制,燃烧过程本身既是时空多尺度问题,又是一个高度非线性的初值问题。从这个角度来讲,只要存在爆震波就存在爆震波的起爆问题,爆震波的传播也可归于爆震起爆问题的范畴[1]。

1. 直接起爆

爆震波的起爆是爆震发动机工作中的关键环节[2]。起爆即是以一定的方式给可爆混合物一个初始条件以形成爆震波。起爆能量的不同会导致起爆方式的不同。由初始条件直接生成爆震波的起爆方式称为直接起爆,对于一定的可爆混合物都存在一个直接起爆临界能量。当起爆能量大于该临界值时,爆震波将直接生成。1982 年 Knystautas 和 Lee[3]对不同燃料和空气的当量比混合物的临界起爆直径进行了测量,证明了临界起爆直径也是和燃料本身相关的固有参数。符合临界起爆直径要求且大于临界值的起爆能量在起爆过程中首先形成过驱爆震,其压力和速度远高于 C-J 爆震,在之后的传播过程之中逐渐衰减到 C-J 爆震。直接起爆的方法首先应用于球形爆震的起爆,因为对于无限制的几何体,各种基于火焰湍流和与壁面相互作用的加速机制均失效,所以爆震不能由爆燃转变而成。对于球形爆震的起爆,为了提供足够强的起爆能量,早期研究中多直接采用凝聚相的炸药进行起爆。1923年,Lafitte 用包含 1 g 雷酸汞的高能点火源直接起爆 CS_2+3O_2 混合物中的球爆震,同时采用直径 7 mm 爆震管产生的平面爆震波在同样的混合物的中心位置起爆球形爆震波。但是起爆失败,最终没能得到爆震波。采用同样的起爆方式,Lafitte 成功起爆了氢/氧的当量比混合物。他使用条纹相机对起爆过程进行了观测,并没有发现显著的爆燃向爆震的转变阶段。而后来也有许多研究人员采用激波管实现了爆震的直接起爆。因为爆震波的实质是一道强激波,其强度由后面的化学反应来维持,所以直接起爆要求点火源点火时能形成足够强的激波且能持续较长时间。在点火源附近区域,由点火形成的冲击波以无反应的冲击波方式传播,在冲击波膨胀之后,激波面释放的化学能开始对激波产生影响,使得冲击波变成过驱爆震波。最终在远离点火源的位置处,化学反应完全控制爆震波,过驱爆震衰减成为自持的 C-J 爆震波。在该过程中,过驱爆震向 C-J 爆震的衰减类似于DDT 过程中从热点生成向 C-J 爆震的衰减,两者都是在湍流火焰区生成局部爆炸中心,然后衰减到 C-J 爆震[4]。对于大多数的可爆混合物,直接起爆的临界能量值很大,例如,起爆性能很好的乙炔/空气混合物的直接起爆临界能量约为 128 J,而氢气/空气混合物的临界能量值约为 4 000 J,乙烯/空气混合物的临界能量值约为 3 000 J。某些碳氢燃料的直接起爆临界能量可达到 26 000 J。

直接起爆的能量和功率是可燃混合物可爆性的直接体现。爆震的直接起爆需要很大的能量和极高的能量释放速率,点火能量释放产生的爆炸波至少要能够达到以 C-J 速度传播并且这种压力传播的持续时间要求能够相当于或者超过混合物反应诱导时间。Lee 和他的同事们在这方面进行了大量的研究[5],试验表明,随着点火器能量-时间特性的变化,给定可爆混合物中爆震直接起爆的临界能量将有几个数量级的变化。对于给定类型的点火器,随着能量释放持续时间的减小,临界起爆能量呈现先减小后增加的趋势。在任何点火功率下都存在一个最小能量要求,低于该能量,起爆过程将不可靠。根据试验结果,他们认为:当能量释放的持续时间趋近于零时,最小起爆能量趋近于一个极限值,此时对应一个无限大的能量释放功率。

也可以这样表述:爆震起爆过程存在一个最小起爆功率,当起爆功率低于该值时,不管释放了多少能量都不能获得爆震。图 3.1 中给出起爆能量和平均功率的关系,当能量释放持续时间超过或者小于最小临界功率对应的能量释放时间时,爆震起爆所需要的功率迅速增加。

Lee 和他的同事们[5]根据爆震波横向传播的胞格尺寸给出了直接起爆的临界能量要求:

$$E_c = \frac{287.6}{\gamma_0+1} p_0 Ma_{CJ}^2 Z^3 \tag{3.1}$$

式中:E_c 为直接起爆的临界能量(J);p_0 为混合物初始压力(Pa);γ_0 为燃料氧化剂混合物初始比热容;Ma_{CJ} 为 C-J 爆震波马赫数;Z 为胞格尺寸(m)。该公式适用于大多数燃料氧化剂混合物。图 3.2 给出了不同气态可燃混合物中爆震波直接触发所需临界能量的测量结果。

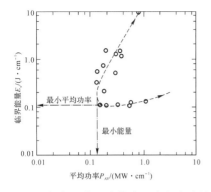

图 3.1 氧气乙炔混合物中电火花点火的临界能量和平均功率的关系[7]

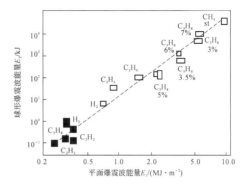

图 3.2 常压下爆震直接起爆能量的实验测量结果,横坐标为平面内爆震波,纵坐标为球形爆震波,实心方块以氧气为氧化剂,空心方块以空气为氧化剂

为了研究爆震直接起爆所需临界能量和临界功率之间的关系,G. E. Abouseif[6]建立了一个简单的理论模型。其模型假设在初始时刻,一个虚拟的活塞突然以一定速度推进,活塞运动持续时间 t_p 后,再让活塞突然停止运动。高速运动的活塞在其前进的方向上形成了一道激波,激波对可爆混合物进行加热并触发化学反应来维持激波的传播进一步形成爆震。这样就可以用活塞速度作为功率的特征量,而推进速度和持续时间的乘积则可以表示能量的大小,从而方便了分析过程。作者采用数值模拟的方法研究了最小持续时间 $t_{p,c}$ 和混合物诱导时间 t_i 之间的关系。

模型中假定混合物遵循单步反应 Arrhenius 定律,比速率常数(指数前因子)的选择要满足在 C-J 条件下半反应周期等于单位时间。半反应周期指的是激波后反应物质量分数变为激波前的 1/2 需要的时间。也就是用 C-J 条件下半反应周期正规化所有时间项。

计算结果表明,在相同的活塞速度下(相同的激波马赫数)活塞运动的持续时间必须要大于一个特定值,才能够实现直接起爆。当激波马赫数小于 C-J 马赫数时,活塞运动最小持续时间 $t_{p,c}$ 迅速增加,并且激波马赫数趋近一个常数,由于计算量的大幅增加,作者没有给出这个最小马赫数。在 $Ma=5.95$ 的情况下,$1.3<t_{p,c}<1.5$。对于直接起爆,至少等于反应诱导时间。

然而,最小起爆功率和最小起爆能量不能同时获得。

在活塞推动下的点火功率可以用下式表示:

$$P_t = \frac{\gamma}{\gamma-1} C_j p_p v_p^{j+1} t^j \tag{3.2}$$

活塞对可燃气体赋予的能量可以表示为

$$E(t) = \frac{\gamma}{\gamma-1} \frac{C_j}{j+1} p_p v_p^{j+1} t^{j+1} \tag{3.3}$$

式中:$C_j=1,2\pi,4\pi$,$j=0,1,2$,分别对应于平面、柱面和球面构型;p_p 和 v_p 为活塞表面的压力和速度。

对于平面活塞,界于活塞表面和激波前锋之间的流场为均匀流场。临界能量可以用下式表示:

$$E_c = \frac{\gamma}{\gamma-1} \frac{C_j}{j+1} p_p v_p^{j+1} t_{p,c}^{j+1} \tag{3.4}$$

假定 $t_{p,c} \cong t_i$,则临界能量和最大功率变为

$$E_c \cong \frac{\gamma}{\gamma - 1} \frac{C_j}{j+1} p_p v_p^{j+1} t_i^{j+1} \tag{3.5}$$

$$P_{max} = \frac{\gamma}{\gamma - 1} C_j p_p v_p^{j+1} t_i^j \tag{3.6}$$

平均起爆功率为

$$P_{aver} \equiv E_c / t_i = \frac{\gamma}{\gamma - 1} \frac{C_j}{j+1} p_p v_p^{j+1} t_i^j \tag{3.7}$$

根据以上公式,只要获得诱导时间 t_i,就能得到对于任意可爆混合物用任意点火器的爆震起爆特征参数。

对于贫燃 $10\% C_2H_2/O_2$ 混合物,White[7] 给出了诱导时间的表达式:

$$\lg\{t_i(c[O_2])^{1/2}(c[C_2H_2])^{1/2}\} = -10.47 + 17\,400/4.58T \tag{3.8}$$

式中:t_i 单位为 μs;$c[O_2]$,$c[C_2H_2]$ 表示 O_2 和 C_2H_2 的浓度,浓度单位为 mol/L;温度 T 单位为 K。

考虑到爆震波后的热量释放是在有限的时间内进行的,因而爆震直接起爆的临界能量要大于下式确定的数值:

平面: $$E_1 \geqslant \int_0^{r_{cr}} \left(\rho e + \rho \frac{u^2}{2}\right) dr \tag{3.9}$$

柱面: $$E_2 \geqslant \int_0^{r_{cr}} 2\pi r \left(\rho e + \rho \frac{u^2}{2}\right) dr \tag{3.10}$$

球面: $$E_3 \geqslant \int_0^{r_{cr}} 4\pi r^2 \left(\rho e + \rho \frac{u^2}{2}\right) dr \tag{3.11}$$

式中:r_{cr} 是一个临界半径,它确定了爆炸波前锋后高能区域的后边界;e 为高能区域的内能。通常高能区域的气体参数是根据稳态 C-J 爆震波来确定的,而且临界半径 r_{cr} 远大于胞格尺寸。这种估算模型基于一维爆震波,没有考虑爆震波的真实结构,仅能预测一个大致的趋势,与实际情况尚有很大差距。

2. 间接起爆

直接起爆方法需要很高的能量,而且很多情况下只适用于单次爆震的实验研究,实际应用价值不高,而且对多相非均匀混合物,直接起爆难度很大[8]。实际应用背景下通常采用间接起爆方式。常见的有激波爆震波转变(SDT)方法[9]、爆燃波爆震波转变(DDT)方法。

在静止气流中 SDT 方法通常类似于强爆炸波起爆,需要额外的较大能量输入。文献[6]中采用雷管爆炸形成的强激波在较短的距离内形成爆震,其烟膜记录如图 3.3 所示。胞格结构演变过程为无胞格→细密胞格→大胞格→平衡胞格。这表明:SDT 过程开始于雷管爆炸产生强激波诱导的爆燃,经历局部过驱动爆震后,再衰减至弱爆震,最后恢复至自持爆震。在脉冲爆震研究过程中,出现了很多利用激波聚焦形成爆震的方法。如 V. A. Levin[10] 采用超声速射流形成的激波在一个抛物形反射面的反射来形成爆震,实现了很高的共振频率(7.5 kHz)。另外,O. V. Achasov[11] 也采用激波聚焦的方式加速 DDT 过程,实际上是将爆燃过程形成的弱激波加强形成爆震,是 DDT 过程和 SDT 过程的综合应用,可以称之为爆燃激波爆震转变(DSDT)过程。

在半开口管道静止混合气中采用弱点火源来起爆爆震波需要经过多个燃烧阶段,目前在理

论上还没有一个比较接近的分析模型,但是其工作模式已经可以定性地分为以下几个步骤[12]:

(1)层流火焰加速,火焰前形成压缩波,并且火焰锋面出现褶皱;

(2)压缩波聚并,形成前导激波;

(3)激波后的气流使得火焰面破碎成湍流火焰刷;

(4)在湍流反应区出现"爆炸中的爆炸",形成向两个方向传播的强激波和横向传播的横波,向前传播并进入未反应区的激波被称为超级爆震波(super detonation),向后进入已反应区的为回传爆震波;

(5)这种"爆炸中的爆炸"通常出现在边界附近,演变成球形激波;

(6)横波与前导激波、反应波以及反应区相互作用;

(7)经过一系列波的相互作用,最终形成以激波加爆燃波为形式的自持 C-J 爆震波。

在文献[9]中,还指出回传爆震在形成过驱动爆震波之前就已经形成,而且一般情况下回传爆震总会出现。

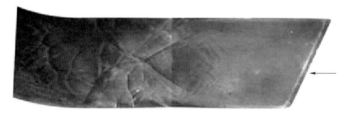

图 3.3　典型 SDT 过程胞格结构[9]

文献[6]在初压 10.67 kPa 时用烟膜法研究了 DDT 过程,试验中 DDT 距离(从火花点火处到爆燃转爆震边界)为 4～5 m,烟膜记录如图 3.4 所示。胞格结构演变过程为无胞格→细密胞格→平衡胞格。这表明:DDT 过程开始于火花点火后的低速燃烧,经爆燃、过驱动爆震,最后形成自持爆震波向前传播。同时可以发现燃烧转爆震边界(即无胞格细密胞格的交界线)是扭曲的,且在爆震发生之前存在湍流燃烧扫过的痕迹,说明湍流燃烧机理对 DDT 过程的转变起重要作用。

图 3.4　典型 DDT 过程胞格结构[9]

由于在光管中 DDT 距离过长,不利于工程应用,所以必须采取一定的措施来缩短爆震转变的距离,通常可以采用的方法可分为物理方法和化学方法。化学方法通常采用燃料添加剂的形式来实现。物理方法通常通过在爆震管中安装各种形式的障碍物(比如孔板或者 shchelkin 螺旋等)、扩张收敛段、设计用于汇聚激波的端面等。由于上述缩短 DDT 距离的方法常常带来很多负面的影响,实现优化设计难度很大,故目前强化 DDT 过程的研究非常热门。

3. SWACER 爆震触发机理

J. H. Lee[13]在 10～150 torr(1 torr≈133.322 Pa)的 C_2H_2-O_2,H_2-O_2,H_2-Cl_2 混合物中用闪光分解方法进行了爆震直接起爆的试验。闪光光解是通过用强闪光照射可爆混

合气体来诱发化学反应。光解反应能够在混合物中产生大量分布的自由基,这些自由基能够产生链起始和链分支反应,导致混合物自身的爆炸。

当闪光能量略低于临界值时,经过一定的延迟时间以后,在靠近闪光窗口的区域形成一个接近半球形的粗糙的扩散反应区,随着这个半球形反应区的增长,逐渐形成了激波,但是这个激波的强度不足以产生自点火和爆震波。这种现象在爆炸波起爆过程中也存在,然而两者最根本的不同就是光解反应中激波是化学反应本身导致的,而爆炸波起爆中的激波是由点火器的外部能量源的释放产生的。

当闪光能量略高于临界值时,经过一定的点火延迟之后,在靠近照射窗口的区域已经形成了两个发展完整的半球形爆震波。事实上,在没有强大的外部能量输入的情况下,仅仅靠混合物自身的化学能量释放,充分发展的爆震波完全可以在 1 cm 之内形成。

然而,当闪光能量远远大于临界值时,由于在所有照射到的区域内都能形成大量的自由基,因而,整个区域内几乎同时发生了燃烧,这就类似于等容过程,无法形成爆震波。

因此,光化学起爆既需要光解过程产生一定量自由基浓度,又需要自由基按照合适的梯度分布。这个最小自由基浓度峰值能够保证快速的化学反应来产生强烈的压缩波,而浓度梯度则能够将激波增强为爆震波。如果梯度为零,自由基均匀分布在混合物中,那么整个区域会发生类似于等容过程的爆炸。该项研究揭示了光化学直接起爆是一种自发过程和气动过程在时间上的同步作用,也就是当激波扫过可燃混合物的时候化学能量释放过程能够与之同步,从而使激波得到不断的连续快速加强,最终形成爆震波。根据 laser 这个词的产生方式,J. II. Lee 等人用 SWACER 这个词来表示这种机理,也就是相干能量释放的激波增强机理(Shock Wave Amplication by Coherent Energy Release,SWACER)。

然而,SWACER 是一种普遍的,在爆震形成过程中发挥主要作用的机理。它提供了一种不需要外部高能能量输入在可反应介质中产生超强波的方法。

4. 离散的放热中心

自从美国和苏联科学家发现爆震波的多维结构以后,大量的研究都集中在了流场和化学动力学相互关系上。N. Slag[14] 关于爆震起爆与燃烧的研究获得了大量观察结果,发现可燃混合物的均匀点火是实际中不可能实现的理想情况,事实上燃烧、爆炸和爆震的形成过程都包含离散区域单元的放热中心的产生。这些放热中心是最终导致火焰和爆炸波等一系列过程中的第一步。

前面提到的"爆炸中的爆炸"和"热点"都与这些离散的放热区域紧密联系。放热反应中心是一个分散的区域,它决定了诱导周期和诱发爆炸的气体动力学过程。N. Slag[14] 系统总结了 20 世纪 60 — 70 年代这方面的研究进展。

近年来,随着计算机计算能力和数值算法的突飞猛进,爆震波起爆过程中放热中心形成的数值模拟分析也得到了很好的结果。最典型的就是美国海军研究实验室 Elaine S. Oran 等人[15] 总结了他们在爆燃向爆震转变过程中的数值模拟成果,模拟主要从激波和火焰的相互作用入手,他们认为激波和火焰的一系列相互作用为 DDT 的出现创造了条件,火焰能够增强通过湍流火焰刷的激波,而且还能产生新的激波;反过来激波也能够促进湍流在火焰中的发展,湍流火焰本身不能向爆震转变,但是能够在相邻的未反应区创造条件形成热点,而热点本身可以在 Zeldovich 反应梯度机制下形成爆震波。另外,计算表明,壁面和障碍物在与激波和火焰相互作用以后,也能够创造有利于热点形成的环境。其他可能产生反应梯度的因素还包括火焰-火焰的相互作用、热产物和未反应气体的湍流掺混,以及激波直接点火。

文章还指出目前这方面计算中还需要解决的问题主要有非平衡问题、激波驱动湍流、点火时间的统计特性以及无约束 DDT 等。

3.2.2　起爆方法

由于直接起爆所需条件难以满足,脉冲爆震燃烧室的主要起爆方式依然是基于 DDT 过程的间接起爆。在过去的几十年里发表了大量的关于 DDT 过程的研究成果,但是这些成果多是基于静态长管的转变过程,和实际的脉冲爆震发动机的起爆过程差别很大,难以直接应用。在脉冲爆震发动机的应用中,DDT 长度是一个很重要的参数,它在一定程度上决定了脉冲爆震燃烧室的尺寸。

为实现短距、低能、可靠起爆,研究人员提出多种起爆方式,针对多种混合物进行了研究。间接起爆的方法主要分为一步起爆和两步起爆。两步起爆方法首先在前置爆震室中使用少量的易爆燃料和氧气的混合物形成爆震,第二步采用前置爆震室中的爆震波来起爆主爆震室中的混合物。这种起爆方法具有良好的起爆性能,但是在 PDE 的工作过程中必须自带额外的易爆燃料和氧化剂,从而增加 PDE 系统的体积和质量,不适用于实际飞行。为了克服这种困难,采用增爆装置以缩短 DDT 过程,即一步起爆方法,这种方法在以汽油和空气为混合物的脉冲爆震燃烧室模型试验中可达到爆震频率 67 Hz,而在以煤油和空气为混合物的其模型试验中也获得了 35 Hz 以上的爆震频率。

Smirnov 等人[16]针对流道截面变化对起爆的影响进行了研究。其试验装置示意图如图 3.5 所示。在爆震室前端的流路中布置一个或者多个腔体,以加速可爆混合物从爆燃向爆震的转变过程。研究结果表明,布置一个或者两个腔体可以加速爆震波的形成,但是当腔体多于两个之后,没有明显的加速作用。另外,预热氧化剂也对爆震波的形成有显著的促进作用。

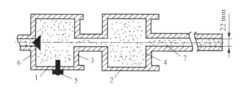

图 3.5　Smirnov 等人的变截面 PDE 示意图

1,2—混合室;3,4—阀门;5—点火器;6—阀门;7—爆震管

此外,Achasov 和 Penyazkov[17]全面研究了格栅、激波聚焦装置和超声速射流的相互作用对起爆的影响。很多方法和技术可以缩短 DDT 过程实现快速起爆的目的,主要可分为两类:一类是在爆震室中置入障碍物,比如经典 Shchelkin 螺旋[18],或者置入挡板、半圆盘形突起[19]、堵板和孔板[20]等。置入螺旋可加强火焰在传播过程中的湍流强度,从而加快缓燃向爆震的转变。但是障碍物的存在会增加总压损失,降低推进性能。据 Cooper 等人[20]的报告,在各种燃料氧化剂混合物的爆震试验中,阻塞比为 0.35 障碍物的存在使得 DDT 长度缩短 65% 的同时会使比冲降低 25%。另一类是采用化学方法,主要是在混合物中加入一些添加剂来缩短 DDT 过程;或者采用新型的复合燃料也可以达到类似的效果。

对于一步起爆的方法,Zeldovich 和 Kompaneetz[21]提出了采用多点点火来缩短 DDT 距离的方法,该方法在初始点火源点火之后,于火焰峰面的下游一定距离处分布多个点火源连续点火以强化燃烧波,加速爆震的形成。S. M. Frolov 等人[22-27]自 2001 年以来针对这种方法对两相爆震进行了研究,建立了多套试验系统,同时证明在单相和两相爆震中,多点点火的方法可以显著缩短 DDT 过程。与之相似的方法是采用射流点火。射流点火近似于两步起爆,但是不用额外添加氧气和燃料。射流点火一般在爆震管的头部布置一个或多个射流管,在其中填充和主爆震室相同的混合物,在射流管中布置点火源点火形成强激波和高温高压的燃气,燃气以射流的形式进入主爆震室并快速起爆。试验和数值模拟均证明多点点火和射流点火对缩短 DDT 距离有明显的作用。

目前,国内外关于 PDE 起爆的技术还有激波聚焦和等离子体点火等方式。激波聚焦是指经过激波的相互作用,在介质中较小区域内使得能量快速集中,而能在空气动力学的焦点或者其附近产生极高温度和压力的现象[28]。C. K. Chan 等人[29]最早通过激波的反射、扰流和聚焦对可燃气体混合物的引燃进行了研究,并且在入射激波强度足够强的时候成功起爆了爆震波。2000 年德国亚琛理工大学激波实验室和俄罗斯化学物理研究所联合开展研究并明确提出利用激波聚焦引燃可燃混合气的方法[30-32]。国内 2009 年空军工程大学何立明等人[33]利用二元激波聚焦试验装置进行了二元超声速射流对撞诱导激波聚焦的试验。2010 年,何立明、曾昊等人[34]设计了三元激波聚焦起爆试验装置,如图 3.6 所示。

北京航空航天大学的杨青等人[35]通过数值方法对以激波聚焦和增加障碍物方式诱导煤油-空气气液两相爆震燃烧的过程进行了数值模拟,并有效地将 DDT 距离缩短 0.45 m。

图 3.6　三元激波聚焦起爆试验装置

相比于激波聚焦的起爆方式,等离子点火起爆的研究也有很多。等离子体点火技术早在 20 世纪 70 年代就引起了各国专家的广泛关注,但是由于当时技术条件的限制,其应用仅限于工业燃烧方面。近年来,随着燃烧动力学和其他技术的发展,等离子体点火技术以其活性组分生成效率高、能量密度大、点火效率高等方面的优势逐渐受到了广泛的关注和重视[36-44]。F. Wang 等人[45-46]使用纳秒脉冲电源实现了大体积点火,显著缩短了点火延迟时间。文献[47-48]利用纳秒脉冲放电点火,实现了乙烯/空气 PDE 的协调工作。文献[49]利用交流驱动介质阻挡放电产生低温等离子体,对丙烷进行点火,研究结果表明火焰稳定性提高,贫油极限降低。文献[50]使用低温等离子体对甲烷进行点火,使火焰传播速度提高。空军工程大学等单位[51]对等离子体射流点火器点火特性进行了试验研究,研究表明等离子体射流点火时,可燃混合气的燃烧温度上升速率大于电火花点火,且等离子体射流点火延迟时间小于电火花点火。空军工程大学还对空气等离子体射流点火器的光谱特性进行了试验研究[52],并对空气等离子的射流动态过程进行了分析研究[53]。

综上所述,有很多方法可以用于起爆爆震波,其中等离子体点火和激波聚焦点火的研究目前较多地用于静止状态的气体混合物;基于火花塞点火、射流点火的单点火源点火或多点源点火方法更利于实际应用。下面重点介绍单点火源起爆和两点火源起爆。

3.3　单点火源起爆

几种常见的单点火源起爆方法中,火花塞点火系统简单,但是点火能量较小,难以快速、短距形成爆震波;射流点火虽然初始点火能量较小,但能在较短的距离和时间内起爆。

国内外对火焰射流起爆爆震波特性进行了一些试验和数值研究。C. M. Brophy[54]的研究发现,爆震波传入主爆震室后会出现衍射现象,激波强度将减弱,导致直接起爆失败,但主爆震室中会形成局部热点,促成二次起爆。R. Knystautas 等人[55-56]对射流的起爆机理进行了研究,研究表明燃烧产物和可燃物的掺混可以起爆爆震波。F. Carnasciali 等人[57]研究了氢气/氧气恰当比混合物在一定氮气稀释条件下的热射流起爆问题。曾昊等人[58]对横向爆震射流起爆爆震的过程进行了数值模拟,并研究了爆震射流位置和填充速度对其的影响;王健平、刘云峰等人[59-60]对不同放置方式的射流起爆爆震波的过程进行了数值模拟;林伟等人[61]对不同倾斜角的横向射流起爆爆震波进行了数值研究。

3.3.1　不同类型射流起爆特性[62]

根据排气射流的状态,可以将热射流点火分成几大类:爆震射流、超声速火焰射流和低速火焰射流。爆震射流在本书中定义为以传播爆震波的形式进入主燃烧室的射流;超声速火焰射流为相对于主燃烧室未燃气体以超声速喷射的燃气,其头部存在一道激波,但是激波与火焰锋面并非强耦合关系,传播速度低于爆震波速度;低速火焰射流为不存在前导激波的亚声速燃烧产物湍流射流。

不同类型的射流具有不同的射流强度和能量,其中爆震射流最强,低速射流最弱,其必将对爆震波形成产生重要影响。因此,有必要观察不同类型射流起爆爆震波的过程,分析其起爆特性和机理。

1. 物理模型和计算方法

物理模型如图 3.7 所示,采用二维平面数值模型。计算域包括预爆管、主爆震室以及外场三部分。主爆震室的左端封闭,起推力壁的作用;右端开口,起排气的作用,其宽为 30 mm,长为 600 mm。与主爆震室正交的预爆管宽为 10 mm,其中心线离主爆震室左端壁面 20 mm。设置了三种不同长度的预爆管,其长度分别为 80 mm,100 mm 以及 200 mm。预爆管的上部分设计有正方形障碍物,用于加速火焰,促进爆燃向爆震转变(DDT)。预爆管的下部分为光滑壁面。设置长 $9D \times 6D$(D 为主爆震室内径)的外场以模拟主爆震室出口环境。外场与主爆震室轴向重叠区域长度为 3D。

计算采用非稳态二维 N - S 方程及有限体积法求解。化学反应采用 5 组分单步不可逆有限速率模型。湍流模型为标准 $k - \varepsilon$ 模型,近壁面利用标准壁面函数处理。采用温度梯度自适应方法加密局部网格,以适应局部参数的剧烈变化。

预爆管以及主爆震室中的混合物是化学恰当比的丙烷/空气混合物,初始温度为 300 K,初始压力为 0.1 MPa,为静止状态。外场的气体为空气,初始温度为 300 K,初始压力为 0.1 MPa,为静止状态。预爆管中采用热点火方式,点火区温度为 1 500 K,点火区为半径为 3 mm 的圆形区域。通过调节预爆管长度可以获得亚声速、超声速和爆震射流。为了便于分析,预爆管内监测截面的位置如图 3.7 中 S_1 和 S_2 所示。S_1 距离预爆管出口 20 mm,S_2 在预爆管出口处。

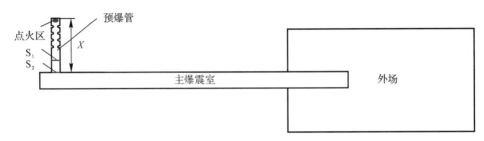

图 3.7　物理模型示意图

2. 计算结果与分析

预爆管中填充气态燃料,点火后首先形成层流火焰,在障碍物以及壁面的作用下,使火焰不断加速,最后完成爆燃向爆震转变。因此,预爆管长度从小到大变化时可以获得不同类型的热射流。因为主要研究不同类型射流起爆主爆震室中可燃气体的过程,所以以下云图只显示了主爆震室内的参数变化。

(1)亚声速射流起爆过程。如图 3.8 所示为预爆管长度为 80 mm 时,S_1 和 S_2 位置处的压力以及温度随时间的变化曲线。p_1 和 T_1 分别对应 S_1 位置处的压力和温度。p_2 和 T_2 分别对应 S_2 位置处的压力和温度。由 p_2 和 T_2 的曲线可知,压缩波在火焰之前传到预爆管出口,并且压缩波的最大压力只有 0.25 MPa 左右,火焰在大约 282 μs 时传入主爆震室。由 T_1 和 T_2 的曲线可以估算出火焰的传播速度大约为 296 m/s,而此时由 CEA 软件算出未燃气体的声速为 339.7 m/s,比较可知此时获得的射流为亚声速射流。

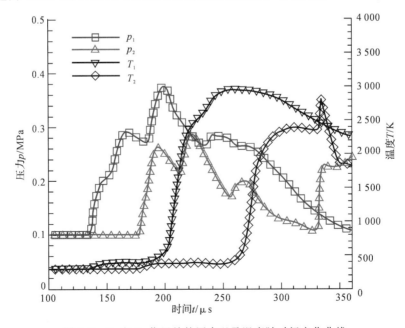

图 3.8　S_1 和 S_2 位置处的压力以及温度随时间变化曲线

图 3.9 给出了不同时刻主爆震室中的压力云图。由图可知 $t=220\ \mu s$ 时,亚声速热射流的压缩波已经传入到主爆震室,此时的压力只有 0.2 MPa 左右。压缩波与左壁面以及下壁面发生碰撞作用,使得该区域的压力有所增加(245 μs,265 μs,300 μs 云图),并反射出压力更大的压缩波(320 μs 云图)。压缩波接着在上下壁面反复碰撞、反射,在此过程中压缩波的压力有小幅度的增加,并且压缩波向右传播,向右传播的压缩波随着时间的推移逐渐减弱(345~480 μs 云图)。505 μs 之后,主爆震室中的压力进一步上升到 0.5 MPa,最高达到 0.8 MPa(540~700 μs 云图),这主要是热射流的火焰传入主爆震室后点着可燃气体,并在压缩波的压缩、反射作用下加速燃烧放热引起的。但是最终爆震室中的压力也没有超过 1 MPa(800 μs 云图),只是产生了一道激波,因此可以判断爆震室中没有形成爆震波。现有条件下,亚声速射流不能成功起爆主爆震室中的可燃气体。

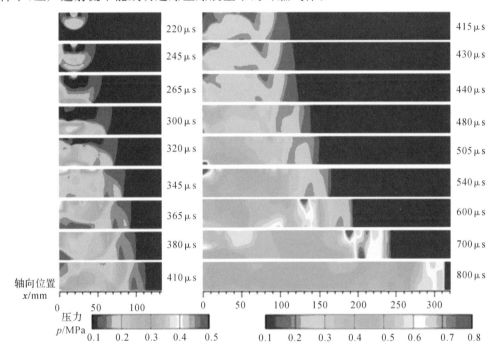

图 3.9　主爆震管随时间变化的压力云图

(2)超声速射流起爆过程。图 3.10 给出了预爆管为 100 mm 长时,位置 S_1 和 S_2 处的压力以及温度随时间的变化曲线。由 p_2 和 T_2 的曲线可知,压缩波在火焰之前传到预爆管出口,此时压缩波的最大压力只有 0.28 MPa 左右。火焰在大约 352 μs 时传入主爆震室。由 T_1 和 T_2 的曲线可以估算出火焰的传播速度大约为 370 m/s,大于未燃气体声速,所以可知此时获得的热射流为超声速热射流。

图 3.11 给出了预爆管为 100 mm 时产生的超声速射流起爆主爆震室的压力云图。$t=$ 280 μs 时,压缩波已经传入主爆震室。280~480 μs 时,压缩波的变化与亚声速射流时的变化很相似,都是通过与各壁面以及压缩波之间的作用使得该区域的压力增加,压缩波的强度增强,但是超声速射流时压缩波强度增强的幅度更大。488 μs 时,下壁面反射出的较强的压缩波与左壁面以及上壁面发生碰撞作用,反射出了更强的压缩波(494~500 μs 云图)。$t=510\ \mu s$ 时,左端壁面以及上壁面反射的压缩波在左上角区域相互碰撞,形成一个高压区,

压力大于 1 MPa。高压区驱动了一道激波,激波向下传播时,与左壁面作用产生了一个热点 (520 μs 云图)。热点沿着壁面向下传播并迅速发展为局部爆震。局部爆震传播到下壁面后并没有继续增强,反而熄灭了,只形成一个高温高压区并驱动一道新的激波(532 μs云图),这主要是因为该区域的可燃气体已经烧完,没有可燃气体支持局部爆震的进行。虽然热点和局部爆震没有继续增强形成爆震波,但是热点和局部爆震的产生加快了燃烧放热,有利于爆震波的形成。由于压缩波的相互叠加、波系以及壁面之间的相互作用使得靠近前方的一道压缩波压力增加,并在 568 μs 时与上壁面相互作用的区域产生局部爆震。局部爆震急剧增大,到 572 μs 时就充满了整个主爆震室。局部爆震与下壁面发生碰撞,反射出一道横波(590 μs 云图)。横波扫过区域的弧形爆震波将被拉平。$t = 604$ μs,横波扫过了整个爆震室,弧形爆震波变为平面爆震波,此时的爆震波峰值压力约为 3.5 MPa,大于 C - J 压力。由 600 μs 和 604 μs 时的云图可以估算出爆震波的波速约为 2 360 m/s,大于C - J速度,表明主爆震室中形成了爆震波。形成平面爆震波的位置距离左端壁面约为 211 mm,文中定义该距离为爆震起爆距离。

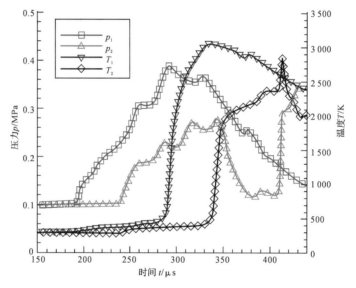

图 3.10　S_1 和 S_2 位置处的压力以及温度随时间变化曲线

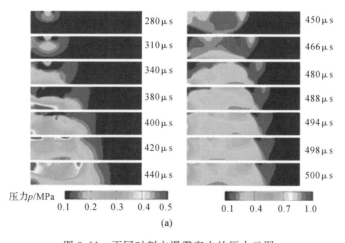

图 3.11　不同时刻主爆震室中的压力云图

(a)280～500 μs

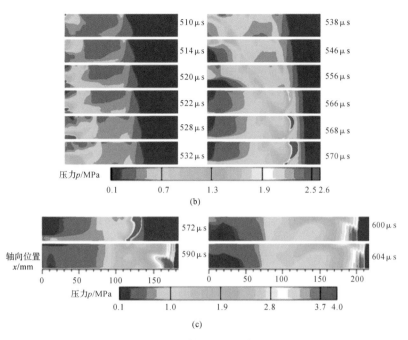

续图 3.11　不同时刻主爆震室中的压力云图

(b)510～570 μs；(c)572～604 μs

(3)爆震射流起爆过程。图 3.12 给出了预爆管为 200 mm 长时，位置 S_1 和 S_2 处的压力以及温度随时间变化的曲线。由图可知，p_1 和 p_2 的峰值压力都大于 3 MPa，大于 C-J 压力。激波和火焰同时传到 S_1 和 S_2 处，说明激波和燃烧锋面耦合在一起。火焰大约在 416 μs 时传入主爆震室。另外，由图可以计算出激波的传播速度大约为 2 350 m/s，高于 C-J 速度。综上分析可知，当预爆管长度加长到 200 mm 时，在预爆管中形成了爆震波，即获得了爆震射流。

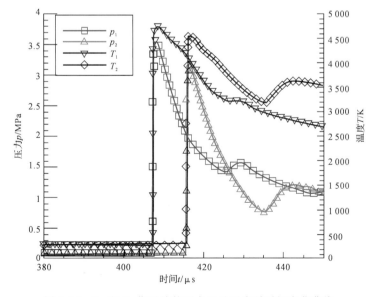

图 3.12　S_1 和 S_2 位置处的压力以及温度随时间变化曲线

图 3.13 给出了预爆管为 200 mm 时产生的爆震射流起爆主爆震室过程的压力云图。$t=418\ \mu s$ 时,预爆管产生的爆震射流已经传入主爆震室,在衍射的作用下,爆震波的强度被削弱,波面发生弯曲,变为了弧形爆震波(426 μs 云图)。弧形爆震波向左端壁面传播,$t=430\ \mu s$ 时与左端壁面碰撞,发生规则反射,反射波区域的压力相应增加。弧形爆震波继续向下传播,同样与下壁面碰撞(434 μs 云图),发生规则反射,反射区域的压力急剧上升形成一个高压区,并产生了一道向上传播的横波。与此同时,弧形爆震波还与上壁面作用,但其作用相比于与下壁面的作用力度要小得多。上传横波与右行弧形爆震波相互作用,使得横波作用过的弯曲爆震波面变平(444 μs,454 μs 云图)。$t=468\ \mu s$ 时,横波扫过整个爆震室,整个爆震波面变平,形成了平面爆震波,此时爆震波的峰值压力约为 2.9 MPa,大于 C-J 压力。由 464 μs 以及 468 μs 时的云图可以估算出爆震波的波速约为 2 125 m/s,高于 C-J 速度,表明主爆震室中形成了爆震波。爆震射流起爆爆震波的距离为 125 mm。

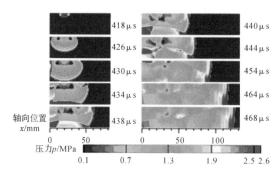

图 3.13　不同时刻主爆震室中的压力云图

(4)三种类型射流起爆过程对比。由以上分析可知,现有计算条件下,亚声速射流不能在主爆震室中起爆爆震波,超声速射流以及爆震射流都能够在主爆震室中起爆爆震波。超声速射流要经过多次的压缩波及激波的反射作用形成热点、高温高压区以及局部爆震最终才形成平面爆震波。而爆震射流与上、下壁面发生一次碰撞就产生了横波,在横波的作用下很快形成了平面爆震波。超声速射流起爆爆震波的时间为 604 μs,起爆距离为 211 mm。爆震射流的起爆时间和距离分别为 468 μs 和 125 mm。爆震射流的起爆时间和距离相对于超声速射流要小得多。对于超声速射流起爆而言,从点火到预爆管产生的火焰传入主爆震室的时间为 352 μs,而火焰传入主爆震室到产生平面爆震波的时间为 252 μs。对于爆震射流,从点火到爆震射流传入主爆震室的时间为 416 μs,而火焰传入主爆震室到产生平面爆震波的时间为 52 μs。对比可知,产生爆震射流的时间比产生超声速射流的时间长了 64 μs,但是爆震射流在主爆震室中形成爆震波的时间却比超声速射流少了 200 μs,这就是爆震射流的起爆时间比超声速射流少的原因。爆震射流起爆爆震波的过程中,从点火到形成爆震射流占了整个过程的绝大部分时间,因而对产生爆震射流这一阶段进行有效的改进和加速将可以减少总的起爆时间。

3.3.2　预爆管布置方式对起爆的影响[63]

1. 物理模型和计算方法

本节中,主爆震管左端封闭,起推力壁的作用,右端开口,起排气的作用。预爆管的五种布置方式对应着五种物理模型,如图 3.14 所示,五种布置方式依次为有距离单侧正交、无距离单侧正交、对称正交、水平正向和水平反向。五种模型中主爆震管尺寸相同,长 300 mm,宽 30 mm。预爆管尺寸由表 3.1 给出。模型 1 的预爆管左端离主爆震管左端壁面 15 mm,模型 5 的预爆管出口离主爆震管左端壁面 10 mm。五种模型都是二维平面模型。

采用非稳态二维 Navier‐Stokes 方程,Standard 湍流模型,选用二阶迎风格式以及 PISO 算法,时间步长取 1×10^{-7} s。假设混合气体都是理想气体,壁面按绝热、无滑移处理。燃料为化学恰当比的丙烷/空气混合气体,初始温度为 300 K,初始压力为 1 atm(1 atm= 101 325 Pa),初始状态为静止状态。在预爆管的封闭端设定高温高压区($T = 3\ 000$ K,$p = 3$ MPa),宽度为 4 mm,直接点火起爆预爆管中的混合气体,形成充分发展的平面 C‐J 爆震波。

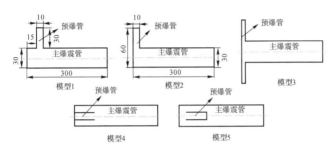

图 3.14　预爆管的五种布置方式对应的物理模型示意图(长度单位:mm)

2. 计算结果和讨论

预爆管的尺寸和模拟结果列在表 3.1 中。五种模型中预爆管长度相同,模型 3 的预爆管宽度为 5 mm,其他模型的预爆管宽度为 10 mm,但模型 3 有两根完全一样的预爆管而其他模型只有一根预爆管,因而五种模型预爆管的面积相同,表明各布置方式下预爆管产生的射流能量相同,影响起爆的主要因素是预爆管的布置方式。由于主要研究主爆震管中的起爆过程,所以模型 1、模型 2 以及模型 3 的预爆管未在云图中显示出来。

表 3.1　各预爆管的尺寸和模拟结果

模型	预爆管的长×宽×数/mm	模拟结果	爆震波速度/(m·s^{-1})	爆震波峰值压力/MPa
1	30×10×1	成功起爆	2 200	2.71
2	30×10×1	成功起爆	2 200	2.72
3	30×5×2	成功起爆	2 200	2.55
4	30×10×1	未能起爆	—	—
5	30×10×1	成功起爆	2 400	2.82

(1)模型 1 的结果和讨论。图 3.15 给出了模型 1 起爆过程的压力云图。由图可看出 $t = 15\ \mu$s 时,预爆管中形成的爆震波已经传入主爆震管,并在出口处产生一系列的膨胀波,在膨胀波的作用下其强度被削弱,波面变弯曲。在膨胀波的进一步作用下,爆震波蜕化成了弧形激波。弧形激波继续传播,在 $t = 27.5\ \mu$s 时与左端壁面碰撞,发生激波反射,形成一个高温高压区。由于左行激波强度较小,而且左端壁面附近区域的燃料基本已经被燃烧,所以该反射激波不能引发爆震波的形成。紧接着 $t = 30\ \mu$s 时,下行激波与下壁面碰撞,发生激波

反射,同样形成一个高温高压区($p>2$ MPa,$T>3\,000$ K)。反射激波加剧了该区域燃料的化学反应,放出大量热量,在 $t=35$ μs 时,产生了一道向上传播的强度很大的横波,而此时上行激波同样与上壁面作用形成一道向下传播的横波。两道横波扫过的区域将被起爆。横波向中心传播的同时也向右边传播,并追上原来的弱激波。在 $t=55$ μs 时,两道横波一起扫过整个主爆震管,并赶上了原激波,爆震起爆基本成功,但此时的爆震波倾斜,还不是稳定的爆震波。在横波的进一步作用下,$t=65$ μs 时基本形成了稳定的平面爆震波。由 $t=55$ μs 和 65 μs 时的数据可以估算出该爆震波的传播速度约为 2 200 m/s。图 3.16 为主爆震管轴线上不同时刻的压力分布图,由该图可以看出峰值压力不断升高,在 $t=65$ μs 时达到 2.71 MPa。传播速度和峰值压力表明形成了稳定的平面爆震波。

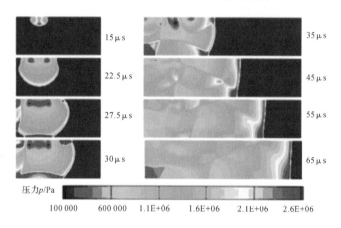

图 3.15　模型 1 起爆过程压力云图

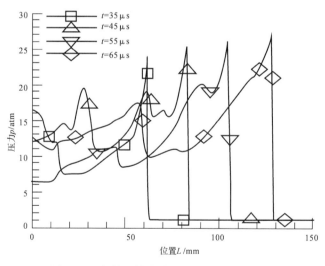

图 3.16　主爆震管轴线上不同时刻压力分布

　　(2)模型 2 的结果和讨论。图 3.17 给出了模型 2 起爆过程的压力云图。在 $t=15$ μs 时,传入主爆震管的爆震波在靠近左端壁面的波面还保持着平面爆震波,而出口的右边由于膨胀波的作用,爆震波的波面发生了弯曲。由此可以看出,传入主爆震管的爆震波的强度从左向右逐渐减弱。对比图 3.15 中 $t=15$ μs 时的图可以看出,模型 2 预爆管传出的爆震波被削弱得慢些。接下来的起爆过程与模型 1 的起爆过程基本相似,这里不再赘述。不同之处在于,蜕化成的激波与下壁面碰撞形成的高温高压区的温度和压力比模型 1 的要高,因此产生的向上传播的横波强度也比模型 1 的要强。由 $t=65\ \mu s$ 和 $70\ \mu s$ 时的数据可以估算出爆震波的速度约为 2 200 m/s,70 μs 时的峰值压力为 2.72 MPa,同样可以判断出主爆震管中形成了爆震波。

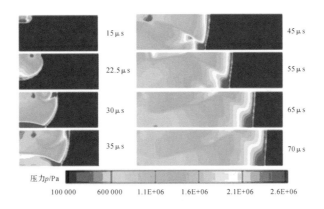

图 3.17　模型 2 起爆过程的压力云图

　　(3)模型 3 的结果和讨论。图 3.18 给出了模型 3 起爆过程的压力云图。对比图 3.18 和图 3.17 中 $t=15\ \mu s$ 时的云图可以看出,模型 3 预爆管传出的爆震波面比模型 2 的弯曲度大,说明模型 3 预爆管传出的爆震波被削弱得严重些。这主要因为模型 3 的预爆管宽度比模型 2 的小 5 mm。在 $t=20\ \mu s$ 时,两股衰减的爆震波在中心线位置相碰撞,在该区域形成一个高温高压区($T>3\ 000$ K,$p>2$ MPa)(见 $t=22.5\ \mu s$ 时云图),这主要因为两股爆震射流具有很大的动能,碰撞使得射流的动能转化为内能。两股爆震射流碰撞不但产生了高温高压区还增强了该区域气体的掺混,增加了湍流度,加剧了该区域的燃烧放热,促成局部爆震的产生。局部爆震波在 $t=27.5\ \mu s$ 时发展为曲面爆震波并充满了整个爆震管。紧接着,曲面爆震波与上下壁面发生碰撞,形成了两道向中心线传播的横波(见 $t=32.5\ \mu s$ 时云图)。横波扫过区域的爆震波面将被拉平。在 $t=45\ \mu s$ 时,两道横波共同扫过整个主爆震管,整个爆震波面被拉平,在爆震管内基本形成了平面爆震波。由 $t=42.5\ \mu s$ 和 $t=45\ \mu s$ 时刻的数据估算出爆震波的速度约为 2 200 m/s,45 μs 时刻的峰值压力为 2.55 MPa,表明形成了爆震波。

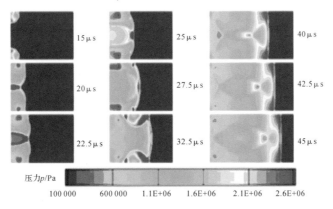

图 3.18　模型 3 起爆过程的压力云图

(4)模型 4 的结果和讨论。图 3.19 给出了模型 4 不同时刻的压力云图。传入主爆震管的爆震波在衍射的作用下衰减很快，在 $t = 20\ \mu s$ 时，爆震波蜕化成了激波。激波向四周传播，在 $30\ \mu s$ 时激波的侧面与上下壁面碰撞，发生激波反射，但是没有产生横波，只是使壁面附近的压力有所增加。反射的激波向中心线方向传播，并于 $45\ \mu s$ 时在中心线位置相遇，使该区域的压力略有上升，并没有促成爆震波的形成。而向前传播的激波随着时间的推移逐渐减弱最后转化为了压缩波，到 $160\ \mu s$ 时压缩波传播到了较远的位置，此时的压力只有 0.5 MPa 左右，并且整个管中的压力都很低，比 C-J 压力的一半还小，该布置方式下爆震射流起爆失败。

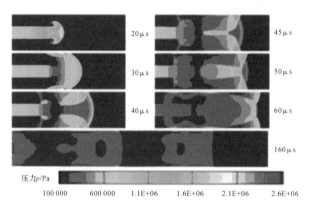

图 3.19　模型 4 不同时刻的压力云图

(5)模型 5 的结果和讨论。图 3.20 给出了模型 5 起爆过程的压力云图。在 $t = 20\ \mu s$ 时，爆震波已蜕化成了激波，蜕化成的激波碰撞到左端壁面上，发生激波反射，形成一个高温高压区。预爆管喷射的射流挤压高温高压的气体向上、下壁面传播并与壁面碰撞，碰撞使得左端壁面上、下拐角处的温度和压力急剧上升（见 $t = 22.5\ \mu s$ 时云图）并产生局部爆震（见 $t = 25\ \mu s$ 时云图）。在 $t = 27.5\ \mu s$ 时，局部爆震迅速发展成为弧形爆震波，填满了整个预爆管与主爆震管形成的腔。弧形爆震波在预爆管的外壁面上反射出一道横波，在 $t = 35\ \mu s$ 时弧形爆震波已被横波拉平。由 $t = 35\ \mu s$ 和 $40\ \mu s$ 时的数据可以估算出此时爆震波的传播速度约为 2 200 m/s，可以判断出在腔中形成了平面爆震波。到 $t = 40\ \mu s$ 时，爆震波已从腔中传出。在 $t = 42.5\ \mu s$ 时，预爆管封闭端拐角处的爆震波面变弯曲，并在中心线区域相互碰撞，加剧该区域的燃烧反应，使主爆震管中心处弯曲的爆震波能赶上前面的爆震波，最后在 $t = 57.5\ \mu s$ 时在整个主爆震管中形成稳定的平面爆震波。由 $t = 55\ \mu s$ 和 $t = 57.5\ \mu s$ 时的数据可以估算出爆震波的速度约为 2 400 m/s，另外 57.5 μs 时刻的峰值压力为 2.82 MPa，表明起爆成功。

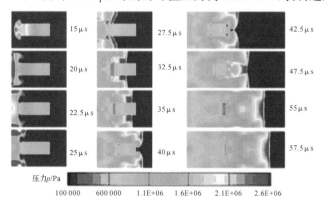

图 3.20　模型 5 起爆过程的压力云图

由五种模型的模拟结果和分析可知,预爆管产生的爆震波传入主爆震管后由于膨胀波的削弱作用,其强度不断衰减,在主爆震管中不能自持传播并直接起爆爆震波。爆震射流与壁面以及射流之间的碰撞产生的高温高压区、横波以及局部爆震点在主爆震管中引发二次起爆,形成稳定的平面爆震波。

(6)五种预爆管布置方式起爆比较。综合以上分析,模型 4 不能在主爆震管中成功起爆爆震波,图 3.21 是其他四种预爆管布置方式下主爆震管中爆震波形成需要的起爆距离-时间图(其中起爆距离是主爆震管中平面爆震波形成时的位置离左端壁面的距离)。由图 3.21 可知,模型 1、模型 2、模型 3 以及模型 5 的平面爆震波形成需要的距离分别为 127 mm,120.5 mm,64.5 mm,84 mm,时间分别为 65 μs,70 μs,45 μs,57.5 μs。可见模型 3 的起爆距离和时间最短,模型 5 次之,模型 1 和模型 2 较长,而且模型 1 和模型 2 的起爆距离和时间相差不大。结果表明,预爆管对称正交的布置方式最有利于在主爆震管中起爆爆震波,因为该方式更充分地利用了爆震射流的动能,通过射流之间以及射流与壁面之间的碰撞把该动能转化为内能,引发起爆。水平反向布置方式劣于对称正交布置方式,但优于有距离或无距离单侧正交布置方式。水平正向布置方式最差,本书模型下不能起爆主爆震管,因为该方式的爆震射流不能有效地与壁面发生碰撞以及爆震射流的动能不能被充分利用。

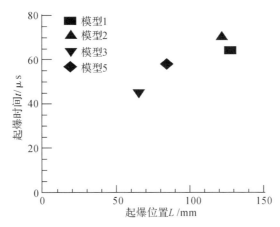

图 3.21　不同预爆管布置方式下起爆距离-时间图

3.3.3　射流起爆实验观测

1. 试验装置

爆震波的起爆方式较多,但是对于单个爆震室,采用射流点火具有明显的优势。李牧[2] 对爆震波分叉射流的过程进行了试验研究。试验过程中,利用内径 30 mm 的引流管将内径 60 mm 的爆震管中的爆震波分叉引射到 60 mm×60 mm 的方形主爆震室起爆。主爆震室上下两侧为碳钢材料,厚度 30 mm,总长 1 900 mm。左右两侧安装有机玻璃,厚度为 25 mm。为快速获得爆震波,在管内安装截面为 10 mm×10 mm 的条形障碍物,上下对应。为了采用高速摄影机进行观察,在爆震管的一侧开观察窗,为了能完整地观测爆震波的发展过程,观察窗的尺寸为 60 mm×1 790 mm。爆震室上面可安装压力传感器和离子探针传感器等,传感器测量位置沿流动方向均匀布置。间隔 100 mm,轴向共 19 个位置,按照从左到右从 1~19 编号。

在预爆震室中采用火花塞点火,中间段由两端带有螺旋障碍物的 600 mm 的爆震管连接而成。试验装置如图 3.22 所示。填充速度 40 m/s,当量比为 1.2。

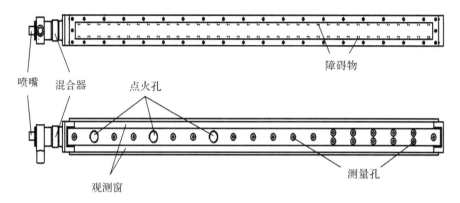

图 3.22　截面 60 mm×60 mm 的方管试验器

试验观察采用高速阴影系统进行。阴影系统的主球面反射镜直径 300 mm,焦距 3 000 mm。光源采用 500 W 氙灯,通过反射镜和透镜汇聚到一个直径 2 mm 的小孔上,然后通过小平面镜发射,反射到球面发射镜上,以平行光输出,通过主平面反射镜使光线垂直于视窗平行通过试验段,然后再通过另外一个主平面镜反射到另外一个球面镜上,重新汇聚后先通过一个 ND 滤光片再进入镜头和高速摄像机。实验中采用的高速摄像机为 Phan-tomV7.2,最大像素为 800×600,该像素下拍摄速率最大为 6 680 fps,调整像素大小则可以改变最大拍摄速率,系统最大拍摄速率为 200 000 fps。曝光时间可调,最小 2 μs,给出的时刻都是在曝光积分结束的时刻。

2. 试验结果和分析

试验过程分别针对是否采用引流弯头进行了不同试验。图 3.24 和图 3.25 给出了在不安装图 3.23 所示的弯头时,爆震射流点火的压力波形和阴影照片,照片的时间间隔为 0.025 ms。起爆管中的爆震波压力较低,在到达射流孔前的压力传感器 Pjet(安装在预爆管射流孔上游 150 mm 处)位置时只有 1.4 MPa,但是在射流孔内 $Pjet_2$ 处又达到了 1.6 MPa,突然出现一个尖锋后,马上下降到一个很低的值,接下来又开始出现缓慢的上升和下降。P_6 在图 3.24 中位于射流孔下游第二和第三个障碍物中间,压力峰值略大于 0.4 MPa,P_7 的压力峰值依然保持在相同的水平,但是峰值的位置出现的靠后,到达 P_7 的第一道激波已经衰减。到达 P_{11} 时已经形成了 C-J 压力,此时距 $Pjet_2$ 的上升沿已经 1.24 ms。

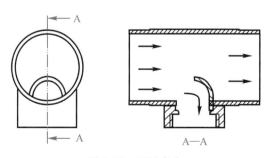

图 3.23　引流弯头

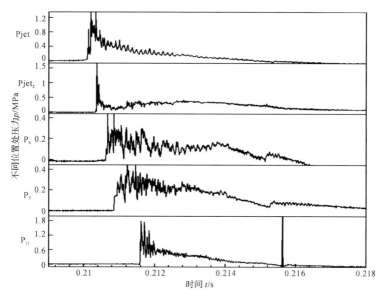

图 3.24　无弯头射流在有障碍物的方管中起爆过程的压力变化

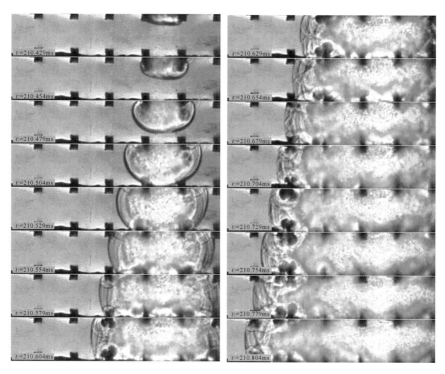

图 3.25　无弯头分叉射流在有障碍物的方管中起爆过程的阴影照片

从图 3.25 中可以观察到射流锋面的激波传播速度为 620 m/s，火焰面和激波面最开始耦合紧密无法分辨，随着衍射的加强两者逐渐分开，在激波到达方管底部时，侧面的激波和火焰面的距离变成增至 16 mm，射流顶部诱导区厚度变化不大，一直保持在 5～8 mm。激波与底面碰撞以后产生强烈的反射激波，反射波在高温燃气中的传播速度远远大于在未燃气体中的速度，但是燃气本身的速度也很高，因此激波的运动速度并不高。激波与障碍物和壁面作用,发生了复杂的反射,可以清楚地看到衍射激波在上壁面形成的反射波,以及射流激波在下面障碍物和壁面上的反射波。由于激波速度很高,所以气流填充速度带来的影响在这个条件下基本可以忽略,从而形成了向两端传播的半球形激波,激波传播速度约为480 m/s,火焰面的传播速度只有250 m/s,因而此后的过程出现了激波和火焰面的继续分离。

半球形前导激波在碰到障碍物的时候也产生了半球形的反射波,直到前导激波进入障碍物后的区域。但是障碍物的反射波会一直向中心区域传播,形成 $t = 210.579$ ms 时的样子。前导激波在继续向下游传播的过程中通过障碍物以后,在条形障碍物的前后尖角上形成局部加速膨胀区,产生了前后两个球形阴影,下游的阴影靠近壁面,上游的阴影靠近通道中心。上游加速区靠近火焰面,很快发生了燃烧,燃烧波在局部高速气流中很快传播到了障碍物下游的衍射膨胀区,该区域存在较大的剪切运动,湍流强度很大,燃烧很快,如图 3.25 中 $t = 210.629 \sim 210.679$ ms 就清晰地显示了这个火焰传播过程。接下来的过程与上面的描述基本一致,只是前导激波的强度发生了变化,在障碍物之前的传播速度略低,刚通过障碍物的时候略高。前导激波在刚通过最后一个障碍物的时候传播速度变为 500 m/s,火焰面和前导激波的距离变成了 35 mm,但是火焰传播速度为 660 m/s,因此诱导区厚度将逐渐缩短,可以认为该处已经开始了火焰对激波的正反馈作用。此时射流孔出口附近区域的燃烧过程已经基本结束,前导激波后面燃烧区的长度约为 80 mm。

图 3.26 和图 3.27 给出了在安装图 3.23 所示的弯头时,爆震波射流点火的压力波形和阴影照片,照片的时间间隔为 0.025 ms。本次实验中起爆管中的射流压力达到了 1.6 MPa,但是在射流连接段中间的压力却只有 0.9 MPa,与无引流弯头的情况相比,压力变化趋势完全相反。射流连接段的压力传感器的位置对压力的测量值有很大影响。图 3.26 中 $Pjet_2$ 的波形与图 3.24 中的基本一致,但是波谷处的压力、二次上升以后的持续时间和大小都超过图 3.24,P_6 和 P_7 位置的压力峰值仍然是略大于 0.4 MPa,P_{11} 处达到了 C-J 压力,此时距 $Pjet_2$ 的上升沿已经 1.19 ms。

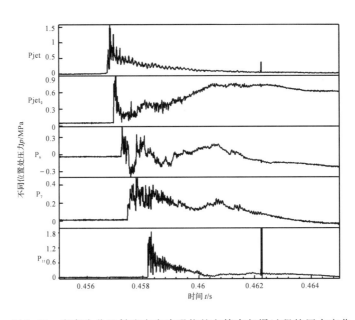

图 3.26 有弯头分叉射流在有障碍物的方管中起爆过程的压力变化

图 3.27 中爆震射流的激波传播速度为 720 m/s,高于无引流弯头的工况,与下壁面碰

撞以后形成了向上弯曲的反射激波,如图 3.27 中 $t=457.199$ ms 所示。此时已经形成了向两端传播的半球形激波,衍射激波的传播速度从 450 m/s 增加到 480 m/s。经过倒数第二个障碍物的时候激波速度增加到了 550 m/s,火焰传播速度为 600 m/s,但是在通过最后一个障碍物的时候激波速度又下降为 520 m/s,火焰速度却增大到了 650 m/s。根据图 3.25 和图 3.27 中的分析,显然射流激波在底面反射以后形成的局部高压加强了衍射激波的强度,使得向两端传播的激波的速度略有增大,然后激波速度出现一次下降,此后火焰开始加速又驱动激波加强加速,最终形成爆震波。从两个阴影图比较可以看出在增加了引流弯头的试验中射流后期射流孔内持续出现较高的压力,说明引流弯头增大了射流孔的静压。由于该次试验射流压力本身就偏高,所以射流激波传播速度明显增大,射流强度越高,爆震管的起爆过程就越迅速。

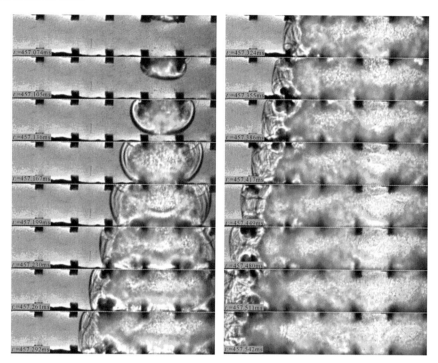

图 3.27　有弯头分叉射流在有障碍物的方管中起爆过程的阴影照片

　　爆震室中障碍物的存在对射流后激波传播过程存在很大的影响,导致复杂的波系,为了清楚地分析射流过程,图 3.28 给出了在爆震室内没有障碍物的情况下,爆震波分叉射流进入爆震室后的传播过程。射流激波的初始传播速度为 750 m/s,激波衍射区很快和火焰面分离,当激波到达底面的时候发生了反射,反射激波迅速通过高温区,并在未燃气体和已燃气体界面处发生弯曲,形成如图 3.28 中 $t=237.198$ ms 所示的波形。向两端传播的前导激波由于入射角度较小,所以在底面形成了典型的马赫反射。入射激波在马赫干形成点的传播速度为 530 m/s,马赫干在形成初期的传播速度为 750 m/s,远大于入射波,因此,在接下来的照片中,马赫干向前超出了入射激波。但是随着马赫干的不断向上发展,强度不断衰减,传播速度在最后一张照片中减小为 440 m/s。向左传播的火焰面的形状在反射激波的作用下不断发生变形,但是传播速度却一直维持在 250 m/s 附近,而且有减小的趋势。激波和火焰面的距离越来越大,最终完全分开,爆震波起爆失败。

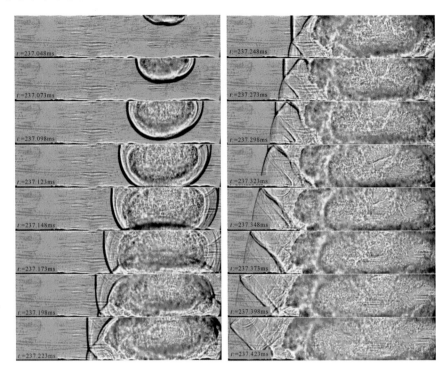

图 3.28　无弯头分叉射流在无障碍物的方管中传播过程的阴影照片

3.3.4　不同点火方式对起爆影响的试验[64]

试验基于如图 3.29 所示的内径 11 cm 两相脉冲爆震燃烧室展开。爆震室由进气混合段、点火段和爆震转变段组成。采用航空煤油为燃料,空气为氧化剂。爆震室内采用模块化 shchelkin 螺旋结构作为强化爆震转变结构,螺距 100 mm,堵塞比约为 0.5。

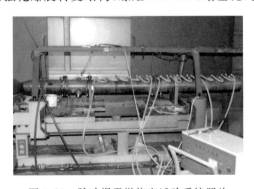

图 3.29　脉冲爆震燃烧室试验系统照片

如图 3.30 所示为内径 11 cm 煤油/空气脉冲爆震燃烧室试验系统示意图。利用 Kistler 高速采集系统并行采集多路压力信号(0,1,2,3 等),压力信号采用江苏联能压电传感器 CA－YD－205 测量,响应时间为 2 μs,自振频率大于 200 kHz,测量误差±7.25 mV/bar。火花塞和射流点火方式下,测压孔位置 0,1,2 和 3(记为 P_0,P_1,P_2 和 P_3)分别距离点火装置 320 mm,1 180 mm,1 380 mm 和 1 080 mm。通过测量 PDE 沿程压力扰动,掌握不同点火方法对两相爆震波起爆性能的影响,包括 DDT 转变距离与时间等。

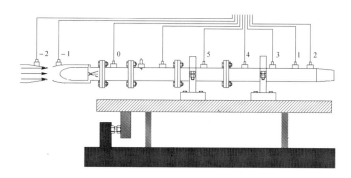

图 3.30　内径 11 cm 吸气式 PDE 试验系统示意图

1. 火花塞点火

火花塞点火系统由火花塞、点火涡孔、能量调节装置和信号发生器组成,如图 3.31 所示。通过更换点火涡孔可以改变点火区结构,能量调节装置则可以调节输给火花塞的能量。

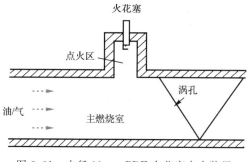

图 3.31　内径 11 cm PDE 火花塞点火装置

采用火花塞点火时,脉冲爆震燃烧室在 0～25 Hz 爆震频率范围内可以稳定工作,如图 3.32～图 3.36 所示。从其压力波形和压力峰值来看,爆震在位置 1 处(距离火花塞)便开始形成,在位置 2 处发展充分;25 Hz 以上频率时 PDE 工作稳定性稍差,爆震室内压力较低,没有形成充分发展的爆震波,或者不能连续工作,如图 3.37 所示。原因有二:其一,随着工作频率提高,来流速度对应提高,掺混后的可爆混合物很难进入点火涡孔,导致点火涡孔内可爆混合物浓度较低,难以可靠点火;其二,即便点火涡孔内点火成功之后,因为主爆震室内混合物流速过高导致生成的弱火焰难以顺利传播和加速,容易发生猝息现象。解决这个问题,首先要保证高速来流下可靠点火,其次就是确保火焰的可靠传播和加速。高速来流下可靠点火可以通过提高点火能量,改善点火区内可爆混合物浓度分布和使用其他点火技术,诸如射流点火、预爆管点火等(后面会详细介绍)来实现;而火焰的传播和加速则必须使用恰当的强化爆震转变装置来实现。

图 3.38 显示了不同工作频率下爆震室点火-起爆时间(t_{ig-det})的变化趋势。点火-起爆时间指的是从火花塞接收到点火信号开始到爆震室由爆燃向爆震转变(DDT)生成充分发展的爆震波经历的时间,实际上是点火延迟时间 t_{delay} 和 DDT 时间 t_{DDT} 之和,如图 3.39 所示。前面提到爆震在位置 1 处开始行成,在位置 2 处充分发展,因此 DDT 转变位置在位置 1 和 2 之间(即距离火花塞约 1 280 mm 处),点火-起爆时间为 t_{ig-1} 和 t_{ig-2} 的平均值(从火花塞接收到点火信号开始到位置 1,2 产生强激波信号的时间为 t_{ig-1} 和 t_{ig-2})。可以看到,随着

爆震室工作频率的提高,点火-起爆时间逐渐减小。工作频率提高,意味着在同样的工作时间内可爆混合物释放的能量增多,新鲜混合物的冷却时间减少,导致爆震室管壁温度不断提高,这样,新鲜混合物填充的时候便吸收了大量的辐射热量,减小了燃油粒度,提高了燃油的蒸发速率,增加了蒸气态燃油百分比,自然有利于火花的快速点火和爆燃向爆震的加速转变,也即减小了点火-起爆时间。

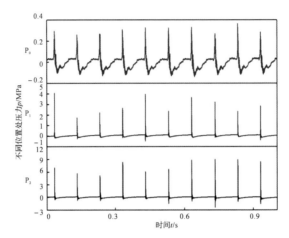

图 3.32　煤油/空气脉冲爆震燃烧室沿程压力扰动波形,$f=10$ Hz

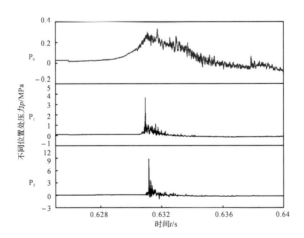

图 3.33　图 3.32 中第七次爆震循环压力放大

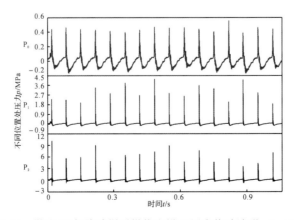

图 3.34　煤油/空气脉冲爆震燃烧室沿程压力扰动波形,$f=15$ Hz

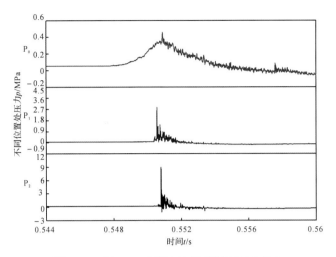

图 3.35 图 3.34 中第九次爆震循环压力放大

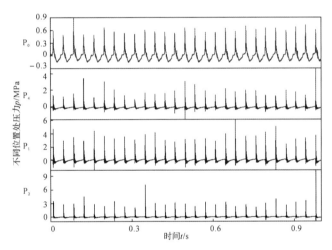

图 3.36 煤油/空气脉冲爆震燃烧室沿程压力扰动波形, $f = 25$ Hz

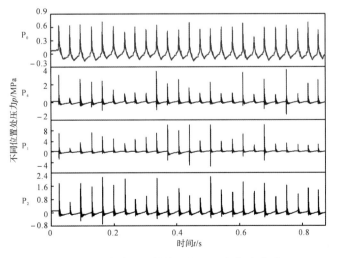

图 3.37 煤油/空气脉冲爆震燃烧室沿程压力扰动波形, $f = 30$ Hz

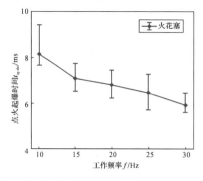

图 3.38　点火-起爆时间与工作频率关系图，
　　　　　可调能量火花塞点火

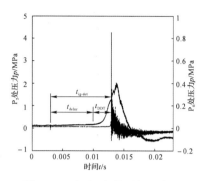

图 3.39　点火-起爆时间示意图

2. 热射流点火

热射流点火采用图 3.40 所示的长度 200 mm 射流管产生高活性的热射流，热射流管的初始火花利用火花塞点火实现，其与爆震室的容积比约为 0.007 4。试验发现，同样必须在较高的点火能量下才能成功点着引入射流管内的煤油/空气混合物，形成初始火核。图 3.41～图 3.45 为爆震频率 10～20 Hz 时，爆震室内的沿程压力扰动波形。图 3.42 和图 3.44 分别为图 3.41 和图 3.43 中某次爆震循环的压力放大图，可以看到在位置 3 处压力峰值便达到 2 MPa 以上，压力上升沿约为 20 μs，位置 1 处压力峰值达到 5 MPa 以上，压力上升沿更短，约为 15 μs，说明爆震波在位置 3 处开始形成，之后形成过驱动爆震波，而在更远的位置 1 处形成稳定爆震波。频率进一步提高时，爆震室工作不稳定，原因可能是射流管长度偏长，初始火核形成到传播至主爆震室的时间较长，导致主爆震室内煤油/空气可爆混合物点火延迟时间加长，增加了爆震室的循环时间，限制了工作频率的提高。

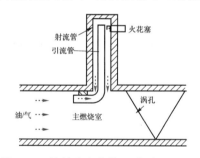

图 3.40　热射流点火装置，长度 200 mm

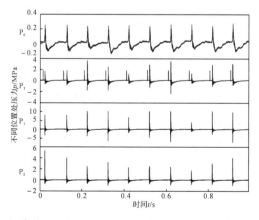

　图 3.41　煤油/空气脉冲爆震燃烧室沿程压力扰动波形，$f = 10$ Hz，200 mm 射流点火

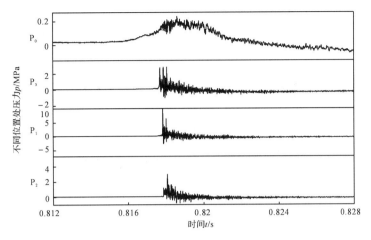

图 3.42　图 3.41 中第九次爆震循环放大

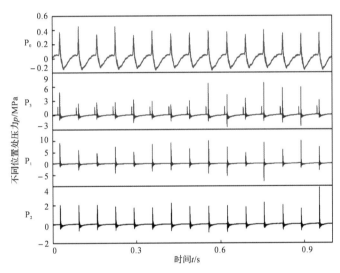

图 3.43　煤油/空气脉冲爆震燃烧室沿程压力扰动波形, f = 15 Hz, 200 mm 射流点火

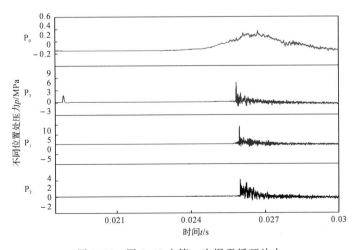

图 3.44　图 3.43 中第一次爆震循环放大

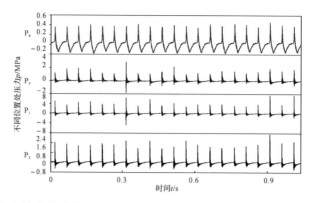

图 3.45　煤油/空气脉冲爆震燃烧室沿程压力扰动波形，$f=20$ Hz，200 mm 射流点火

　　图 3.46 为采用 200 mm 射流管与火花塞点火时的爆震室不同工作频率下的点火-起爆时间（$t_{ig\text{-}det}$）对比图。与火花塞点火类似，随着爆震室工作频率的提高，点火-起爆时间也逐渐减小。但是对比两种点火方式下爆震室的点火-起爆时间发现，射流点火需要的点火-起爆时间大于对应频率下的火花塞点火，特别是频率较低时，比如 10 Hz 下射流点火的点火-起爆时间约为 11.014 8 ms，而火花点火需要的点火-起爆时间约为 8.148 ms。需要注意，本节的爆震转变过程与前面的火花塞点火有两点不同之处。第一，本节中的点火-起爆时间与前面略有不同，除了爆震室内煤油/空气的点火延迟时间 t_{delay} 和 DDT 时间 t_{DDT} 外，还包括射流管内初始火花形成及之后的火焰由射流管传至爆震室的时间 t_{jet}，由于初始火焰传播速度很慢，可能导致这个附加时间较长；第二，根据前面压力波形的分析，爆震在位置 3 处便开始形成，在位置 1 处充分发展，因此本节中的 DDT 转变位置在位置 3 和 1 之间（即距离火花塞约 1 100 mm 处），点火-起爆时间为 $t_{ig\text{-}3}$ 和 $t_{ig\text{-}1}$ 的平均值（从火花塞接收到点火信号开始到位置 3，1 处产生强激波信号的时间为 $t_{ig\text{-}3}$ 和 $t_{ig\text{-}1}$）。也就是说，采用 200 mm 的热射流点火后，煤油/空气脉冲爆震室的 DDT 距离缩短了近 200 mm。

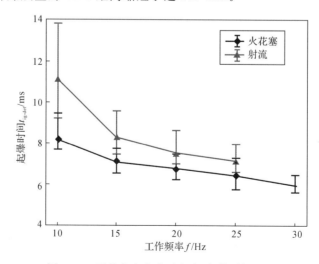

图 3.46　两种点火方式下点火-起爆时间对比

3. 预爆管点火

从上述两种点火方式的试验结果来看，主爆震室的 DDT 转变距离均较长，这显然不利

于实际应用,也影响了爆震室工作频率的进一步提高。因此,必须选用更为可靠的点火方式短距离实现 DDT 转变。目前来看,预爆管(爆震射流)点火是比较受关注的一种可行的点火方式。实际上,预爆管点火可以看作是一种特殊的射流点火,在此点火方式下,预爆管出口射流为爆震射流,其点火能力更为强大。但是要实现预爆管点火,首先需要在预爆管内生成爆震,而且是短距离、快速生成爆震波。

根据爆震理论和试验结论可以知道:①气态可爆混合物可以快速甚至直接起爆;②爆震管直径较小时爆震更容易生成;③汽油的可爆性优于煤油。为了实现预爆管内的快速起爆,可以在较小的预爆管内使用易于起爆的反应物。国外采用的预爆管点火研究中,主要使用气态燃料或者氧化剂为氧气。本节采用以汽油/空气为推进剂的内径 6 cm 爆震管作为预爆管,这样在实际飞行条件下只需要携带少量的汽油便能够解决起爆问题,不会导致发动机系统太过复杂。今后将利用引自主爆震室的煤油/空气为预爆管反应物,在预爆管形成爆震之后,再起爆主爆震室。这样,在实际飞行条件下,便不需要额外携带高敏感的预爆管反应物,更有利于工程应用。

试验过程中预爆管采用汽油/空气为反应物,普通火花塞点火;主爆震室采用煤油/空气为推进剂。利用 Kistler 高速采集系统并行采集多路压力信号,测压孔位置包括 0,1,2,3,4 和 5 等。其中位置 0 位于预爆管尾部,用以监测预爆管中是否生成爆震;位置 1,2～6 等分别沿主爆震室轴向分布,分别距离点火装置 280 mm,380 mm,580 mm,780 mm 和 880 mm,监测和观察爆震射流传入主爆震室点燃煤油、空气混合物后,主爆震室内的沿程压力变化和爆震转变过程。另有一路离子探针信号位于预爆管的末端监测射流火焰,以便分析预爆管点火方式下的点火、起爆特性。

图 3.47～图 3.49 分别为采用预爆管点火的脉冲爆震燃烧室在 10 Hz,15 Hz 和 20 Hz 工作频率下的沿程压力扰动和离子探针信号。可以看到,预爆管尾部压力峰值均在 2 MPa 以上,说明预爆管中生成了爆震波。由于主爆震室和预爆管的面积比较大(约3.4)以及主爆震室内填充很难起爆的煤油/空气混合物,导致爆震波在预爆管出口衍射,爆震波没能顺利传递到主爆震室中。爆震射流在主爆震室点火室内快速点燃煤油/空气混合物,经过一段距离和时间的火焰加速、爆燃向爆震转变过程,基本在位置 4 甚至是位置 3 处压力峰值达到 3 MPa 左右,获得了稳定的多循环爆震波。也就是说,采用预爆管点火后,虽然没有直接起爆主爆震室,但是爆燃向爆震转变距离有了较大缩短,约在 700 mm 左右。与此同时,主爆震室内的煤油/空气点火-起爆时间更是有了极大的减小,为 2～3 ms,如图 3.50 所示。使用预爆管点火时,爆震室工作频率对点火-起爆时间的影响很小,同时不同频率下的点火-起爆时间浮动误差也非常小。这两个现象都是由于预爆管点火能量非常巨大引起的。在巨大的点火能量面前,由工作频率增加引起的循环热量相对较小,导致工作频率对点火-起爆时间影响减小。点火-起爆时间为点火延迟时间和 DDT 转变时间之和,一般来说,类似的工作条件下 DDT 时间相差不大,但是点火延迟时间的差别可能较大。在点火能量较低时,如果点火区燃油液滴尺寸小,燃油和空气混合均匀,那么点火延迟时间就比较小;但是如果点火区燃油液滴尺寸较大,燃油和空气混合不均匀,那么点火延迟时间就比较大,这样便导致低能量点火方式下的点火-起爆时间浮动较大。而在预爆管点火条件下,尽管每一次爆震试验中点火区内燃油液滴尺寸及与空气混合均匀度均有所不同,但是巨大点火能量对点火延迟时间的影响基本上掩盖了其对点火延迟时间的影响,导致点火-起爆时间浮动误差很小。

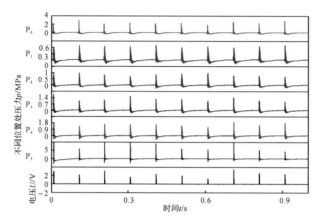

图 3.47　煤油/空气脉冲爆震燃烧室沿程压力扰动和探针信号，$f=10$ Hz，预爆管点火

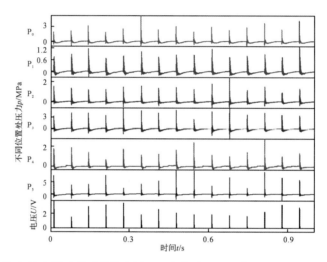

图 3.48　煤油/空气脉冲爆震燃烧室沿程压力扰动和探针信号，$f=15$ Hz，预爆管点火

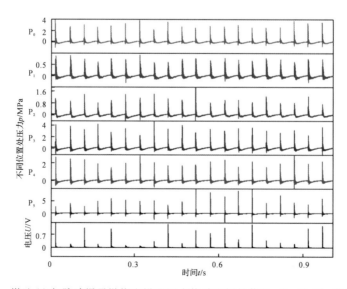

图 3.49　煤油/空气脉冲爆震燃烧室沿程压力扰动和探针信号，$f=20$ Hz，预爆管点火

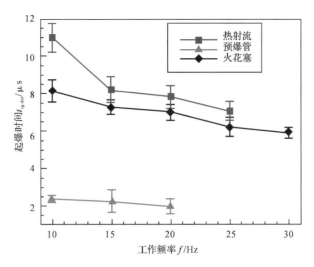

图 3.50　三种点火方式下点火-起爆时间对比

图 3.50 为三种点火方式下点火-起爆时间对比图。由图可知,预爆管点火方式下点火-起爆时间最短,只有 2~3 ms。而对比试验结果发现预爆管点火方式下的 DDT 转变距离也最短,为 700 mm 左右。预爆管点火技术显著提高了煤油/空气的点火可靠性,同时缩短了爆燃向爆震转变距离和时间,具有非常好的研究和应用前景。

3.4　两点火源起爆

利用多点火源来触发爆震波的方法最早由 Zeldovich 和 Zompaneetz[21] 提出来。该方法以人工控制分布式外部点火能量的方式模拟激波和化学能释放之间的强耦合关系,使外部点火源主要在弱激波后释放以增强激波,促进爆震波的生成。该方法被提出以后,很多研究人员分别进行了试验和数值的研究。D. H. Lieberman[65] 提出将纳秒级等离子点火的中心电极分成若干段,从前往后顺序触发。点火源均在激波前触发,目的是缩短激波后的燃烧诱导时间,产生诱导时间梯度。而俄罗斯科学院 Semenov 化学物理研究所的 S. M. Frolov 等人[22-27] 从 2001 年开始建立了多套的气相和喷雾试验系统,开展了单相和两相多点点火的实验研究,研究了放电时间、电机形状和位置、爆震管形状和内径、燃油粒径、点火源间距和触发时间延迟等因素对爆震起爆的影响,他的研究工作证明在气相和喷雾两相的条件下,多点点火的概念是可行的。Frolov 首先在内径为 51 mm 的光管内进行了正己烷喷雾试验,其 SMD 约为 5~6 μm,使用单个电嘴进行单次爆震时,发现其点火临界能量约为 3.3 kJ。当采用两个电嘴时,两电嘴相距 200 mm,放电电容为 300 μF,放电电压 2 500 V,两者触发时间间隔为 270 μs 时可形成爆震,可成功触发的时间间隔变化范围是 10 μs。当点火能量增大时,该时间间隔范围扩大,当放电电压为 3 000 V 时,该范围变为 50 μs,同时,由放电能量可知,该起爆临界能量降低至 1.9 kJ 左右。同样地,Frolov 在管径 28 mm 的爆震管中的试验证明,在同样的情况下,单个电嘴的起爆能量降低至 0.92 kJ,两个电嘴时共需要 0.91 kJ。在两个电嘴之间增加一段 Shchelkin 螺旋,长 460 mm,螺旋丝直径为 4 mm,螺距为 18 mm。同时两电嘴的间距变为 500 mm。此时的起爆最小能量降低为 0.66 kJ。除此之外,美国海军研究生院也进行了这种用前后两个点火源来缩小起爆能量的尝试。Jose O.

Sinibaldi 等人[66]使用两个等离子点火器进行了相关研究,结果发现用两个点火源在 $550\sim610\ \mu s$ 内点火时,双等离子点火器能够将 DDT 时间缩短 6 ms,距离缩短 170 mm。

国内,董刚等人[67]使用带基元化学反应的多组分一维 Navier - Stokes 方程,通过数值方法对多点单一种类点火源连续点火起爆氢气空气预混合气体的单次爆轰过程进行了研究。其结果表明,点火时序的变化可以显著影响预混气的爆轰引发特性。西北工业大学的王治武等人[68-69]对两点火源顺序点火起爆爆震波的机理和过程进行了数值研究,研究指出在单个点火源不能起爆的情况下,在其下游一定距离处增加一个相同能量的点火源在一定时间间隔内触发可以成功起爆爆震波。

3.4.1　点火源间距及间隔时间对起爆的影响

在点火源能量不变的条件下,开展两点火源在光管中起爆爆震波的数值模拟,研究点火源触发时间、点火源间距和间隔时间对爆震波起爆过程的影响,分析两点点火的起爆特性[68]。

1. 物理模型和计算方法

两点火源起爆特性计算模型由爆震室和外场两部分组成,如图 3.51 所示,爆震室左端封闭,作用近似于推力壁。右端开口排气。内径 300 mm,长 600 mm。外场设定为 $9D\times6D$($D=30$ mm,为爆震室内径)。外场与爆震室重叠区域长度为 $3D$。点火区域设置为方形,宽 5 mm,长度等于爆震室内径。在本节模拟中,以 L 表示两点火源之间的距离,以 Δt 表示点火源触发的时间间隔。由于计算模型上下对称,所以计算中仅对模型的一半进行网格划分和计算,对称轴采用 axis 边界条件进行处理。

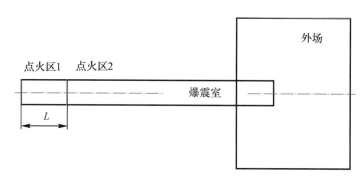

图 3.51　计算模型图

计算网格采用非结构四边形网格,计算中为适应局部温度剧烈变化采用温度梯度自适应的方法加密局部网格。采用丙烷作为燃料,空气作为氧化剂。爆震室填充化学恰当比的丙烷空气混合物,初始温度为 300 K,初始压力为 1 atm。初始状态混合物在静止状态。外场初始条件为模拟外部环境,温度设置为 300 K,初始压力为 1 atm。计算中假设空气组分仅由 O_2(21%)和 N_2(79%)组成。

计算采用非稳态的二维 N - S 方程及有限体积法进行求解。化学反应采用 5 组分单步不可逆有限速率模型,湍流模型使用标准 $k-\varepsilon$ 模型。在近壁面处采用标准壁面函数法进行处理。本节分别针对点火源间距为 $L=50$ mm,$L=130$ mm,$L=160$ mm 的两点火源间距进行结果分析。计算的参数和结果见表 3.2。

表 3.2　两点火源起爆参数和计算结果

算例(case)	点火源间距 L/mm	时间间隔 $\Delta t/\mu\mathrm{s}$	点火能量 E/J	是否起爆
1		46.5		是
2	50	50		是
3		70		否
4		165		是
5	130	172	1 000	是
6		173		否
7		220		是
8	160	221		是
9		221.1		否

2. 计算结果和讨论

(1)$L=50$ mm,不同时间间隔的计算结果。

由图 3.52 可知,第一个点火源在点火之后会形成压缩波向右传播,随着时间进行,压缩波压力不断衰减,到 45 $\mu\mathrm{s}$ 时刻已经衰减至 0.65 MPa。在 46.5 $\mu\mathrm{s}$ 时刻第二点火源开始点火,该点火区域的压力有所增加,1 $\mu\mathrm{s}$ 之后点火区域压力上升至 3 MPa 以上,形成了很高的压力差,从而生成了向左右两个方向传播的强激波。强激波扫过的区域压力有很大的增加。到 5 $\mu\mathrm{s}$ 时刻,右行激波的峰面与爆震室壁面碰撞形成两个局部热点,热点进一步发展形成局部爆震,上下两个局部爆震波向中心线方向传播,在该区域相互碰撞形成高温高压区。高温高压区的形成会促进爆震波的生成。由压力云图可见在 105 $\mu\mathrm{s}$ 时刻爆震波形成,其对应的 DDT 距离为 164 mm。

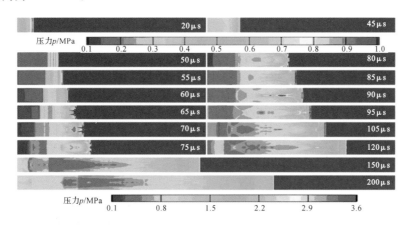

图 3.52　case1 的压力云图

图 3.53 给出了与图 3.52 对应的温度云图,该图详细显示了爆震波形成过程的温度变化趋势。由图可知,在 0 s 时刻第一个点火源点火之后燃烧波开始和压力波一起向右传播,

温度约 3 800 K。在 45 μs 时刻,压缩波已经明显超过燃烧波,经过压缩的区域温度略微上升。在 46.5 μs 时刻第二个点火源点火,点火区域温度迅速上升,然后燃烧波开始向两侧的未燃区传播。在燃烧过程中由于右传的燃烧波面出现了弯曲,局部的高温热点而迅速加速,最后和前导激波相耦合形成爆震波。

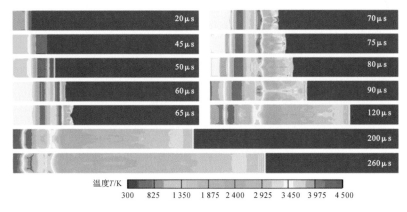

图 3.53 case1 的温度云图

图 3.54 给出了不同时刻主爆震室轴线上的压力分布曲线。由图可以看出在爆震形成过程中爆震室内的压力分布状况随时间的变化过程。

图 3.54 中的峰值位置代表了在该时刻压缩波峰面所在的位置,由图可见在第二点火源点火之后,压力峰值出现了较大的增加,此后随着燃烧反应的进行压力有一定程度的减小,当管内形成爆震波后压力有很大的增加并最终趋于稳定,即爆震波已经形成。由 $t=180$ μs 和 $t=220$ μs 两个时刻压力峰值所在的位置可以计算出爆震波的平均波速为 1 998.3 m/s,高于 C-J 速度,即爆震起爆成功。

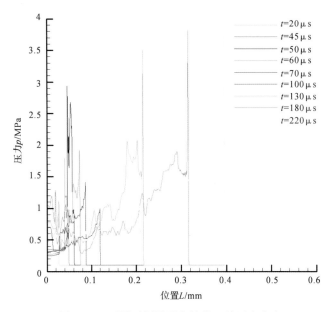

图 3.54 不同时刻爆震室轴线上的压力分布

图 3.55 和图 3.56 给出了 case2 的压力和温度云图,由压力云图可见,在第一点火源点

火之后形成右传压缩波在传播过程中快速衰减,到 50 μs 时刻第二个点火源点火之后形成双向激波在传播过程中衰减。与 $\Delta t = 46.5$ μs 时的发展过程相似。但是在 $\Delta t = 46.5$ μs 时,第二点火源触发于激波前,在实际中可以缩短反应诱导区的长度和时间,促进爆燃向爆震的转变。而 $\Delta t = 50$ μs 时,第二点火源触发于激波后,这种触发方式可以迅速为激波提供能量而使激波强度增强,压力升高。由于激波变强,对未燃气体的压缩性增强,其温度升高,反应诱导区诱导时间减少,同样促进了爆燃向爆震的转变过程。

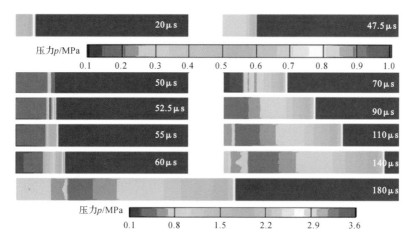

图 3.55　case2 的压力云图

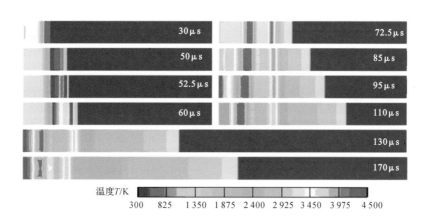

图 3.56　case2 的温度云图

由温度云图可明显看出,第二点火源点火时,第一点火源产生的燃烧峰面还未到达点火区域。点火之后,第二点火源的左边和右边分别形成爆燃波,但是右传爆燃波在右传压缩波的作用下传播速度明显大于左传爆燃波,所以在右行爆燃波不断加速形成爆震波之后左传爆燃波和第一点火源点火形成的燃烧峰面之间依然存在蓝色的未燃区域。最终左端壁面附近由于左传压缩波和反传压缩波的不断作用温度持续较高。

图 3.57 为 case2 不同时刻爆震室中轴线上的压力分布曲线。与 case1 相似,压力峰值代表了主激波的位置。由图可见,在 DDT 过程中,压缩波的压力首先升高,形成过驱爆震波,之后逐渐衰减,形成稳定的爆震波。由 $t = 70$ μs 和 $t = 90$ μs 的曲线可以计算出爆震波的平均速度为 1 903.6 m/s,其值稍高于理论的 C-J 参数。

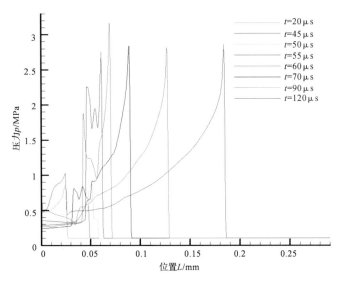

图 3.57　case2 不同时刻爆震室轴线上的压力分布

由以上两个 case 可以看出，随着 Δt 不断增大，第二点火源和激波峰面的相对位置不断改变。图 3.58 给出了点火时间间隔 $\Delta t = 70\ \mu s$ 时候的不同时刻压力云图。由图可见，在第一点火源点火之后压力和温度的传播过程和其他情况相似。在第二点火源点火的时候，第一点火源点火产生的压缩波已经严重衰减且峰面距离第二点火源较远。所以，在第二点火源点火之后，压力虽然在短时间内有所上升，但是随之迅速衰减，最后没有形成爆震。

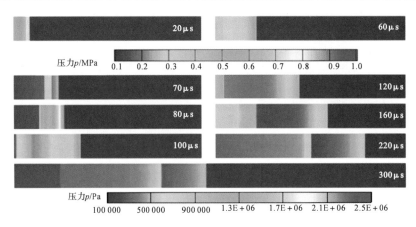

图 3.58　case3 不同时刻的压力云图

（2）$L = 130\ mm$ 时不同点火时间间隔的计算结果。

图 3.59 给出了 case4，case5，case6 的压力云图。

由图可见，其起爆过程和 $L = 50\ mm$ 时基本相似。在第一个点火源点火之后，产生的压缩波向右传播并衰减。在第二点火源点火之后产生向两边传播的强激波，与第一点火源点火产生的激波发生相互作用，当两点火源的间隔在一定时间范围内的时候爆震波会成功起爆。由计算结果知，起爆的两点火源触发时间间隔应该在一定的范围内，前导激波才能被第二点火源的点火能量加强或者受到点火源缩短反应诱导区长度和反应诱导时间的影响成功起爆。当点火源间隔时间超出一定的范围之后，第一点火源点火产生的压缩波并不能受第二点火源点火的影响而形成爆震波。由以上计算结果和分析可见,$L=50$ mm 时其能成功起爆的点火时间间隔变化范围为 14 μs 左右,而 $L=130$ mm 时,能成功起爆的时间间隔变化范围为 7 μs 左右。

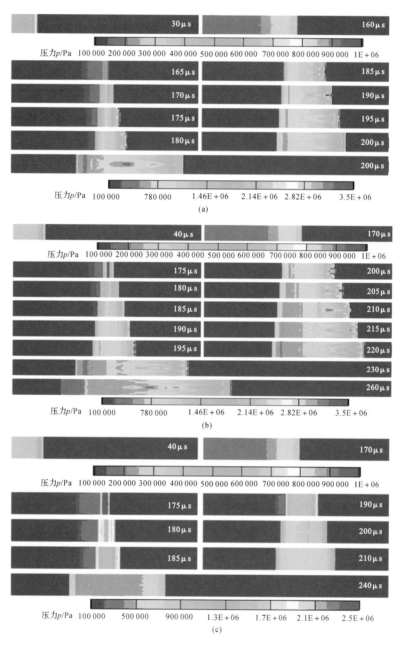

图 3.59　不同时刻压力云图

(a)case4 不同时刻压力云图;(b)case5 不同时刻压力云图;(c)case6 不同时刻压力云图

对多种点火源间距进行模拟可得到成功起爆的时间间隔关于点火源间距的拟合曲线,如图 3.60 给出了模拟得到的拟合曲线。由该曲线可以看出,随着点火源间距的增大,能成功起爆的点火时间间隔逐渐缩小。这是因为,第一个点火源点火产生的压缩波在传播过程中以相同的速度衰减,当点火源间距增大以后,第一点火源点火产生的压缩波到达第二点火源的时候衰减程度增加,此时若要点火成功,第二个点火源必然要在更加精确的时间点点火,否则对压缩波的增强作用或者对反应区的改变不明显,燃烧难以加速,DDT 过程难以完成,最终起爆失败。

(3)模拟结果的试验验证。

S. M. Frolov 在内壁光滑的爆震室中进行了两点火源顺序点火起爆爆震波的试验研究,结果如图 3.61 所示,图中"＋"表示在爆震室中成功生成爆震波,而"－"表示没有成功起爆[23]。其研究表明,两点火源间距为 200 mm,放电电压为 3 000 V 时,点火间隔时间变化范围在 50 μs 以内的时候都可以在爆震室内产生爆震波,而当超出这个范围之后爆震波不能成功起爆。该结论和上述数值模拟的结果趋势基本一致。

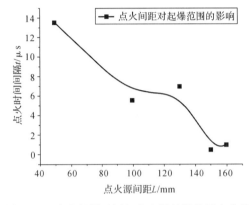

图 3.60　点火间隔时间与点火源间距的拟合曲线

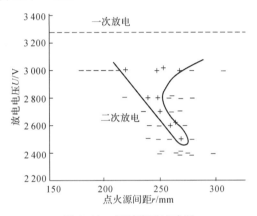

图 3.61　起爆范围试验图

3.4.2　点火源能量对起爆的影响

除了点火源间距和间隔时间之外,点火源点火的能量也是一个很重要的影响参数。在研究点火源间距对起爆影响的时候,点火源的能量全部控制为 1 000 J。而在本节中,对两个点火源的能量为 500 J,200 J 和 100 J 的情况进行研究。计算模型与图 3.53 相同。由点火源间距影响的结论可知,在两点火源间距为 50 mm,点火能量为 1 000 J 时,两点火源能成功起爆的最小时间间隔是 46.5 μs,最大时间间隔是 60 μs。因此,本节中设定两点火源间距为 50 mm,取点火时间间隔在 46.5~60 μs 之间,采用不同的点火能量点火以分析研究点火源能量改变对起爆的影响。本节分别对 8 种不同的工况,3 种能量值进行模拟。模拟参数见表 3.3。

表 3.3　不同工况的模拟参数

算例(case)	时间间隔 $\Delta t/\mu s$	点火能量 E/J	点火间距 L/mm
10	48.5		
11	48.6	500	
12	55.1		
13	50.3		50
14	56.5	200	
15	56.8		
16	52.6	100	
17	53.4		

　　图 3.62 给出了 case10 和 case11 的不同时刻压力云图。由图可见当点火能量减小到 500 J 的时候,爆震室内的压缩波的发展过程和 1 000 J 时候相似。第一点火源点火形成的压缩波在右传过程中衰减,之后第二点火源点火使得已衰减的压缩波增强,点火之后,若两点火源时间在可起爆的范围内则激波会在传播过程中压缩未燃气体,使反应加快。最终反应峰面与激波面耦合形成爆震波。

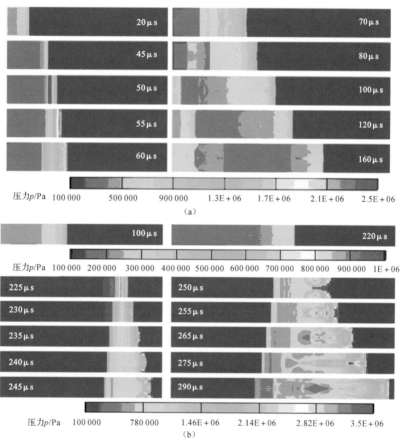

图 3.62　不同时刻压力云图

(a)case10;(b)case11

　　由 case10 的不同时刻压力云图可见,当能量减小时,第一点火源点火之后的压缩波传播与衰减的过程和大能量时候相似。当 $\Delta t = 48.5$ μs 时,第二点火源点火之后出现双向激波,但是很快衰减,最终起爆失败。当 $\Delta t = 48.6$ μs 时,第二点火源点火之后压缩波在传播过程中出现了弯曲,产生了局部的热点和明显的横波,最后在横波的震荡和相互作用下起爆成功。

　　图 3.63 给出了 case13 和 case14 的不同时刻压力云图,由图可见,其发展过程与 case11 相似。在第二点火源点火之后激波在发展的过程中出现了明显的横波,横波之间相互作用出现了局部的热点,引起局部爆炸,形成局部爆震,最后在横波的传播和相互作用下形成平面的爆震波。

　　由以上计算结果可见,当起爆能量减小之后,爆震波在形成过程中的机理发生了变化。在能量比较大的时候,第二点火源点火可以直接使激波以平面波的形式进行加速,最终形成爆震波。而在能量从 1 000 J 降低到了 500 J 或者更低的时候,第一点火源点火产生平面压缩波,而第二点火源点火之后激波的加速是由传播过程中产生的横波交汇形成的热点所致。这个过程所需要的时间和距离会大于直接由较大能量起爆的情况,但是该过程更加接近于实际过程。同时由模拟结果可见,在能量为 1 000 J 时可以起爆的时间间隔在能量降低至 500 J 或者更低的时候不一定能够起爆。这主要是由于能量减小以后第二点火源对于压缩波或者反应的加强作用不如 1 000 J 强烈,所以其能成功起爆的时间间隔范围减小。

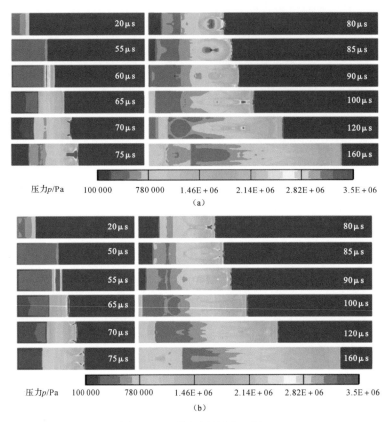

图 3.63　不同时刻压力云图
(a)case13；(b)case14

对以上 8 种情况模拟之后得到了在点火源间距为 50 mm 时能成功起爆爆震波的时间间隔范围的拟合曲线,如图 3.64 所示。由图可见,随着点火能量的减小,能成功起爆的时间间隔范围在一定范围内近线性减少,而当能量减小到一定程度以后,该范围急剧减小。

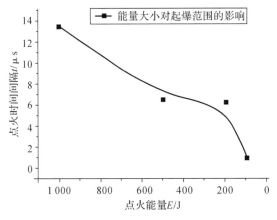

图 3.64　可起爆点火时间间隔范围随能量的变化拟合曲线

参 考 文 献

[1] 郑龙席,卢杰,严传俊,等. 脉冲爆震涡轮发动机研究进展 [J]. 航空动力学报,2014,29 (5):993 - 1000.

[2] 李牧. 多循环爆震起爆技术[D]. 西安:西北工业大学,2007.

[3] KNYSTAUTAS R,LEE J H,GUIRAO C M. The critical tube diameter for detonation failure in hydrocarbon - air mixtures[J]. Combistion and Flame,1982,48: 63 - 83.

[4] JOHN H S,LEE J H. The detonation phenomeno[M]. Cambridge:Cambridge University Press,2008.

[5] STREHLOW R A. Combustion Fundamentals [M]. New York:McGraw - hill Book Company,1984.

[6] ABOUSEIF G E,TOONG T Y. On Direct Initiation of Gaseous Detonations [J]. Combustion and Flame,1982,45: 39 - 46.

[7] BAKLANOV D I. Pulse Detonation combustion chamber for PDE. In High - Speed Deflagration and Detonation:Fundamentals and Control[M]. Moscow:ENAS Publishers,2001.

[8] 严传俊,范玮.脉冲爆震发动机原理及关键技术[M].西安:西北工业大学出版社,2002.

[9] 王昌建,徐胜利,朱建士. 气相爆轰波在分叉管中传播现象的数值研究[J]. 计算物理, 2006,23(3): 317 - 324.

[10] LEVIN V A. A new Approah to Organizing Operation Cycles in Pulse Detonation Engines[R]. Moscow:ENAS Publishers,2001.

[11] ACHASOV O V. Some Gasdynamic Methods for Control of Detonation Initiation and Propagation[M]. Moscow:Elex - Km Publ,2001.

[12] KUO K K. The principle of combustion[M]. Hoboken:John Wiley&Sons,1986.

[13] LEE J H,KNYSTAUTAS R,YOSHIKAWA N. Photochemical Initiation of Gaseous Detonations [J]. Acta Astronautica,1978,5: 971 - 982.

[14] SLAG N,FISHBURN B,LU P,et al. Formation of Exothermic Centers and Their Effects[J]. Acta Astronautica,1977,4: 375 - 390.

[15] ORAN E S,GAMEZO V N. Origins of the deflagration - to - detonation transition in gas - phase combustion[J]. Combustion and Flame,2007,148: 4 - 47.

[16] SMIRNOV N N. Control of Detonation Onset in Combustible Gases[M]. Moscow: ENAS Publishers,2001.

[17] ACHASOV O V. Some Gasdynamic Methods for Control of Detonation Initiation and Propagation[R]. Moscow:ENAS Publishers,2001.

[18] SHCHELKIN K I. Effect of Tube Roughness on Detonation Origination and Propagation in Gases[J]. Soviet Journal of Technical Physics,1940,10: 823 - 827.

[19] BRODA J C,CONRAD C,PAL S,et al. Experimental Results on Air - Breathing Pulse Detonation Studies[C]. Philadelphia:Proceedings of 11th Annual Symposium

on Propulsion，Propulsion Engineering Research Center，Pennsylvania State University，1999.

[20]　COOPER M，JACKSON S，AUSTIN J，et al. Direct Experimental Impulse Measurements for Detonation and Deflagrations[J]. Journal of Propulsion and Power，2002，18(5)：1033 – 1041.

[21]　ZEL D，YA B，KOMPANEETS A S. Theory of detonation[M].Moscow：Gostekhteorizdat,1955.

[22]　FROLOV S M，BASEVICH V Y，AKSENOV V S，et al. Initiation of Gaseous Detonation by a Traveling Forced Ignition Pulse[J]. Doklady Physical Chemistry，2004，394：16 – 18.

[23]　FROLOV S M，BASEVICH V Y，AKSENOV V S，et al. Detonation Initiation in Liquid Fuel Sprays by Successive Electric Discharges[J]. Doklady Physical Chemistry，2004,394：39 – 41.

[24]　FROLOV S M，BASEVICH V Y，AKSENOV V S，et al. Spray Detonation Initiation by Controlled Triggering of Electric Dischargers[J]. Journal of Propulsion and Power，2003,21(1)：54 – 64.

[25]　FROLOV S M，BASEVICH V Y，AKSENOV V S，et al. Optimization Study of Spray Detonation Initiation by Electric Discharges[J]. Shock waves，2005，14(3)：175 – 186.

[26]　FROLOV S M. Initiation of Strong Reactive Shocks and Detonation by Traveling Ignition Pulses [J]. Journal of Loss Prevention in the Process Industries，2006，19：238 – 244.

[27]　FROLOV S M. Liquid – Fueled，Air – Breathing Pulse Detonation Engine Demonstrator：Operation Principles and Performance [J]. Journal of Propulsion and Power，2006，22(6)：1162 – 1169.

[28]　何立明,荣康,曾昊,等. 激波聚焦及起爆爆震波的研究进展[J]. 推进技术,2015,36(10):1441 – 1458.

[29]　CHAN C K. Collision of a Shock Wave with Obstacles in a Combustible Mixture [J]. Combustion and Flame，1995，100：341 – 348.

[30]　GELFAND B E，KHOMIK S V，BARTENEV A M，et al. Detonation and Deflagration Initiation at the Focusing of Shock Waves in Combustible Gaseous Mixture [J]. Shock Waves，2000，10(3)：197 – 204.

[31]　BARTENEV A M，KHOMIK S V，GELFAND B E，et al. Effect of Reflection Type on Detonation Initiation at Shock Wave Focusing [J]. Shock Waves，2000，10：205 – 215.

[32]　GELFAND B E. Visualization of Self – ignition Regimes in Hydrogen – air Mixtures under Shock Waves Focusing [C]. Aachen：24th International Congress on High-Speed Photography and Photonics，2001.

[33]　曾昊,陈鑫,何立明,等. 凹面腔内二维激波会聚特性研究[J]. 空气动力学学报,2013,31(3):316 – 320.

[34]　曾昊,何立明,荣康,等. 凹面腔内的激波会聚冷态实验[J]. 航空动力学报,2012,27
(12):2655 - 2659.

[35]　杨青,李志强,邸亚超,等. 激波聚焦诱导气液两相爆震燃烧的数值模拟[J]. 航空动
力学报,2014,29(8):1802 - 1809.

[36]　赵兵兵,何立明,兰宇丹,等. 等离子体射流点火器点火特性的实验研究[J]. 高压电
技术,2013,39(7):1687 - 1691.

[37]　郑殿峰. 低温等离子体点火乙炔/空气爆震特性试验[J]. 哈尔滨工业大学学报,
2015,47(11):15 - 21.

[38]　KIIMOV A, BROVKIN V, BITYURIN A, et al. Plasma assisted combustion,
AIAA 2001 - 0491 [R]. Reno：American Institute of Aeronautics and
Astronautics,2001.

[39]　KLIMOV A, BYTURIN V, KUZNETSOV A, et al. Optimization of plasma assis-
ted combustion, AIAA 2002 - 2250[R]. Maui：American Institute of Aeronautics
and Astronautics,2002.

[40]　KLIMOV A, BITYURIN V, KUZNETSOV A, et al. External and internal plasma
assisted combustion, AIAA 2003 - 0698[R]. Reno：American Institute of Aeronau-
tics and Astronautics,2003.

[41]　KLIMOV A, BITYURIN V, KUZNETSOV A, et al. Non - premixed plasma as-
sisted combustion in high speed airflow, AIAA 2005 - 0599[R]. Reno：American
Institute of Aeronautics and Astronautics,2003.

[42]　KLIMOV A, BITYURIN V, MORALEV I, et al. Plasma assisted ignition and
combustion, AIAA 2005 - 3428[R]. Princeton：American Institute of Aeronautics
and Astronautics,2005.

[43]　KUO S P, BIVOLARU D, LAI H, et al. Plasma torch igniters for a scramjet com-
bustor, AIAA 2004 - 0839[R]. Reno：American Institute of Aeronautics and As-
tronautics,2004.

[44]　MEYER R, MCELDOWNEY B, CHINTALA N, et al. Experimental studies of
plasma assisted ignition and MHD supersonic flow control, AIAA 2003 0873[R].
Reno：American Institute of Aeronautics and Astronautics,2003.

[45]　WANG F, LIU J B, SINIBALDI J, et al. Transient plasma ignition of quiescent
and flowing air /fuel mixtures [J]. IEEE Transactions on Plasma Science,2005,33
(2)：844 - 849.

[46]　WANG F, KUTHI A, GUNDERSEN M. Technology for transient plasma ignition
for pulse detonation engines [C]. Reno：43rd AIAA Aerospace Sciences Meeting
and Exhibit,2005.

[47]　BROPHY C. Initiation Improvements for Hydrocarbon / Air Mixtures in Pulse
Detonation Applications [C]. Orlando：47th AIAA Aerospace Sciences Meeting In-
cluding The New Horizons Forum and Aerospace Exposition,2009.

[48]　BROPHY C M, DVORAK W T, DAUSEN D F, et al. Detonation initiation im-
provements using swept-ramp obstacles [C]. Orlando：48th AIAA Aerospace Sci-

ences Meeting Including the New Horizons Forum and Aerospace Exposition，2010.

[49] ROSOCHA L A，KIM Y，ANDERSON G K，et al. Combustion enhancement using silent electrical discharges [J]. International Journal of Plasma Environmental Science& Technology，2007，1(1)：8 - 13.

[50] KIM W，MUNGAL M G，CAPPELLI M A. Flame stabilization using a plasma discharge in a lifted jet flame [C]. Reno：43rd AIAA Aerospace Sciences Meeting and Exhibit，2005.

[51] 母云涛，郑殿峰，王玉清，等. 丙烷/空气低温等离子体点火起爆数值研究[J]. 北京大学学报(自然科学版)，2015，51(5)：791 - 798.

[52] 何立明，陈高成，赵兵兵，等. 空气等离子体射流点火器的光谱特性实验研究[J]. 高电压技术，2015，41(9)：2874 - 2879.

[53] 何立明，祁文涛，赵兵兵，等. 空气等离子体射流动态过程分析[J]. 高电压技术，2015，41(6)：2030 - 2036.

[54] BROPHY C M，WERNER S，SINIBALDI J O. Performance characterization of a valveless pulse detonation engine[J]. AIAA，2003，6(9)：2003 - 1344.

[55] KNYSTAUTAS R，LEE J H S，MOEN I O，et al. Seventeenth symposium (international) on combustion[J]. The Combustion Institute，Pittsburgh，1979，11(1)：1235 - 1244.

[56] KNYSTAUTAS R，LEE J H，GUIRAO C M. The critical tube diameter for detonation failure in hydrocarbon—air mixtures[J]. Combustion and Flame，1982，48：63 - 83.

[57] CARNASCIALI F，LEE J H S，KNYSTAUTAS R，et al. Turbulent jet initiation of detonation[J]. Combustion and Flame，1991，84(1)：170 - 180.

[58] 曾昊，何立明，章雄伟，等. 横向爆震射流起爆爆震过程的数值模拟[J]. 应用力学学报，2010，27(3)：543 - 548.

[59] 王健平，刘云峰，李廷文. 脉冲爆轰发动机预爆轰点火数值模拟[J]. 空气动力学报，2004，22(4)：475 - 480.

[60] 刘云峰，余荣国，王建平. 脉冲爆震发动机快起爆的二维数值模拟[J]. 推进技术，2004，25(5)：454 - 457.

[61] 林伟，韩旭，刘世杰，等. 倾斜横向热射流起爆爆震波的二维模拟[C]. 黄山：第十四届全国激波与激波管学术会议，2010.

[62] 王治武，陈星谷，郑龙席，等. 不同类型射流起爆爆震波特性的数值研究[J]. 西北工业大学学报，2014，32(4)：618 - 623.

[63] 陈星谷，王治武，郑龙席，等. 预爆管布置方式对起爆特性影响的数值模拟研究[J]. 西北工业大学学报，2013，31(5)：737 - 741.

[64] WANG Z W，ZHANG Y，LIANG Z J，et al. Ignition method effect on detonation initiation characteristics in a pulse detonation engine[J]. Applied Thermal Engineering，2016(93)：1 - 7.

[65] LIEBERMAN D H，SHEPHERD J E，WANG F，et al. Characterization of A Corona Discharge Initiator Using Detonation Tube Impulse Measurements[C]. Reno：

43rd AIAA Aerospace Sciences Meeting and Exhibit，2005.

［66］ SINIBALDI J O，RODRIGUEZ J，CHANNEL B，et al. Investigation Of Transient Plasma Ignition For Pulse Detonation Engines ［J］. Journal of Loss Prevention in the Process Industries，2005，17(5)：365－371.

［67］ 董刚,范宝春,蒋勇,等. 连续点火诱导爆轰的数值研究[J]. 中国科学技术大学学报，2007,37(11)：1439－1444.

［68］ 王治武,陈星谷,郑龙席,等. 两点火源顺序点火起爆爆震波的数值研究[J]. 推进技术,2014,35(10)：1434－1440.

［69］ 张洋. 多点火源起爆爆震波数值研究[D]. 西安:西北工业大学,2016.

第4章 脉冲爆震燃烧室

4.1 引　言

脉冲爆震燃烧室是 PDTE 的核心部件,其作用是将压气机供应的高压空气与喷嘴喷注的燃油掺混好,并以适当的点火起爆方式快速、短距地生成爆震波。爆震波的特性及点火起爆方法一定程度上决定了爆震室的设计方法。爆震室一般由混合段、点火段和爆震转变段组成。当前爆震室以圆形截面居多,同时还有其他类型如扇形和螺旋形爆震室等。爆震室的截面形式及内部结构对燃油的雾化和掺混以及爆震波的形成具有显著的影响。由于爆震室内壁承受着脉冲式、周期性移动爆震载荷的作用,使得爆震室的强度设计具有一定的特殊性。

常见的爆震室以圆形截面为主,点火、爆震转变过程观测等基础研究则时常选用方形爆震室。然而,从实际应用角度来说,采用多管形式的脉冲爆震燃烧室是脉冲爆震基发动机工程应用的趋势[1]。当多管脉冲爆震燃烧室的单管采用圆形截面时,在同样的发动机外型尺寸下,实际流通面积大大减小,因此为了提高截面利用率需采用扇形截面爆震室。

由于实际应用中需在爆震室中利用 DDT 过程产生爆震波,故直管爆震室的轴向长度较长。为缩短爆震室轴向长度,一般采用的方法是缩短 DDT 距离,而缩短 DDT 距离的常用方法是在爆震室内加各种类型的障碍物,如环状孔板[2]、Shchelkin 螺纹[3]等,相比于未加障碍物的光管,这种方式大大缩短了 DDT 距离,然而这离实际应用还有差距。图 4.1 中给出了各种燃料与空气混合物的 DDT 距离(从点火位置到爆震波形成位置)与当量比的关系[4]。可以看到,对于常用的发动机燃料(航空汽油 Avgas,JP-8),其 DDT 距离为 1 m 左右,因此爆震室远长于现有航空发动机燃烧室。

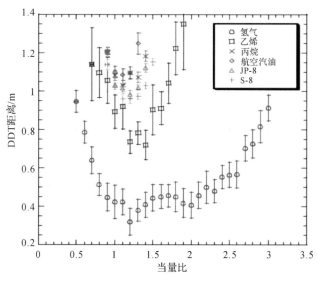

图 4.1 不同燃料空气混合物 DDT 距离与当量比的变化特性

在 DDT 距离限制的条件下,为缩短爆震室轴向尺寸,可以采用曲管爆震室替代现有国内外普遍研究的直管爆震室,以美国海军研究生院单管 PDE 为例[5],虽然其采用预爆管起爆方式,但整个爆震室仍长于 1 m,对于单管大尺寸脉冲爆震发动机,可以将其分解成如图 4.2(a)所示的小尺寸同时点火的三个或四个爆震室,并使爆震室沿轴线自旋,从而在保证爆震室长度不变的情况下减小发动机轴向长度;对于多管旋转阀或组合 PDE,以 GE 公司的多管脉冲爆震涡轮组合系统为例[6],其以乙烯-空气为可爆混合物,爆震管长 0.8 m,如图 4.2(b)左图所示,可以使单爆震管沿圆周斜向布置,进而满足实际应用发动机对燃烧室尺寸的要求。

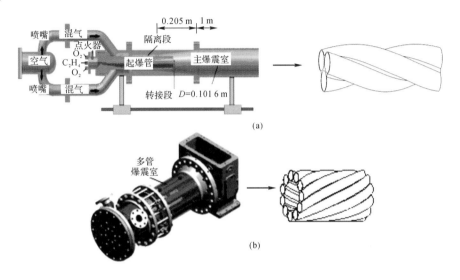

图 4.2 PDE 直管爆震室变曲管爆震室方式

(a)三管旋转阀或组合 PDE 爆震室弯曲;(b)多管旋转阀或组合 PDE 爆震室弯曲

4.2 圆管爆震室

4.2.1 进气混合段

脉冲爆震燃烧室要成功产生爆震,首先要求燃料、氧化剂充分混合[7-8]。如果燃料和氧化剂在喷射到爆震段之前就充分混合,爆震燃烧的成功起爆就没有很大的问题[9]。管中置入扰流装置(促发湍流的装置,如壁面的槽道、管内的突出障碍物、射流对冲装置等)均能够加强燃料和氧化剂的混合。

在实际应用中,PDE 的体积有限,因而必须使用液体燃料。对于两相爆震而言,要形成可爆混气必须在两个方面有所突破,首先是液体燃料的雾化、蒸发,其次是液体燃料与空气的混合,当然这两个问题往往纠缠在一起,牵一发而动全身。因此,对于进气混合段的设计,需从燃料的雾化、蒸发及与空气的混合两个方面综合考虑,其一般包括进气流道、燃油喷注喷嘴、强化掺混结构等。

燃油喷注方式有很多种,这里以气动雾化喷嘴和离心喷嘴为例进行设计。气动雾化喷嘴的雾化效果较优,且可与少量空气进行初始混合;离心喷嘴则是涡轮发动机常用的喷嘴形式。根据前期试验结果[10],当供气压力为 3 atm 时,喷雾量在低于 1 L/min 的情况下,气动喷嘴的索太尔平均直径不大于 50 μm。在混合段内的中心锥体上按照流量分配需求安装多个气动喷嘴,沿径向喷注燃油,如图 4.3 所示。来流轴向流入混合段后,裹挟着径向喷注的燃油/空气初始混合物进入中心锥体与混合室壁面间的环形流道,进行二次受限掺混。之后,受文丘里管强化掺混结构影响在混合室轴线附近再次碰撞掺混,形成利于点火和起爆的可爆混气,沿爆震室轴向流入下游的点火段。

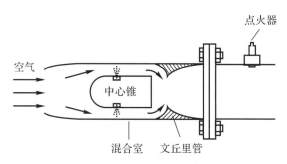

图 4.3 可爆混气形成装置示意图

采用离心喷嘴作为燃油喷注方式,进行混合段设计时也需要考虑离心喷嘴的喷雾特性。离心喷嘴在压力较高的情况下可以提供粒径约 70 μm 的燃油液滴,低压下其雾化效果较差,必须采用组合雾化方式对燃油进行二次雾化。本设计中将采用高压油泵驱动离心喷嘴(驱动压力为 0~10 MPa)。离心喷嘴的设计方案有两个:第一,与气动喷嘴类似,将 4 个低流量离心喷嘴安装在混合室内的中心锥体上,沿径向喷注燃油,来流轴向流入混合室后裹挟着径向喷注的燃油进入中心锥体与混合室壁面间的环形流道;第二,将 1 个大流量离心喷嘴安装在中心锥体的锥尖部位,迎着空气来流轴向喷注燃油,空气来流轴向流入混合室后先与逆向喷注的燃油碰撞,发生强烈的能量与动量交换,加强燃油的雾化及与空气的混合,之后空气裹挟着燃油进入中心锥体与混合室壁面间的环形流道,最后受文丘里强化混合装置影响在混合室轴线附近再次碰撞掺混,如图 4.4 所示。

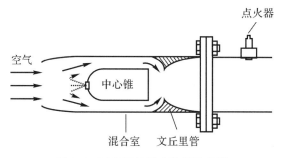

图 4.4 可爆混气形成装置示意图

4.2.2 点火段

点火段设计的重点是点火方式的选择,以保证快速、可靠地点燃可爆混合物。对于实际应用来说,点火方式越简单越好,点火附件越小越轻越好,但是这会使得点火器的点火能量较低。而低点火能量会导致点火难度加大,点火可靠性降低。特别是当爆震室和点火区内燃油空气混合物的流速较大时,更加难以点火和组织燃烧。西北工业大学从 1993 年开始致力于低能点火、单级起爆问题,并突破了以点火能量低于 50 mJ 的汽车火活塞可靠点火、成功起爆的关键技术[11-12]。但是,随着空气来流速度的提高,当点火区流速达到 70 m/s 以上时,汽车火花塞点火可靠性降低;而当爆震室直径增加到 120 mm 以上时,火花塞的弱点火导致其点火性能显著下降。前者是因为点火区流速太大导致难以点火,后者是因为爆震室直径增加,火花塞产生的弱火花很难传播和加速。因此,有必要提高点火能量和改进点火方式。

在很多文献中,都将激波点火作为重点介绍,而实际上,在多循环条件下各种点火起爆方法都离不开激波的作用,而理想的激波反射聚焦、激波对撞等方法又很难高频重复。另外,共振起爆虽然在频率上有非常大的优势,但是它的填充过程是在爆震室的中间,要人为控制很高的喷注频率,而且爆震波的压力也不尽理想,所以这种方法的实际应用,尤其是在推进系统的应用上有较大的局限性。

多循环条件下具有潜力的几种方法包括纳秒级等离子点火[13-14]、多点火源点火[15-16]、射流点火[17-18]和光学点火[19]。瞬态等离子和激光聚焦都是很有前途的方式,但是其结构比较复杂,在实际的推进系统中有一定局限性。而射流点火作为主爆震室快速起爆的点火方式可能更为实际,可操作性较强。

设计如下三种点火方法:第一,可调能量的火花塞点火;第二,热射流点火,如图 4.5 所示;第三,预爆管点火,如图 4.6 所示。各种点火技术之间也有相通之处,比如火花塞点火的点火孔高度加大到一定程度便近似成为射流点火,射流点火的预燃室中一旦产生爆震燃烧便成为预爆管点火。

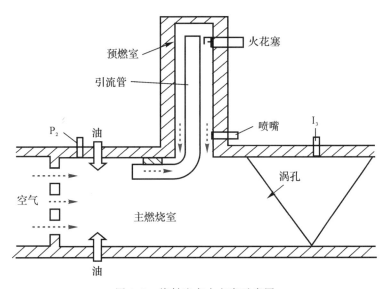

图 4.5　热射流点火方案示意图

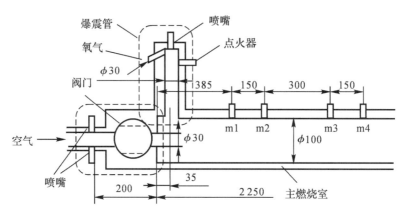

图 4.6　预爆管点火方案示意图(单位:mm)

4.2.3　爆震段

爆震段的设计是形成爆震的关键,火花放电点着反应物之后需要在爆震段内实现火焰加速,并逐渐发展成为爆震燃烧。根据文献报道和多年的试验研究证明,Shchelkin 螺旋结构能够有效的缩短 DDT 距离,形成爆震[3],如图 4.7 所示。螺距需根据管径进行对应设计。缩短 DDT 距离的关键是在点火段后形成充分发展的湍流以实现火焰的快速传播。适当提高点火区后爆震段内的局部堵塞比有利于提高该区域的湍流强度和火焰传播速度,保证发动机间歇式工作模态,对提高爆震频率具有至关重要的作用。

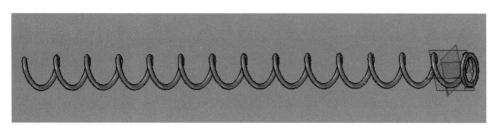

图 4.7　Shchelkin 螺旋结构

同时还可以设计模块化的强化爆震转变结构,拆卸方便,参数可调,可根据实际情况调节障碍物堵塞比、障碍物间距和障碍物型面,以利于爆燃向爆震转变,如图 4.8 所示。

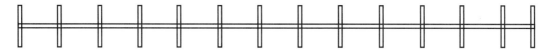

图 4.8　可调障碍物结构示意图

圆管爆震室的具体试验数据与结果分析,参见第 3 章 3.3 节。

4.3　扇形爆震室

对于扇形截面爆震室,由于其非对称性,导致燃油的喷雾与混合难度加大,不容易在整个空间内形成掺混充分、均匀的可爆混合物,另外适于扇形截面爆震室的爆震强化装置设计也是难点,而有关这些方面可参考的国内外相关研究文献很少。基于此,本节针对扇形爆震室,介绍了适于扇形截面的进气混合形式、爆震强化装置及相关试验情况。

4.3.1　结构设计

单扇形爆震室试验件由进气段、混合点火段及爆震段组成,如图 4.9 所示。来流空气经进气段径向流入混合点火段,进气段外弧面与扇形混合点火段内弧段贴合,其上开有多个方孔用于流通空气,采用这种进气方式是为近似模拟多管并联脉冲爆震燃烧室的中心旋转阀进气方式。混合点火段与进气段相连,爆震段设计有多个水冷传感器安装座,扇形顶部和底部传感器安装位置相同,而与扇形两侧边传感器安装位置交错。

由于设计尺寸要求及径向进气方式,很难保证在短距离形成沿扇形截面燃油液雾的均匀分布,因此设计了如图 4.10 所示的扇形孔板,当试验采用扇形孔板时,其固定在两个点火安装座之间。

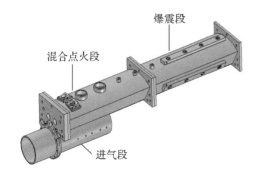

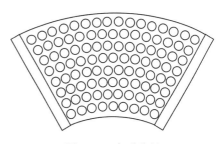

图 4.9　单扇形爆震室立体图　　　　　　　　图 4.10　扇形孔板

由于爆震室由原先的圆形截面变为现在的扇形截面,故无法使用 Shchelkin 螺旋障碍物结构来强化爆震转变过程。为此设计了多组障碍物结构组件,构成所需的障碍物结构。

图 4.11 是采用四根不锈钢丝杆固定的其中一种障碍物组件,其基本构件由顶部障碍物、侧边障碍物及底部障碍物组成。每个障碍物两端开有通孔用于连接丝杆。

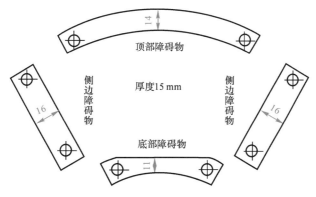

图 4.11　采用丝杆固定的障碍物组件

图 4.12 为扇形爆震室结构简图。可以看到,顶部障碍物和底部障碍物交错布置,并在其扇形段两侧对称布置了四个侧边障碍物。

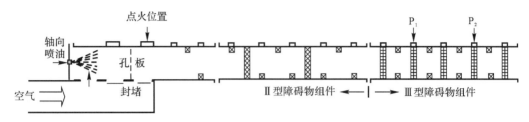

图 4.12　扇形爆震室结构简图

4.3.2　扇形爆震室试验

1. 冷态试验

采用两个总压针测量不同来流空气流量下试验件上游和下游的总压,上游总压测点在进气段测量座处,下游总压测点在 P_2 传感器位置。

图 4.13 给出了不同来流空气流量下发动机进口总压,图 4.14 给出了不同进口总压下空气流经试验件的总压恢复系数。空气流量在 1 000 m³/h 左右时,此时对应来流总压在 1.12 atm;相应地,此时的总压恢复系数约 0.908。

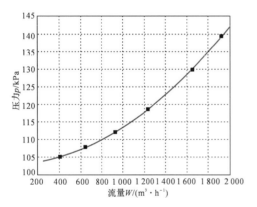

图 4.13　扇形爆震室进口总压与
来流流量变化特性

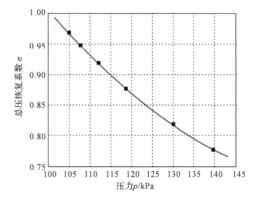

图 4.14　扇形爆震室内不同进口总压与
总压恢复特性

2. 热态试验

基于图 4.12 所示的爆震室结构,采用两种点火方式对其内部 DDT 转变特性进行试验研究。

(1)火花塞点火。图 4.15 是火花塞点火频率 10 Hz 时主爆震室后部两位置处压力曲线。从图中可以看到,P_1 位置最高压力峰值达到 10 atm,P_1 位置平均压力峰值为 7 atm 左右;P_2 位置最高压力峰值达到 13 atm 左右,平均压力峰值为 10 atm 左右。

图 4.16 是火花塞点火频率 20 Hz 时主爆震室后部两位置处压力曲线,P_1 位置最高压力峰值达到 7 atm,平均压力峰值为 6 atm;P_2 位置最高压力峰值达到 11 atm,平均压力峰值为 9 atm 左右。

显然,采用火花塞时,扇形爆震室内没有形成充分发展的爆震波。

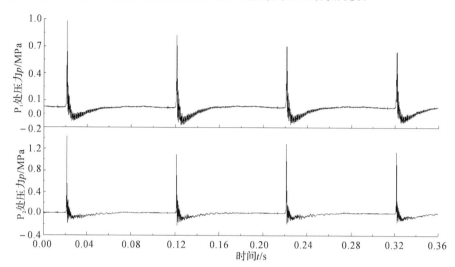

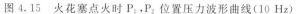

图 4.15　火花塞点火时 P_1,P_2 位置压力波形曲线(10 Hz)

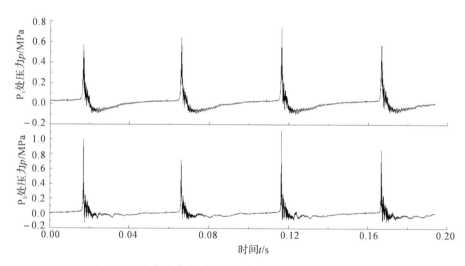

图 4.16　火花塞点火时 P_1,P_2 位置压力波形曲线(20 Hz)

　　(2)预爆管点火。由于采用火花塞点火未能在爆震室尾部产生爆震波,所以也采用预爆管点火方式来加速爆震起爆。

　　图 4.17 是预爆管点火频率 10 Hz 时主爆震室后部两位置处压力曲线,从图中可以看到,P_1 位置压力平均峰值在 25 atm 左右,最高峰值约 31 atm;P_2 位置最高压力峰值已达 36 atm,最小峰值也在 17 atm 左右,其峰值压力变化较大,平均峰值压力为 25 atm 左右。从图 4.17 可以看到,P_1 位置压力已超过 C - J 压力,据此可判定此时采用预爆管点火方式已在点火后 750 mm 处产生了充分发展的爆震波。

　　图 4.18 是预爆管点火频率 20 Hz 时主爆震室后部两位置处压力曲线,从图中可以看到,相比图 4.17 中 10 Hz 压力曲线,P_1 位置压力峰值有所下降,但压力峰值最高仍达到 20 atm,平均压力峰值在 17 atm 左右;P_2 位置压力有所衰减,但其最高压力峰值达到 30 atm,平均压力峰值在 14 atm 左右,可以判定,通过使用预爆管点火,能在工作频率 20 Hz 下生成充分发

展的爆震波。

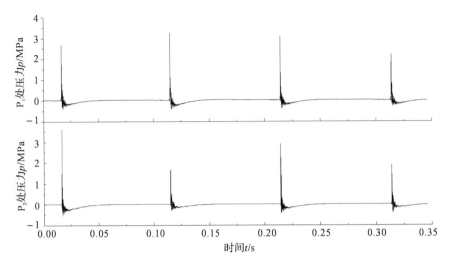

图 4.17　预爆管点火时 P_1，P_2 位置压力波形曲线（10 Hz）

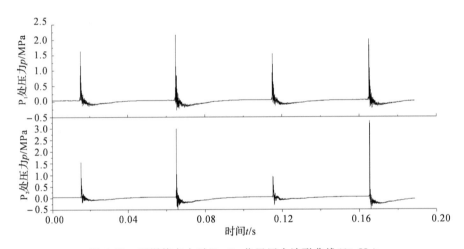

图 4.18　预爆管点火时 P_1，P_2 位置压力波形曲线（20 Hz）

　　总结来说，利用火花塞点火方式不能在当前结构形式下产生充分发展的爆震波；利用预爆管点火方式可以在较高工作频率下（20 Hz），产生充分发展的爆震波。工作频率提高后，爆震波形成位置后移，P_1 和 P_2 位置压力有所衰减，但仍高于同样工况下的火花塞点火试验结果。

4.4　曲管爆震室

　　在 DDT 转变距离限制的条件下，为缩短爆震室轴向尺寸，可以采用曲管（如螺旋管、U形管等）爆震室替代现有国内、外普遍研究的直管爆震室。对于曲管中爆震波形成、转变及传播特性的研究方面，国内、外主要从预防可燃气体在管道爆炸方面进行研究，而对爆燃向爆震的转变特性，则主要在直管中进行研究。当爆震波在弯管中传播时，由于弯管凹壁和凸壁影响，诱导激波与化学反应区可能发生分离，从而使爆震波衰减[20]；Thomas 等人指出爆震波能否在弯曲管道中传播与弯管的曲率半径及管内压力有很大关系,曲率半径过小将导致预混气爆震局部熄灭,压力过低也会促使爆震波熄灭[21],熄灭后也有可能在弯管局部出现二次起爆[22]。以上研究虽未直接涉及曲管中 DDT 转变特性,但有关结论仍可用来指导弯曲爆震室的设计,即曲管爆震室弯曲率、管径及工作参数的选择至少应使形成后的爆震波不被熄灭。

为解决预爆管需自带纯氧问题及进一步缩短 DDT 距离,Frolov[23] 在其预爆管后部连接了包含三段螺旋的光管,如图 4.19 所示,其爆震室内径 28 mm,螺旋段外径 140 mm,其以液态己烷-空气及液态庚烷-空气为可爆混合物。试验表明,相比于直管爆震室所需的直接起爆能量(920 J),增加螺旋光管后只需一半的点火能量就可通过 DDT 转变在 1.4 m 处形成爆震。

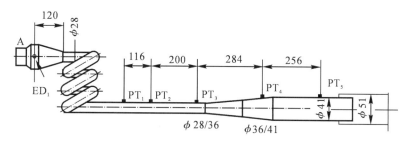

图 4.19　采用三螺旋段增爆预爆管方案

目前对曲管中 DDT 转变特性的研究仍处起步阶段,相比于直管下的 DDT 转变特性,曲管中激波的碰撞、反射对 DDT 转变起到主导作用。从目前试验结果来看,弯曲光管对爆震波快速形成是有利的,但当前试验数据还很欠缺。

本节首先介绍螺旋构型的脉冲爆震燃烧室,对其冷态流阻、总压恢复系数及爆燃向爆震转变特性等特性进行研究,为螺旋构型脉冲爆震燃烧室设计奠定基础;最后介绍 U 形爆震室的试验情况。

4.4.1　螺旋爆震室[24]

1. 结构设计与冷态流阻试验

Edwards,Thomas 等人[20-21]的研究结果显示曲率半径对弯曲管道内爆燃向爆震转变特性影响很大,因此,弯管曲率是螺旋爆震室设计中一个很重要的几何参数。

另外对于螺旋管内的流体,由于不同位置的流体所处的螺旋中径不同,则不同螺旋管曲率及挠率的选择必然使其表现出不同流动特征,其中就包括冷态流阻。通过对前期直管中采用 Shchelkin 螺纹障碍物实现爆燃向爆震转变的研究结果进行分析表明,Shchelkin 螺纹障碍物的使用将增大管路中冷态流动时沿程损失,增大沿程损失对缩短 DDT 转变距离是有利的,因此对于其中一种曲管形式——螺旋管路,其也有可能存在这一规律,有必要设计不同曲率、挠率下的螺旋管,测量其流动阻力,以便为后续数据分析及规律总结提供一定的试验数据参考。

根据曲率和挠率定义可以推导出曲率半径 R_C、挠率半径 R_T 与螺旋中径 D 和截距 P 的关系如式(4.1)、式(4.2)所示:

$$R_C = \frac{(D/2)^2 + (P/2\pi)^2}{(D/2)} \tag{4.1}$$

$$R_T = \frac{(D/2)^2 + (P/2\pi)^2}{(P/2\pi)} \tag{4.2}$$

图 4.20 是螺旋曲率和挠率随螺旋中径以及截距的变化规律曲线。由图 4.20(a)和图 4.20(b)可知,在螺旋中径保持不变的情况下,螺旋曲率半径随螺旋截距的增加而增加;如果保持螺旋截距不变,螺旋曲率半径随螺旋中径的变化规律并不统一,例如当螺旋截距为 200 mm,曲率半径随中径的增大而增大,而在截距等于 400 mm 时,螺旋曲率在中径为 150 mm 时达到最小值,随着中径的减小或者增大,螺旋曲率均增加。这个规律由曲率半径计算公式也可以得到,当 $P = \pi D$ 时,螺旋曲率处在极值点,增加或者减小螺旋中径,螺旋曲率半径均会增加。同样,螺旋挠率符合这样的规律。

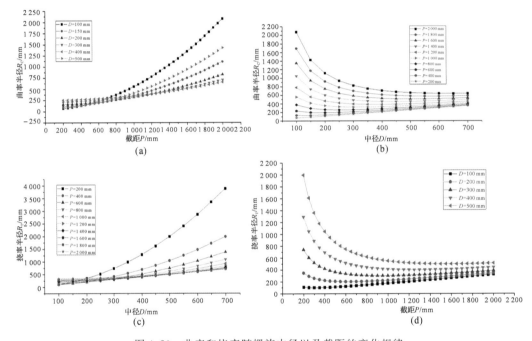

图 4.20　曲率和挠率随螺旋中径以及截距的变化规律
(a)曲率半径随螺旋线截距变化曲线;(b)曲率半径随螺旋线中径变化曲线;
(c)挠率半径随螺旋线中径变化曲线;(d)挠率半径随螺旋线截距变化曲线

曲率和挠率在一定程度上代表了气流在弯曲管道内受到的流动阻力,曲率越小,即曲率半径越大,弯曲管道内气流受到的流阻越小,气流的总压恢复系数越大。分析螺旋曲率半径和螺旋截距以及中径之间的关系,可以将气流流阻和螺旋几何参数联系起来,有利于分析螺旋爆震室性能参数与螺旋截距和中径之间的关系。

在冷态流阻试验过程中使用同一根长度为 2 070 mm 金属软管,通过设计加工的简易弯曲定型架可以实现不同截距和中径的螺旋尺寸。表 4.1 给出了试验测量的不同螺旋几何尺寸。采用总压探针测量不同螺旋结构下金属软管进口和出口总压,进口空气流量由流量计测量,最终可以得出不同螺旋结构下的总压恢复系数等流阻参数,总结出流阻和曲率及挠率的关系。

表 4.1 试验测量的 7 种不同尺寸螺旋管结构

	螺旋 1	螺旋 2	螺旋 3	螺旋 4	螺旋 5	螺旋 6	直段
截距 P/mm	1 048.0	1 440.0	1 440.0	360.0	720.0	720.0	
中径 D/mm	337.0	337.0	435.0	337.0	337.0	435.0	
曲率半径 R_C/mm	334.61	480.22	458.99	187.98	246.43	277.87	
挠率半径 R_T/mm	337.02	354.07	435.6	552.83	362.36	527.42	
螺旋角 α/(°)	44.7	54.7	46.5	14.8	34.2	27.8	
螺旋圈数 n	1.39	1.16	1.04	1.89	1.62	1.34	
轴向长度 L/mm	1 456.7	1 670.4	1 497.6	680.4	1 166.4	964.8	2 070.0

图 4.21 和图 4.22 分别是金属软管在不同几何尺寸下试验测量的进、出口总压恢复系数与来流空气流量及总压的数据。从图中可以看到在同样来流流量或总压下,直管试验器的总压恢复系数最大,不同尺寸的螺旋结构对应的总压恢复系数也有不同,螺旋 1~螺旋 3 的试验数据变化趋势基本一致,相应的沿程损失低于螺旋 4~螺旋 6,螺旋 5 和螺旋 6 的试验数据变化趋势基本一致。当来流空气流量较高时,螺旋 6 的总压恢复系数略高于螺旋 5,两者都要高于螺旋 4 的试验结构。

对于螺旋 4~螺旋 6,由于其管路中轴线螺旋中径 $D > P/\pi$,故对于管内不同位置流体,相应中径越大螺旋曲率半径及挠率半径越大,从表 4.1 中知,螺旋 6 的曲率半径略高于螺旋 5,螺旋 6 的挠率半径为螺旋 5 的 1.45 倍,另一方面螺旋 6 的曲率半径高于螺旋 4,而相应的挠率半径与螺旋 4 相当。结合图 4.21 和图 4.22 结果可知螺旋结构的曲率半径对管路总压恢复系数影响较大,曲率半径大的相应管路沿程损失小。

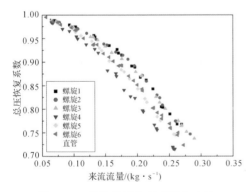

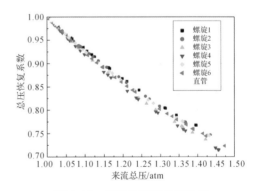

图 4.21 管路总压恢复系数与来流
空气流量关系图

图 4.22 管路总压恢复系数与
来流总压关系

对于螺旋 1,其管路中轴线螺旋中径 $D = P/\pi$,即该位置处流体的螺旋曲率半径及挠率半径最小,管内其他位置流体,中径增大或减小都将增大其曲率及挠率半径。对于螺旋 2 和螺旋 3,其管路中轴线螺旋中径 $D < P/\pi$,故对于管内不同位置流体,相应中径越小,则螺旋曲率半径及挠率半径越大。螺旋 1~螺旋 3 的曲率及挠率半径相差较大,但沿程损失差异较小,这有必要进一步对中轴线螺旋中径 $D < P/\pi$ 的管路进行试验研究,同时针对试验数据,应基于直管数据对各试验数据进行无量纲化处理,以拓展试验结果的适用范围。

2. 螺旋爆震室单次爆震试验

(1)试验装置。图 4.23 是螺旋爆震室试验装置示意图,可以看到,试验件由两部分组成,前部分为混合点火直段,后部分为螺旋形爆震转变段,可以通过简易弯曲定型架将爆震转变段安装成不同截距和中径的螺旋结构。试验研究了 9 种不同结构的爆震段(见表 4.2)。

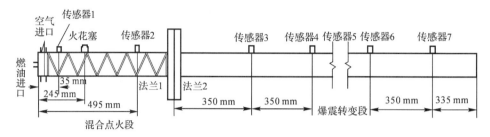

图 4.23　螺旋爆震室试验器示意图

如图 4.23 所示,混合点火段为长度 660 mm 的直段,内有 Shchelkin 螺旋结构,其主要作用是将来流空气和燃料混合,经火花放电点燃后,在 Shchelkin 螺旋障碍物的作用下,为螺旋形爆震段提供一定燃烧强度的进口气流条件。混合点火段设有两个传感器安装位置(P_1 和 P_2),P_1 距端推力壁 35 mm,点火位置在 P_1 和 P_2 之间,距 P_1 位置 210 mm,P_2 距点火位置 250 mm。试验中该结构保持不变。爆震段为长 2 000 mm 金属软管,沿着管路方向在其上布置了五个传感器安装座,P_3 距爆震软管左端 350 mm,距 P_2 位置 515 mm,$P_3 \sim P_7$ 为等间距布置,其间距为 350 mm,P_7 位置距离软管出口 335 mm。在将金属软管弯曲为不同螺旋结构时,保持金属软管上传感器安装位置随曲管壁面移动,即保持传感器安装座和壁面之间的相对位置不变,保证所有传感器均在同一螺旋线上。

表 4.2　试验测量的 9 种不同尺寸螺旋爆震段

螺旋爆震段	1	2	3	4	5	6	7	8	直管
截距 P/mm	1 440.0	1 440.0	1 080.0	1 080.0	720.0	720.0	480.0	480.0	
中径 D/mm	300.0	400	400.0	300.0	400.0	300.0	400.0	300.0	
曲率半径 R_C/mm	500.2	462.6	347.7	347.0	265.7	237.5	229.2	188.9	
挠率半径 R_T/mm	327.4	404.7	404.6	302.8	464.7	310.9	600.0	370.9	
轴向长度 L/mm	1 674.1	1 507.3	1 304.5	1 507.3	994.3	1 214.1	714.7	907.2	2 000.0

试验中采用汽油和空气作为燃料和氧化剂,空气由空气进口供入,采用气动雾化喷嘴喷注燃油,在所有试验中爆震室均过填充空气和汽油混合物,其当量比维持在 1.2 左右。采用汽车火花塞点火,点火模块输入能量约为 1 J。采用压电式压力传感器对管内瞬时压力进行测量。

(2)试验结果及分析。图 4.24 是在螺旋爆震室中测量的压力波形展开图。由图 4.24 (a)可见,对于直管爆震试验段,$P_4 \sim P_6$ 位置的压力信号存在较长的上升沿,压力阶跃出现在 P_7 位置,P_7 位置压力峰值为 1.6 MPa;根据图中 P_6 和 P_7 压力曲线时间间隔,压缩波在位置 P_6 和 P_7 间的传播速度为 667 m/s,只有 C-J 爆震速度的 36%。可以认为爆震波未在 P_7 位置前形成,即直爆震管中没有形成爆震波。

由图 4.24 中 8 种螺旋爆震段压力曲线[图 4.24 (b)～(i)]可见,各螺旋爆震段 P_4 位置压力曲线存在较长的上升沿,这表明火花放电点火后形成的初始扰动或压缩波传到了 P_4 位置;另一方面点火产生的初始火焰不断加速,最终在 P_5 位置前某处迅速形成局部爆炸,爆炸产生的压缩波向爆震管上游和下游传播,向下游传播的压缩波最终赶上初始火花放电形成的初始扰动,从而形成前导激波并继续向下游传播,该激波由紧随其后的火焰前锋驱动。

螺旋爆震段内压缩波平均速度曲线如图 4.25 所示。各螺旋结构 $P_4 \sim P_5$ 位置间压缩波传播速度在 $424 \sim 562$ m/s 之间,该前导激波传播速度不断增加,在 $P_5 \sim P_6$ 位置间其平均传播速度为 $667 \sim 890$ m/s,基本达到 C-J 爆震波传播速度的一半,同时 P_6 位置压力峰值约为 2.0 MPa,高于 C-J 压力。由于试验采用的是空气和液态汽油的两相可爆混合物,可以认为 P_6 位置已形成非理想爆震,进一步地,该平均波速又继续升高到 $P_6 \sim P_7$ 位置间的 $1\,147 \sim 1\,383$ m/s。

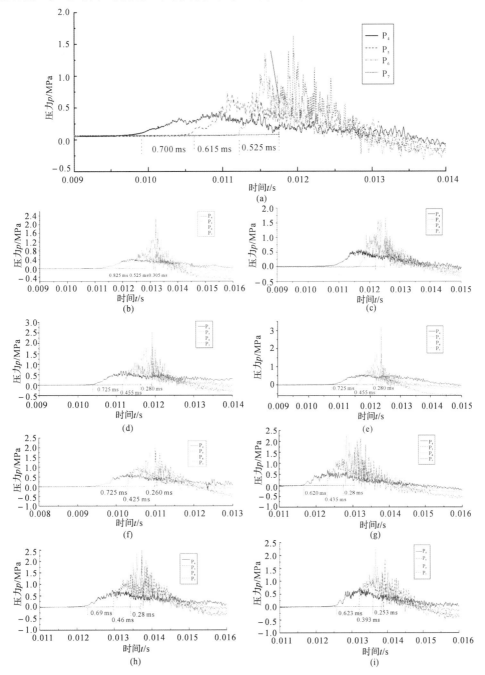

图 4.24　$P_4 \sim P_7$ 位置的压力曲线

(a)直管;(b)螺旋爆震段 1;(c)螺旋爆震段 2;(d)螺旋爆震段 3;
(e)螺旋爆震段 4;(f)螺旋爆震段 5;(g)螺旋爆震段 6;(h)螺旋爆震段 7;(i)螺旋爆震段 8

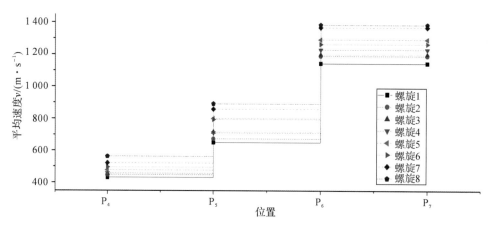

图 4.25　螺旋爆震段内压缩波平均速度曲线

　　综上,可以认为在螺旋爆震段内已形成爆震波,且爆震波在 P_7 位置之前形成。与直爆震管比较可以发现,螺旋结构爆震管可以加速爆震波的形成,有效缩短爆震 DDT 距离。

　　在不同螺旋结构对爆震波形成距离影响方面,从目前的压力测点数据分析很难发现当前所研究螺旋结构的差异性,但另一方面,可以通过波的传播时间间接研究其差异性。表 4.3 给出了图 4.24 试验结果下相应的特征时间平均值的统计数据。其中 t_{delay} 为点火延迟时间,定义为图 4.23 中点火位置处火花放电时刻到传感器 P_3 位置压力曲线上升到峰值 10% 的时间间隔;$\Delta t_{3,7}$ 为波由 P_3 位置传到 P_7 位置间的时间间隔,即爆震波形成及传播时间。当压力扰动及初始低速火焰传播到位置 P_3 下游某处时,爆震管内可爆混合物将产生局部爆炸,形成复杂的激波系,不同爆震管结构对应的激波系及传播方式都有很大差异,其最终将影响爆震波形成及传播时间,即爆震波形成及传播时间 $\Delta t_{3,7}$ 反映了爆震管结构的差异,该时间越短,相应的 DDT 转变时间越短,假定 t_{DDT} 在数值上等于 $\Delta t_{3,7}$。

表 4.3　压力曲线特征时间平均值

螺旋爆震段	1	2	3	4	5	6	7	8	直管
时间 $t_{3,4}$	0.339	0.329	0.308	0.309	0.325	0.327	0.321	0.344	0.329
时间 $t_{4,5}$	0.294	0.283	0.281	0.277	0.265	0.225	0.243	0.225	0.284
时间 $t_{5,6}$	0.194	0.188	0.177	0.178	0.158	0.159	0.147	0.141	0.222
时间 $t_{6,7}$	0.111	0.106	0.105	0.103	0.098	0.100	0.092	0.091	0.165
时间 $t_{4,7}$	0.599	0.577	0.563	0.558	0.521	0.515	0.483	0.458	0.671
时间 t_{DDT}	0.938	0.906	0.872	0.867	0.846	0.842	0.804	0.802	1.000
时间 t_{delay}	4.973	4.973	4.938	4.975	4.633	4.807	4.200	4.082	4.535

　　点火延迟时间 t_{delay} 又可细分为可爆混合物着火时间、可爆混合物着火形成的初始火核传播时间及弱压力扰动传播时间,其主要取决于试验器内的点火前初始流场,如流速、压力、当量比、燃油雾化特性及其分布等。由于本试验对于不同爆震试验段采用的是相同空气流量及当量比,因此对于点火延迟时间,不同试验结构引起的最大差异在于爆震管内气流流速

以及进口处压力差异。图 4.26 对爆震管进口处压力以及进、出口流速做了统计分析,所有结果均在爆震管进口流量为 0.075 kg/s 的情况下获得,其中横坐标 $sp_1 \sim sp_9$ 代表不同的螺旋管,st 代表直管。

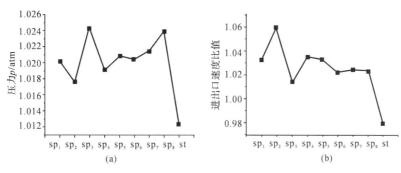

图 4.26　爆震管进口压力曲线和进、出口速度比值

(a)进口压力曲线;(b)进、出口速度比值

由图 4.26 可知,在 9 种不同爆震管进口附近压力均在 1.0 atm 附近,大小差别不超过 0.002 MPa,即爆震管进口压力基本维持在 0.1 MPa,变化很小。根据相关的试验研究结果发现,9 种爆震管不同进口压力对爆震 DDT 时间以及点火延迟时间的影响可以忽略不计。另外,在 9 种不同螺旋爆震管中,只有 8 种螺旋管内气流进出口速度比值大于 1.0,即说明气流在螺旋管中被加速,在直管中气流则减速。按照理论分析,爆震管内气体流速高,则初始火核传播速度及扰动传播速度快,相应的点火延迟时间应该缩短。但是由表 4.3 不同试验段特征时间的统计数据可知,t_{delay} 趋势与此分析结果不同。可见,在螺旋爆震管研究中不仅需要考虑流速和当量比,还应考虑燃油雾化和螺旋上下内壁面反射等其他因素。

以直爆震管内的爆震相关特征时间作为参考,图 4.27 给出了不同爆震室螺旋结构对爆震相关特征时间的影响特性。t_{DETO} 代表爆震时间,即从点火时刻至爆震形成时刻之间的时间间隔,在数值上等于 t_{delay} 和 t_{DDT} 之和。由图 4.27 可见,螺旋爆震管爆震时间 t_{DETO} 和点火延迟时间 t_{delay} 随螺旋爆震管曲率变化趋势一致,随螺旋曲率半径增大先减小后增大。由于点火延迟时间 t_{delay} 在数值上是爆震 DDT 时间 t_{DDT} 的 4.5~5.2 倍,可见在爆震过程中爆震时间 t_{DETO} 的大小主要取决于点火延迟时间,如果能够减小点火延迟时间,就可以有效地减小爆震形成时间,提高爆震频率。DDT 时间 t_{DDT} 以及 $\Delta t_{4,7}$ 随着螺旋曲率减小呈下降趋势,且在螺旋曲率为 188 mm 时,即采用螺旋 8 结构时,t_{DDT} 以及 $\Delta t_{4,7}$ 均达到最小,亦即在螺旋爆震室设计过程中需要采用曲率半径较小的螺旋爆震室,这样在缩短爆震室轴向长度的同时,亦可有效缩短爆震 DDT 时间和距离。

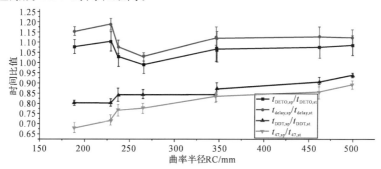

图 4.27　螺旋爆震管 DDT 时间与直爆震 DDT 时间的比值

4.4.2　U形爆震方管[25]

1. 试验器设计

其实验装置示意图如图 4.28 所示,该试验器流通面积为 60 mm×60 mm 方形截面,其由混合点火段、弯曲段及延伸段组成,目前试验方案暂定空气来流方向为由混合点火段到延伸段方向。混合点火段长 1 915 mm,有观察窗,喷油点初步设定在距试验器进口左端面 150 mm 处;为增加油气掺混度,在喷油点后 150 mm 处,安装孔板,规格为 60 mm×60 mm,孔板上均布直径为 4 mm 的圆孔。

为在弯曲段进口实现不同的燃烧波气体状态,试验器设计了两个点火位置,其间距 300 mm。混合点火段内壁可以安装障碍物,实现弯曲段进口不同的燃烧波气体状态。目前设计加工的障碍物形式为 10 mm×10 mm×60 mm 的条形障碍物。试验中第一个障碍物处在与点火孔相反的壁面,即下壁面,距离发动机进口 550 mm。随后上下壁面交错等距布置障碍物,其间距为 100 mm,传感器位置布置如图 4.28 所示。

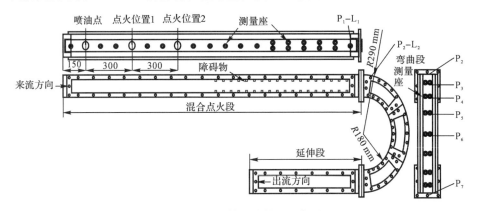

图 4.28　U形管试验装置示意图

弯曲段为中轴线曲率半径 235 mm 的 180°管道,其流通内壁面也可安装障碍物,外壁面两侧都有测量安装座,延伸段长 715 mm,有观察窗及传感器安装座,可观察及测量燃烧波经弯曲段传出后的衍化过程。

由于 DDT 过程主要体现在管内压缩波的压力,如果可以得到爆震管内火焰和压力的变化情况,就可以定性分析 DDT 过程。在本节研究中,采用高速摄影拍摄弯曲管内火焰的传播情况,使用压力传感器测量弯曲管凹、凸壁面的压力,并安装离子探针,测量爆震管内离子浓度,间接分析爆震管内火焰传播的情况。

2. 试验结果和分析

采用液态汽油为燃料,以空气为氧化剂,试验中给定气体流量为 0.07 kg/s,当量比维持在 1.1 附近,点火频率设定为 2 Hz。由于本次试验工作频率较低,点火间隔时间较长,因此可以忽略工作循环间的影响,即认为本试验是单次试验。

图 4.29 是用点火位置 1 点火时,压力传感器所测得的压力波形。由图可见,在 P_1 位置管内压力峰值大于 5 MPa,大于 C-J 爆震压力,即在 P_1 位置可能已经获得充分发展的爆震波。比较图 4.29(a)中 P_1 与 P_2 和图 4.29(b)中 P_1 与 P_7 的时间差,可以得到管内压缩波传播速度沿 U 形管外壁面和内壁面速度为分别为 1 620 m/s 和 1 140 m/s,即压缩波在弯曲段内壁面传播速度小于外壁面传播速度。由图 4.29 还可以发现,P_2 位置压力峰值与 P_3 位

118

置压力峰值相近,均接近 2 MPa,可见爆震波可以顺利传播至爆震室曲管段内。在 P_4 位置爆震室内压力峰值降低,低于 1.2 MPa,爆震波强度衰减,弱爆震现象出现;在 P_5 位置爆震室内压力持续降低,衰减到 0.4～0.6 MPa 之间,远小于 C－J 压力,爆震波已经熄灭。

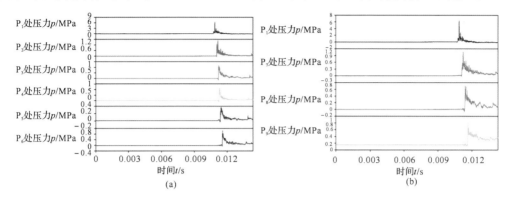

图 4.29　试验所测得压力波形
(a)U 形方管外侧压力波形;(b)U 形方管内侧压力波形

图 4.30 是传感器 P_1,P_2 位置以及离子探针 L_1,L_2 位置部分信号放大比较图。P_2 位置是弯曲段爆震室进口位置,通过图 4.30(a)可以计算得到激波在管内 P_1 至 P_2 段传播的速度约为 1 620 m/s,小于 C－J 爆震波速 1 796.4 m/s。由图 4.30(c)可见压力峰值位置与离子信号峰值位置在时间轴上很接近,时间差在微秒量级,结合图 4.29 压力曲线,可见在直段爆震室内已形成充分发展的爆震波,即传播进弯曲爆震室内的是充分发展的爆震波。所以在爆震波传播至曲管段时爆震波强度开始衰减。

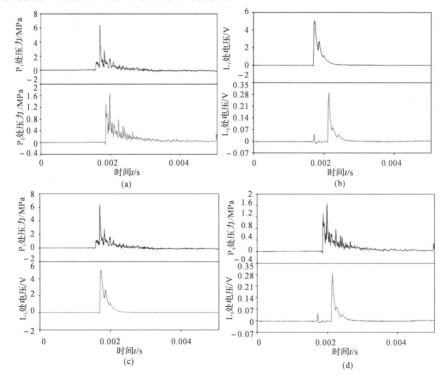

图 4.30　P_1,P_2 和 L_1,L_2 位置部分波形展开图
(a)P_1 和 P_2 位置压力波形展开图;(b)L_1 和 L_2 位置离子信号展开图;(c)P_1 和 L_1 波形比较图;(d)P_2 和 L_2 波形比较图

图 4.30(b)是 L_1，L_2 位置离子探针采集到的离子信号。离子信号峰值位置代表了化学反应最剧烈时刻，也代表了火焰锋面的位置。由图 4.30(b)可以看出，在离子探针 L_1 位置，爆震室内离子信号很强，即管内化学反应剧烈，L_2 位置离子信号峰值降低到 0.5 V 附近，说明在 L_2 位置化学反应速率不如 L_1 位置化学反应剧烈，化学反应速率降低。比较 L_1 和 L_2 位置离子信号峰值的时间，可以得到火焰锋面传播的速度约为 670 m/s，远小于激波传播的速度。由于火焰传播速度和激波传播速度差异太大，最终会导致火焰锋面与激波脱离。观察图 4.30(d)就可以发现，在 L_2 位置(亦即 P_2 位置)，离子信号波形要明显滞后于压力波形，激波已经与火焰锋面脱离。这也是导致 P_3 位置后压力峰值降低的主要原因。

在火焰传播的过程，会有自发光的过程。图 4.31 是使用彩色高速摄影系统采集到的火焰在爆震室弯曲段内传播的过程，其压力波形与 4.29(b)相对应。图 4.31 中红黄高亮区域代表了生成 CO_2 和 H_2O 的高温区域，黑色区域与亮色区域之间的过渡段代表了火焰锋面的位置。在 10.427 ms 火焰传播到爆震室弯曲段入口，随时间推进弯曲爆震室内亮度越来越高，在 11.127 ms 充满整个弯曲爆震室，且在 11.427 ms 达到最大亮度，随后亮度逐渐降低。从图 4.31 中可以得到，火焰传播速度约为 630 m/s，远小于同等工况下 C‐J 爆震波速。可见在曲管内火焰锋面没有和激波耦合，爆震波没能在弯曲管道内持续传播。

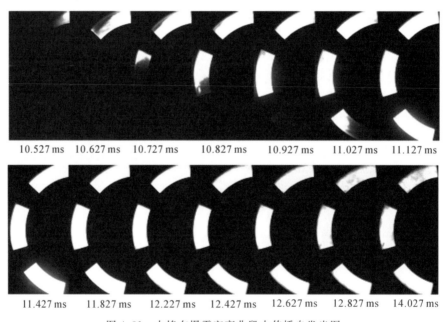

| 10.527 ms | 10.627 ms | 10.727 ms | 10.827 ms | 10.927 ms | 11.027 ms | 11.127 ms |

| 11.427 ms | 11.827 ms | 12.227 ms | 12.427 ms | 12.627 ms | 12.827 ms | 14.027 ms |

图 4.31　火焰在爆震室弯曲段内传播自发光图

综合图 4.29、图 4.30 和图 4.31 可见，通过两种手段测量得到的火焰传播速度数值相近；在混合点火段，可以获得充分发展的爆震波；在爆震波从直段向弯曲段传播时，爆震波强度减小，激波与火焰锋面从两者连接处逐渐脱离，随后爆震波熄灭。

在后续试验中，对弯曲方管爆震室内爆震波熄灭的原因进行了分析，主要原因是由于爆震室轴向长度过长，爆震室内燃油雾化效果差，在弯曲段入口位置燃油液滴大量汇聚，燃烧极不完全，燃烧波强度下降，在速度上不能完全和激波速度匹配，燃烧波与激波逐渐脱节，不能持续耦合，所以爆震波逐渐熄灭，转变为分离的激波和燃烧波。

4.5　圆管爆震室强度设计

4.5.1　圆管爆震室内的压力载荷

脉冲爆震燃烧室(简称爆震室)是脉冲爆震发动机的核心部件,也是工作环境最为恶劣的部件之一。虽然现在还没有正式定型应用的脉冲爆震发动机,但根据现有试验可以确定其工作时内部温度高达 1 800℃,压力峰值高达 10 MPa 以上[26]。此外,为了产生近似连续的推力,还需要有足够高的工作循环频率。据报道[27],在有的试验中每隔 14~18 μs 便可观察到一次压力峰值,即压力峰值频率为 0.055 6~0.071 4 MHz。在每一次循环中,爆震室都承受着剧烈的压力变化,这将给爆震室的强度设计提出很高的要求。

为了保证脉冲爆震发动机能够安全可靠地工作,爆震室需要具有一定的壁厚。然而,作为航空动力装置,不仅要保证安全性,还要控制其质量,以保证较高的推重比。因此爆震室结构强度设计的要求是,在保证强度条件的前提下尽可能地减小爆震室壁厚,以减轻爆震室质量,提高发动机推重比。为了处理好爆震室强度和质量这对矛盾体之间的关系,有必要对脉冲爆震发动机爆震室的结构响应规律与强度设计进行研究。

前期脉冲爆震发动机的研究工作主要集中在工作机理方面,对爆震室强度方面的研究比较薄弱,随着对脉冲爆震发动机工作机理研究的逐渐深入,为了尽快实现脉冲爆震发动机从机理研究向工程应用的转变,本节结合数值模拟和试验结果介绍了圆管爆震室的强度分析与壁厚设计,以便为后续深入研究与工程应用提供技术储备与支持。

1. 单次爆震载荷

爆震室工作时的受力问题可视为圆管结构受到内部移动压力载荷作用时的结构响应问题。密歇根大学的 Sing‐chih Tang 在其博士论文中首次研究了在移动的内部压力载荷作用下薄壁圆柱管壳的动力响应问题[28]。他计算了冲击波载荷作用下无限长圆柱管壳的稳态解。他所建立的模型被研究者称为稳态模型。J.E.Shepherd 和 W.M.Beltman 对移动内压作用下的有限长圆柱管壳的结构响应进行了一系列研究,他们建立了瞬态分析模型,并引入动力放大系数来衡量移动载荷作用下的结构响应与静载荷作用下的结构响应之间的区别[29-31]。

在 C‐J 的理想爆震波模型中,爆震波被假设为一个带化学反应的一维强间断面,假设爆震波传播的速度以恒定的 C‐J 速度传播。压力随时间的变化可以分为 3 个区域:爆震波前的静止反应物压力为 p_1,爆震波后的膨胀过程中压力呈指数衰减,峰值压力 $p_{CJ} = p_2$,膨胀最后趋于一个稳定的压力 p_3,如图 4.32 所示[30]。

根据 Beltman 的模型,可以用如下热力学公式推出膨胀波的完整表达式:

$$p(x,t) = \begin{cases} p_1 & ,v_{CJ} < \dfrac{x}{t} < \infty \\[2mm] p_3\left[1-\left(\dfrac{\gamma-1}{\gamma+1}\right)\left(1+\dfrac{x}{c_3 t}\right)\right]^{\frac{2\gamma}{\gamma-1}} & ,c_3 < \dfrac{x}{t} < v_{CJ} \\[2mm] p_3 & ,0 < \dfrac{x}{t} < c_3 \end{cases} \quad (4.3)$$

式中:x 为膨胀波传播的位置;t 为膨胀波传播的时间;下标"1"表示未燃气体,下标"2"表示

已燃气体,下标"3"表示膨胀波末端的状态;c_3 为声速;γ 为比热比,且有如下关系式:

$$\frac{c}{c_3} = \frac{2}{\gamma + 1} + \frac{\gamma - 1}{\gamma + 1} \frac{x}{c_3 t} = 1 - \frac{\gamma - 1}{\gamma + 1} \left(1 + \frac{x}{c_3 t}\right) \tag{4.4}$$

$$c_3 = \frac{\gamma + 1}{2} c_{CJ} - \frac{\gamma - 1}{2} \frac{\gamma + 1}{2} v_{CJ} \tag{4.5}$$

式中:c 为膨胀波 x 处的声速。

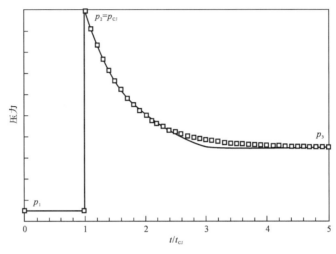

图 4.32　单次爆震波压力随时间变化的理想曲线

式(4.3)可以用来准确地确定膨胀波的压力分布。但是,将此式作为载荷直接用于爆震室结构响应的计算则过于复杂,为了简化计算,可以用指数衰减曲线来表示近似的压力载荷曲线,即用如下表达式描述管道内某一点的压力载荷曲线:

$$p(x,t) = \begin{cases} p_1 & ,0 < t < t_{CJ} \\ (p_2 - p_1) \exp\left[-(t - t_{CJ})/T\right] + p_3 & ,t_{CJ} < t < \infty \end{cases} \tag{4.6}$$

式中:$t_{CJ} = x/v_{CJ}$,是指爆震波从起爆点到测量位置 x 的传播时间;峰值压力 $p_2 = p_{CJ}$;衰减系数 T 可写成如下形式:

$$T = a t_{CJ} = a \frac{x}{v_{CJ}} \tag{4.7}$$

式中:a 为常数,是比热比 γ 和 v_{CJ}/c_3 的函数;根据 Beltman 的建议,计算中 T 近似地取为

$$T \approx \frac{t_{CJ}}{3} \tag{4.8}$$

这里圆管爆震室的结构为一端封闭(即推力壁)、一端开口的内径为 12 cm 的圆管,如图 4.33 所示。爆震波从封闭端产生并向开口端传播。根据上述推导公式,假定爆震波是由航空煤油与空气产生的两相爆震,并且完全燃烧,根据文献[32]得,爆震波数据为 $p_1 = 0.1$ MPa,$p_2 = 1.89$ MPa,$p_3 = 0.71$ MPa,$v_{CJ} = 1\,800.4$ m/s。对于图 4.33 所示的圆管爆震室模型,计算所产生的某一瞬时沿爆震室轴向分布的爆震压力波形如图 4.34 所示。图中的曲线为理想化的爆震室内的压力载荷,可以较方便地加载到爆震室结构响应的计算模型上。但计算该载荷时的边界条件全部是按理想化设定的,忽略了很多实际因素,将会影响计算的精确度[33]。

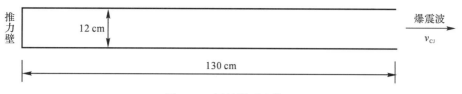

图 4.33　圆管爆震室模型

2. 动力放大系数及衰减系数的讨论

在动力载荷作用下，结构的最大响应要比相同载荷下的静响应大得多，为了描述这一现象，需要进入动力放大系数的概念。动力放大系数定义为结构在移动压力载荷作用下动态响应最大值与相同幅值静态载荷下的静态响应之比，即

$$\Phi = \frac{\sigma_{\text{dynamic\_max}}}{\sigma_{\text{static}}} \tag{4.9}$$

动力放大系数的取值范围是 $1 \sim 4$，其取值与结构及移动载荷的移动速度有关。动力放大系数的大小直接反映了结构在移动载荷作用下响应增大的幅度。

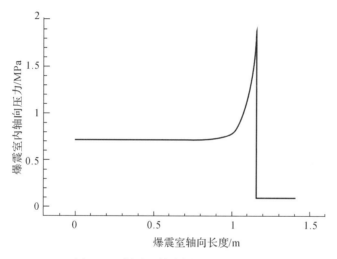

图 4.34　爆震室轴向爆震压力分布图

爆震波在传播的过程中衰减速率是不断变化的，也就是说衰减系数 T 应该随着距起爆点的距离的变化而变化，但根据 Beltman 的建议，衰减系数 T 被取为常数，图 4.35 给出了爆震波速度在 $1\,500 \sim 2\,000$ m/s 之间，爆震载荷衰减系数 T 的取值对动力放大系数的影响。在 T 分别取封闭端、爆震室中间位置（即距封闭端 0.75 m）、距封闭端 1.4 m 三处定值的情况下计算了动力放大系数，并与 T 随爆震室轴向位置变化所计算的动力放大系数进行了比较。从计算结果可以发现：随着 T 值选取位置与封闭端距离的增大，计算的动力放大系数有所增大，这是因为随着爆震波传播距离的增大，衰减系数 T 增大。在 0.3 m 处，把 T 取为变量计算得到的动力放大系数要小于把 T 取在中间位置计算的动力放大系数而大于把 T 取在封闭端计算的放大系数；在 0.6 m 处，把 T 取为变量计算的动力放大系数与把 T 取在中间位置计算的放大系数较接近；在 0.9 m 处，把 T 取为变量计算的动力放大系数大于把 T 取在中间位置计算的动力放大系数而小于把 T 取在距封闭端 1.4 m 处计算的动力放大系数；在 1.2 m 处，把 T 取为变量计算的动力放大系数接近于把 T 取在距封闭端 1.4 m

处计算的动力放大系数。由此可见,T 取不同值对动力放大系数的计算结果是有影响的。在计算中发现,如果按照 Betlman 的做法,将 T 的取为中间某位置处,计算的结果与把 T 取为变量所计算的结果之间的误差在 5％以内,因此是可以接受的。但在实际应用中,最好将 T 取为变量。本章后续计算中将 T 取为变量。

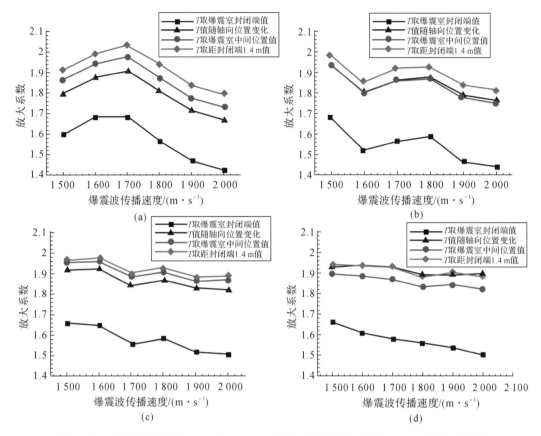

图 4.35　爆震波速度在 1 500～2 000 m/s 范围内衰减系数 T 对动力放大系数的影响

(a)距爆震室封闭端 0.3 m 处;(b)距爆震室封闭端 0.6 m 处;(c)距爆震室封闭端 0.9 m 处;(d)距爆震室封闭端 1.2 m 处

3. 多循环爆震载荷

第一节研究了单次爆震载荷作用下的圆管爆震室结构响应,计算时考虑的是爆震波从封闭端产生传播到敞口端这段时间内爆震室的压力变化。但实际的脉冲爆震发动机工作过程并不只包括爆震波传播这一过程,其完整的工作过程包括爆震反应物的填充、封闭端爆震波起爆并传播、爆震波传过后的膨胀。同时,真实的脉冲爆震发动机是多循环工作的,因此本节对多循环载荷作用下的圆管爆震室进行了仿真。

对于图 4.33 所示的一维爆震室模型,对爆震室内的压力载荷进行数值模拟。准一维系统的质量、动量、能量和组分浓度守恒方程的矩阵形式为

$$\frac{\partial \boldsymbol{Q}}{\partial t} + \frac{\partial \boldsymbol{E}}{\partial x} = \boldsymbol{H} \tag{4.10}$$

式中:x 为爆震波传播距离;t 为爆震波传播时间;$\boldsymbol{Q}$ 为求解变量;$\boldsymbol{E}$ 为无黏通量;$\boldsymbol{H}$ 为源项,具体定义如下:

$$Q = \begin{bmatrix} \rho \\ \rho u \\ \rho e_t \\ \rho Y_f \\ \rho Y_{O_2} \end{bmatrix}, \quad E = \begin{bmatrix} \rho u \\ \rho u^2 + p \\ u(\rho e_t + p) \\ \rho u Y_f \\ \rho u Y_{O_2} \end{bmatrix}, \quad H = -\frac{1}{A}\frac{\mathrm{d}A}{\mathrm{d}x}\begin{bmatrix} \rho u \\ \rho u^2 \\ u(\rho e_t + p) \\ \rho u Y_f \\ \rho u Y_{O_2} \end{bmatrix} + \begin{bmatrix} 0 \\ 0 \\ q \\ \omega Y_f \\ \omega Y_{O_2} \end{bmatrix} \quad (4.11)$$

式中:ρ,u,e_t,Y_f,Y_{O_2},A,q 分别代表密度、速度、单位总能、燃料的质量分数、氧气的质量分数、横截面积和反应生成热;应用理想气体状态方程,单位总能 e_t 定义为

$$e_t = C_v T + \frac{u^2}{2} = \frac{p}{(\gamma - 1)\rho} + \frac{u^2}{2} \quad (4.12)$$

ω 为组分的质量生成速率,模型采用总的单步化学反应机理来描述爆震燃烧过程,得

$$\omega_f = -KB\exp\left(-\frac{E_a}{R_u T}\right)\left[\rho Y_f\right]^m \left[\rho Y_{O_2}\right]^n \quad (4.13)$$

$$B = (12x + y)^{1-m}\, 32^{-n}\, 10^{-3(m+n-1)} \quad (4.14)$$

控制方程的求解是在有限体积单元上离散一维无黏 Euler 方程,无黏通量采用 AUSM 格式求解。模型采用恰当比 $C_8H_{18}+Air$ 为可爆混合物。爆震室为长度 1.3 m、直径 12 cm 的圆管爆震室,如图 4.33 所示。计算采用均匀网格,网格步长 1 mm。模型仿真过程中,先计算 3~4 个周期循环,待模型计算结果周期稳定后,输出稳定后一个周期内不同时刻压力沿爆震室轴向的分布,时间间隔为 0.005 ms,轴向位置采用隔点输出,即输出时网格步长 2 mm。

对于所计算的工作频率,由于阀门关闭时间固定,故阀门开启时间随频率的增加而减少,由 10 Hz 下的 90 ms 减小到 50 Hz 下的 12 ms。虽然阀门开启时间缩短,但对于图 4.33 中的圆管爆震室,当阀门开启、开始填充时,一般经过 8 ms 左右,爆震室气体状态已基本达到准定常过程,管内气体状态已基本达到准定常过程,进一步推知对所有计算的工作频率下,点火前爆震室内气体状态是基本相同,故阀门关闭期间,爆震室内的气体状态变化也相似,压力峰值在 3.4 MPa 左右,所不同的仅是填充时间的长短,图 4.36 是工作频率为 50 Hz 下不同时刻爆震室压力沿轴向分布曲线,也基本反映了其他工作频率下管内压力变化情况。

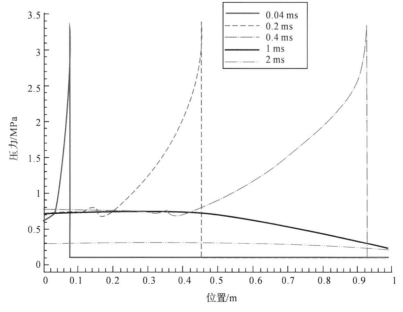

图 4.36　50 Hz 下不同时刻爆震室内的压力分布

4. 爆震室压力载荷试验测量

在吸气式脉冲爆震发动机原理样机上进行了真实爆震压力载荷测量试验[34-35]。试验系统主要由供气系统、供油系统、点火系统、数据采集系统组成,如图 4.37 所示。爆震室全长 1 200 mm、内径 60 mm、外径 68 mm,沿轴向间隔不同距离共设置 9 个压力传感器($P_1 \sim P_9$),目的是为了测量沿爆震室轴向不同位置处的实时压力,并以此为基础研究整个爆震室不同时刻任意位置的压力分布。

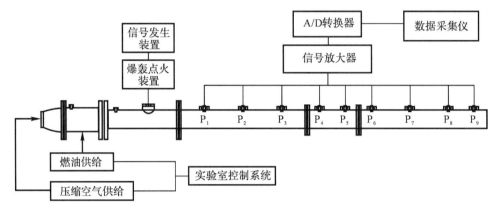

图 4.37　压力测试实验原理图

位于爆震室出口附近的传感器 P_9 在各工作频率下测得的压力数据如图 4.38 所示,虽然工作频率不同,但各频率的峰值压力平均值均在 2 MPa 以上,其中 5 Hz 最高,为 3.2 MPa;且从波形数据上可以明显地观察到爆震波特有的特征。

根据 9 个传感器在 6 个爆震频率下测得的试验数据,采用 Delaunay 三角剖分拟合出了 $P_1 \sim P_9$ 之间的爆震室压力随时间、轴向位置的变化,如图 4.39 所示。

以位置坐标为横坐标,抽取若干个时刻的压力分布进行分析。以 25 Hz 为例,将时间段分为 3 组,如图 4.40 所示。图 4.40(a)为从某一循环刚开始填充到爆震波刚开始形成,图 4.40(b)为爆震波形成到爆震波刚传出出口,图 4.40(c)为爆震波传出后的排气过程。从图 4.40(a)中可以观察到填充时管内气压基本维持在大气压附近,0.017 5 s 时有压力开始在头部慢慢升起,此时是点火装置已经启动,有燃烧波开始在从头部向下游传播;同时可观察到如前文对采集的数据进行时域分析时的结论,由于在 0.2 m 附近是起爆的位置,在爆震波生成前就会在此处开始形成一个局部高压区;由 0.018 15~0.018 21 s 的压力峰值传播非常迅速,用其从 0.56~0.65 m 位置所经历的时间估算其平均速度约为 1 600 m/s,再综合其压力上升速率来看,可以确定 0.018 21 s,0.65 m 附近形成爆震波,完成爆燃向爆震的转捩过程。对图 4.40(b)进行分析,可以观察到从开始形成爆震之后,爆震波以 1 000 m/s 左右的平均速度在爆震室内传播,爆震压力呈逐渐递增趋势。图 4.40(c)为爆震波传出爆震室之后的排气过程,随着膨胀波的传入,爆震室内压力快速降低。其他频率下的拟合数据也能观察到同样的现象,因此不再进行详细说明。

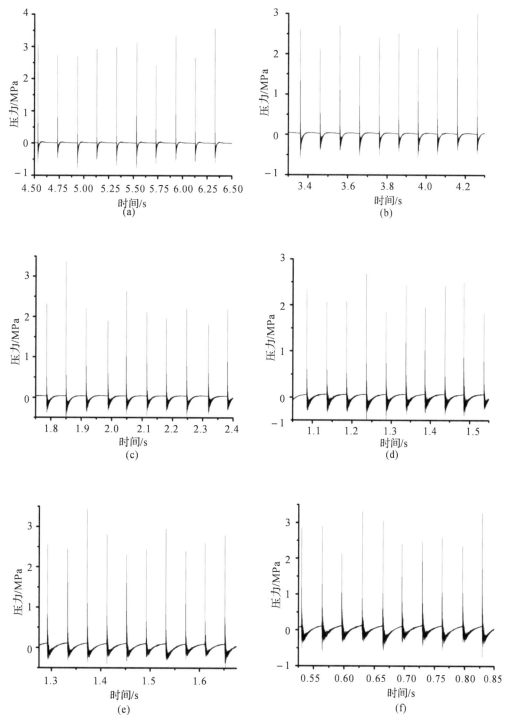

图 4.38　各频率下爆震室出口压力数据

(a)5 Hz；(b)10 Hz；(c)15 Hz；(d)20 Hz；(e)25 Hz；(f)30 Hz

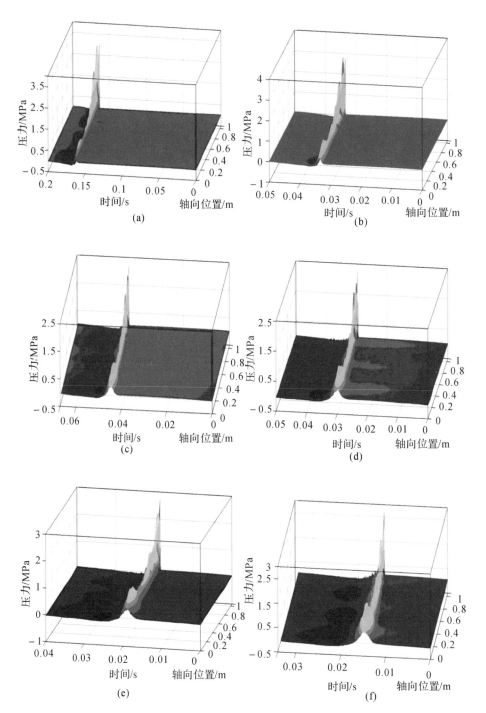

图 4.39　各频率下爆震管内压力随时间、位置的变化

(a)5 Hz；(b)10 Hz；(c)15 Hz；(d)20 Hz；(e)25 Hz；(f)30 Hz

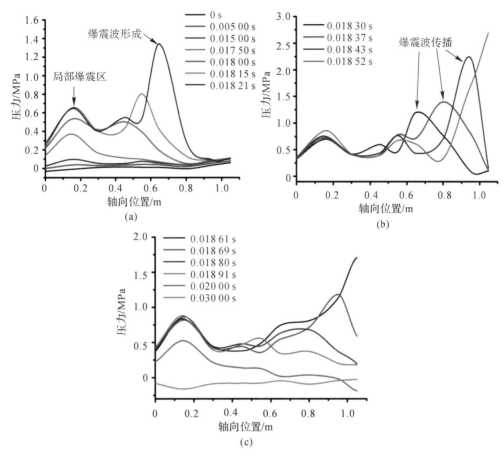

图 4.40　不同时刻爆震室内压力分布曲线

(a)可燃物填充至爆震波形成阶段；(b)爆震波传播阶段；(c)排气阶段

从图 4.39 和图 4.40 可知,爆震室内的压力载荷具有如下特点。

(1)填充时管内气压基本维持在大气压附近,点火装置启动后,有压力开始在头部慢慢升起,燃烧波开始从头部向下游传播;同时可观察到,在 0.2 m 附近是起爆的位置,爆震波生成前会在此处形成一个局部高压区。

(2)从 0.56~0.65 m 位置,压力迅速上升,此时已完成了缓燃向爆震的转捩过程,在 0.65 m 之后,爆震波以 1 000 m/s 左右的平均速度在爆震室内传播,爆震压力呈逐渐递增趋势。

(3)在爆震波传出爆震室之后的排气过程中,随着膨胀波的传入,爆震室内压力快速降低。

图 4.41 为 30 Hz 真实爆震载荷与数值模拟的理论载荷波峰传播到 0.9 m 位置处时的气体压力分布情况对比。通过数值模拟的理论压力载荷是从爆震室头部直接起爆,在爆震室内传播速度基本保持在 2 400 m/s 左右,而获取真实载荷的试验是通过 DDT(缓燃爆震转捩)方式起爆的,爆震波在 0.65 m 附近生成,传播速度在 1 000~1 600 m/s 之间波动,而且理论模拟的压力载荷压力要高于试验获取的压力;图 4.42 为 1.0 m 位置处两种载荷随时间的变化,数值模拟的理论载荷从填充到起爆再到爆震波传播,最后到排气的各个过程的曲线很光滑,真实载荷在爆震波形成之后一直到排气阶段结束之前的压力震荡较大。这是因为在靠后的位置爆震波已形成,气体雷诺数很高,气流为大尺度的湍流流动,能量释放率及

有效火焰传播速率高,所以压力数据会伴随剧烈震荡。

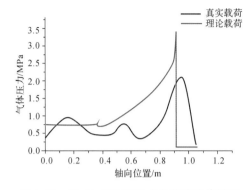

图 4.41　30 Hz 时两种压力载荷波峰传播到
　　　　　0.9 m 位置处时的对比

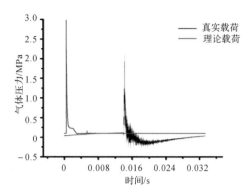

图 4.42　30 Hz 时 1.0 m 位置处两种压力
　　　　　载荷随时间的变化波形

4.5.2　压力载荷作用下圆管爆震室结构响应

1. 有限元计算模型

采用 ANSYS 软件建立爆震室的有限元模型。由于爆震室是轴对称结构,所以截取爆震室的一个截面建立轴对称有限元模型。轴向划分 500 个单元,径向划分 3 个单元,模型的一端施加轴对称约束,另一端可沿轴向自由膨胀。

爆震室有限元模型内壁加载 4.5 节中试验测量获取的爆震压力载荷,外壁加载大气压力。图 4.43 表示模型与加载过程示意图。计算中材料的性能参数是根据脉冲爆震燃烧室确定的,具体为密度 $\rho = 7\ 900\ \text{kg/m}^3$,泊松比为 0.3,弹性模量 $E = 1.84 \times 10^{11}\ \text{N/m}^2$。

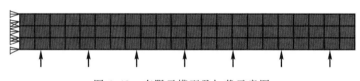

图 4.43　有限元模型及加载示意图

2. 应力计算结果

静态载荷作用下,爆震室可以简化为受到内外均布载荷作用的圆管模型,如图 4.44 所示。

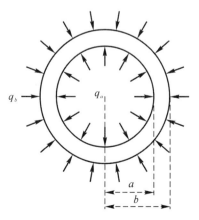

图 4.44　静载荷作用下的圆管模型

爆震管的内外半径分别用 a 和 b 来表示,厚度为 r,内壁所受压力为 q_a,外壁压力为 q_b,该模型的应力解析解可由拉梅公式表示:

$$\sigma_r = -\frac{\dfrac{b^2}{r^2}-1}{\dfrac{b^2}{a^2}-1}q_a - \frac{1-\dfrac{a^2}{r^2}}{1-\dfrac{a^2}{b^2}}q_b \tag{4.15}$$

$$\sigma_\theta = -\frac{\dfrac{b^2}{r^2}+1}{\dfrac{b^2}{a^2}-1}q_a - \frac{1+\dfrac{a^2}{r^2}}{1-\dfrac{a^2}{b^2}}q_b \tag{4.16}$$

由于爆震室处于非封闭状态,且爆震室内部压力 q_a 比外部压力 q_b 大得多,所以可以不考虑外部压力 q_b 的作用,则上两式化简为

$$\sigma_r = -\frac{\dfrac{b^2}{r^2}-1}{\dfrac{b^2}{a^2}-1}q_a \tag{4.17}$$

$$\sigma_\theta = -\frac{\dfrac{b^2}{r^2}+1}{\dfrac{b^2}{a^2}-1}q_a \tag{4.18}$$

该模型中的应力只有径向应力 σ_r 和环向应力 σ_θ,没有轴向应力,属于二应力状态,根据第四强度理论可计算等效应力 σ_{eqv}:

$$\sigma_{eqv} = \frac{1}{\sqrt{2}}\sqrt{(\sigma_1-\sigma_2)^2+(\sigma_2-\sigma_3)^2+(\sigma_3-\sigma_1)^2} \tag{4.19}$$

式中:σ_1,σ_2 和 σ_3 分别为第一、第二和第三主应力。

对于爆震室而言,

$$\left.\begin{array}{l}\sigma_1=\sigma_r\\\sigma_2=\sigma_\theta\\\sigma_3=0\end{array}\right\} \tag{4.20}$$

因此,爆震室内的等效应力为

$$\sigma_{eqv} = \sqrt{\sigma_r^2+\sigma_\theta^2-\sigma_r\sigma_\theta} \tag{4.21}$$

将式(4.17)和式(4.18)代入式(4.21),可得爆震室内等效应力的表达式为

$$\sigma_{eqv} = \frac{a^2 q_a}{b^2-a^2}\sqrt{3+\frac{b^4}{r^4}} \tag{4.22}$$

根据式(4.22),同一剖面处爆震室内壁面的等效应力最大。因此,本书给出的等效应力均指内壁面处的等效应力。

首先不考虑温度载荷的影响,单独计算压力载荷作用下爆震室的结构响应。将试验得

到的各频率下的压力载荷直接加载到有限元模型上。由于爆震发动机工作时的每个循环中,爆震室内部气体压力变化规律相同,因此对每个工作频率下只加载了3个循环的压力载荷。图4.45给出了20 Hz下爆震室内壁沿轴向不同位置处的等效应力随时间变化的波形。其他频率下的等效波形与此类似。

可以看出等效应力随时间变化的波形与爆震室内气体压力变化的波形相似,气体填充阶段各位置的应力都很低;在形成爆震后,等效应力迅速增大,参照对压力载荷的研究可以发现,各位置等效应力的峰值出现的时刻均比气体压力峰值时刻稍有延迟;等效应力峰值之后对应的是爆震室内的排气阶段,应力呈振荡式地迅速衰减。

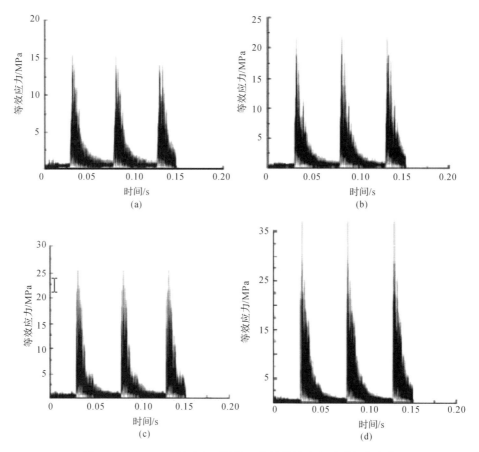

图4.45　20 Hz时爆震内不同位置处的等效应力随时间的变化
(a)距头部0.3 m处；(b)距头部0.5 m处；(c)距头部0.7 m处；(d)距头部0.9 m处

4.5.3　壁面温度对圆管爆震室结构响应的影响

1. 温度载荷数值模拟

根据爆震室工作循环特点,将单次爆震循环简化为两个阶段,即阶段1:从爆震波生成到爆震产物膨胀至环境压力;阶段2:可燃混气填充和未排完燃气排出。

在阶段1中,爆震室内气体因爆震燃烧,压力、温度迅速升高,当爆震波传到开口端时,爆震室内燃气温度可达2 000 K以上,由于爆震波传播速度很快,因此该过程的作用时间非常短,爆震室内的压力、温度与气流速度变化非常剧烈,为了便于计算,假设该阶段爆震室内气流存在一平均温度与平均速度,取平均温度为 1 750 K,平均速度为 387 m/s。在此过程中,汽油的燃烧会产生一定的二氧化碳和水蒸气,这两种物质具有相当大的辐射本领,因此,此过程中,气流与爆震室内壁的热传递包括对流换热和辐射换热。

在阶段 2 中,爆震室连续工作时可燃混气填充和已燃气体排出是同时进行的。在工业上常见的温度范围内,空气中氢、氧、氮等分子结构对称的双原子气体实际上并无发射和吸收辐射的能力,可以认为是热辐射的透明体,因此,在该过程中,可燃混气与爆震室内壁之间只存在对流换热,该换热过程对爆震管起冷却作用;而已燃气体与爆震室内壁之间存在对流换热和辐射换热,依然对爆震管起加热作用。因此,在单次循环过程中,可将阶段 2 分为受已燃气体加热阶段和受可燃混气冷却阶段。计算时,取可燃混气温度为 300 K,已燃气体温度为 1 400 K。

在模拟计算时,可将爆震管分为若干个微元段,分别计算出不同工作频率下,不同微元段的内、外壁面温度随工作时间的变化规律,即可得到整个 PDE 模型机的内、外壁面温度分布规律。

取距推力壁距离为 x 的微元段,由于该微元段为轴对称结构,将其沿壁厚纵向切割,就可得到一个能代表该微元段温度场分布特性的二维微元体,微元体内、外边界的换热情况如图 4.46 所示。图中,C_1 为爆震管内强迫对流换热量;R_1 为爆震管内壁面与气流的辐射换热量;R_2 为爆震管外壁面辐射换热量;C_2 为爆震管外壁面自然对流换热量。

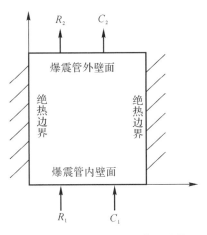

图 4.46　PDE 爆震管微元体换热情况

根据以上分析,可将单次爆震循环中的换热过程按作用特点和时间分为表 4.4 所示的3 个步骤。

表 4.4　单次爆震循环爆震管内、外壁面换热情况

步骤	管内气流温度/K	换热	
		管内	管外
1. 爆震波产生及膨胀	1 750	R_1　C_1	R_2　C_2
2. 已燃气体加热	1 400	R_1　C_1	R_2　C_2
3. 可燃混气冷却	300	C_1	R_2　C_2

显然,对于拟求解的 PDE 爆震管微元体,其换热计算的边界条件可取第 3 类边界条件,并可根据以上对换热过程不同步骤的分析,结合发动机工作时爆震管内、外壁气流参数把辐射换热与对流换热的相关计算公式确定下来。

(1)爆震管外壁面自然对流换热系数。在工程中广泛使用的自然对流换热关联式为

$$Nu = \frac{hL}{\lambda} = C (Gr\ Pr)^n \tag{4.23}$$

式中:Nu 为努赛尔数;L 为特征长度,自然对流时,对于横管,取管外径;λ 为定性温度下空气的导热系数;h 为对流换热系数;Gr 为格拉晓夫数;Pr 为普朗特数。

(2)爆震管外壁面辐射换热及等效对流换热系数。爆震管外壁面由于温度升高而向外辐射热量的能力按式(4.24)计算。

$$E = \varepsilon_n \sigma T_w^4 \tag{4.24}$$

式中:E 为辐射换热量;ε_n 为爆震管材料外表面法向发射率,可近似取 0.9;σ 为黑体辐射常数,其值为 5.67×10^{-8} W/(m$^2 \cdot$ K);T_w 为爆震管外表面温度。

将辐射换热量折算成对流换热量,即可求出爆震管外壁面不同温度下的折算对流换热系数 h。

$$E = \varepsilon_n \sigma T_w^4 = h(T_w - T_\infty) \tag{4.25}$$

式中:T_∞ 为大气温度。

将分别求得的爆震管外壁面自然对流换热系数和通过辐射换热折算出的等效对流换热系数相加,即可获得不同爆震管外壁面温度下的总对流换热系数。

(3)爆震管内壁面强迫对流换热系数。由于爆震管内换热过程的 3 个步骤中,管壁和气流的温差较大,并且气流在管内流动的雷诺数均大于 10 000,为旺盛湍流区,因此,按管内湍流换热试验关联式米海耶夫公式计算爆震管内壁面强迫对流换热系数,即

$$Nu_f = 0.021 Re_f^{0.8} Pr_f^{0.43} \tag{4.26}$$

式中:Re_f 为雷诺数;$Pr_f = 0.72$。则

$$h = Nu_f \lambda / L \tag{4.27}$$

(4)爆震管内壁面辐射换热及等效对流换热系数。在爆震管内换热过程的步骤 1 和步骤 2 中,已燃气体与爆震管内壁面之间存在辐射换热,如果假设燃气的温度为 T_g,将包围它的爆震管内壁看作黑体,温度为 T_w,则燃气和爆震管内壁之间的辐射换热量计算公式为

$$E = 0.5\sigma(1 + \varepsilon_w)(\varepsilon_g T_g^4 - \alpha_g T_w^4) \tag{4.28}$$

式中:ε_g 是温度为 T_g 时燃气的发射率;α_g 是内壁面温度为 T_w 时燃气的吸收比;ε_g 和 α_g 的大小与燃气组成成分有关,并分别取决于燃气温度 T_g 和管壁温度 T_w;由于爆震管内壁并非黑体,并不能完全吸收燃气的辐射热,因此引入 $0.5\sigma(1 + \varepsilon_w)$ 作为修正系数,其中爆震管内壁面发射率 ε_w 取决于爆震管材料、内壁面温度及其氧化程度,在典型燃烧室壁温条件下,镍铬钦耐热合金、低碳钢、中碳钢的 ε_w 分别为 0.7,0.8 和 0.9。

将采用式(4.28)求得的辐射换热量等效与对流换热热量,即可按式(4.29)求得对流换热系数。

$$E = 0.5\sigma(1 + \varepsilon_w)(\varepsilon_g T_g^4 - \alpha_g T_w^4) = h(T_g - T_w) \tag{4.29}$$

将爆震管内换热过程中步骤 1 和步骤 2 的强迫对流换热系数和通过辐射换热折算出的等效对流换热系数相加,即可获得不同爆震管内壁面温度下步骤 1 和步骤 2 的总对流换热系数。

根据爆震室壁温计算模型及边界条件,利用 ANSYS 瞬态热分析功能,对不同爆震频率(5 Hz,10 Hz,15 Hz,20 Hz)、不同位置处(距推力壁 0.1 m,0.5 m,0.9 m,1.3 m)的爆震室瞬态温度场进行了数值模拟[36],图 4.47 给出了爆震频率为 5 Hz 时爆震室瞬态温度场的模拟结果,右侧为局部放大图,其余频率下的结果与此类似。

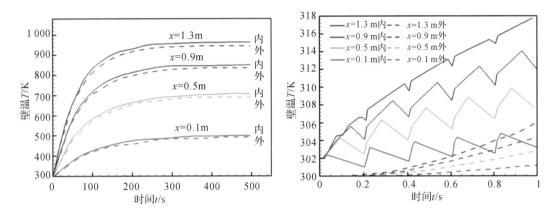

图 4.47　工作频率为 5 Hz 时爆震室内外壁面温度变化的模拟结果

通过图 4.47 工作频率为 5 Hz 时爆震室内外壁面温度变化的模拟结果可以看出爆震室工作时壁面温度分布具有如下特点。

(1)在同一工作频率下,距推力壁不同轴向位置处,爆震管内、外壁温度宏观上呈现上升趋势,但工作一段时间以后爆震管内、外壁温度就基本上不随工作时间的增加而升高,这是由于单位时间传入和传出爆震管微元段的热量处于平衡状态,这一时刻的温度称之为热平衡温度,且距推力壁越远,热平衡温度越高。

(2)从微观上看,外壁面的温度是连续上升的,而内壁面由于爆震循环过程不同阶段的影响,在每个爆震循环中都会出现温度的上升和下降,总体上呈振荡上升的特点。

(3)爆震频率对爆震室壁面温度分布有一定影响。随着爆震频率的提高,可燃混气对爆震管的冷却作用会减弱,因此,爆震室外面的温度分布趋于线性增加,如图 4.48 爆震频率对壁面温度分布的影响所示。但这种影响在爆震室后段变得不再显著。

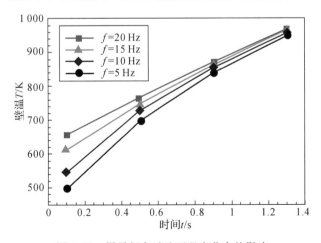

图 4.48　爆震频率对壁面温度分布的影响

2. 温度载荷试验测量

采用 TVS2000-MK Ⅱ 热成像仪器,对爆震频率分别为 5 Hz,10 Hz,15 Hz 和 20 Hz 的脉冲爆震燃烧室进行了壁面温度分布的试验测量[37]。试验中共测量了爆震管上三个点 (距推力壁分别为 459.38 mm,909.38 mm 和 1 322.34 mm)的外壁面温度分布情况,每隔5 s 对外壁面温度分布进行一次测量,测量结果如图 4.49 所示。

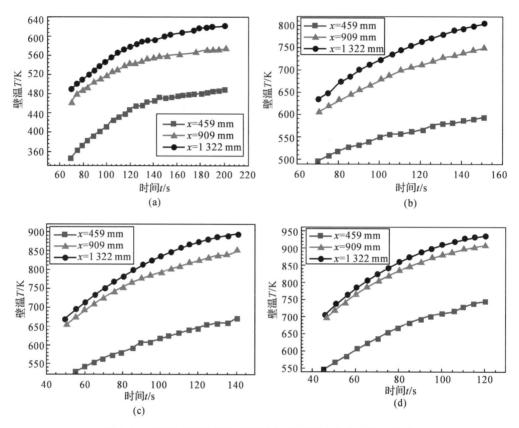

图 4.49　不同工作频率下,爆震室外壁面温度变化的试验结果
(a)5 Hz；(b)10 Hz；(c)15 Hz；(d)20 Hz

从图 4.49 不同工作频率下,爆震室外壁面温度变化的试验结果可以看出,同一时刻下, 爆震室外表面的温度从前向后依次上升;同一位置处,外壁面的温度随时间上升,并逐步达 到热平衡温度。这与数值模拟得到的定性结论是一致。当发动机在多循环状态工作时,已 燃气体排出的同时,可燃混合气也在对爆震管进行填充。在此过程中,温度为环境温度的可 燃混合气与爆震室内壁之间存在对流换热,对爆震管起冷却作用;而已燃气体与爆震室内壁 之间存在对流换热和辐射换热,对爆震管起加热作用。这两个过程同时进行,距推力壁近的 爆震室壁面因可燃混合气作用的时间长,温度降低得多,而距推力壁越远,冷却时间越短,温 度降低得就越少,因此,在测量范围内,爆震室外壁面温度分布呈现从前到后逐渐升高的 趋势。

为了进一步对比数值模拟结果和试验结果的差异,图 4.50 中将 10 Hz 和 15 Hz 时,爆 震管上三个位置处的壁面温度分布模拟值和测量值进行了对比。

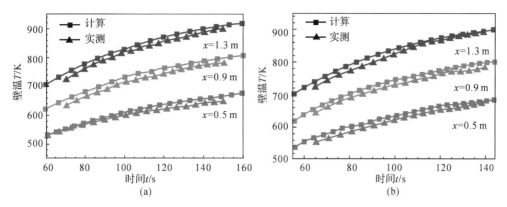

图 4.50　爆震室外壁面温度分布的模拟值和测量值对比

(a)10 Hz；(b)15 Hz

从图 4.50 爆震室外壁面温度分布的模拟值和测量值对比可以看出,外壁面温度分布的试验测量结果和数值模拟结果基本一致,两者的变化规律一样,但试验测量值较计算值普遍偏小,初步分析认为主要是在建立数值模型时没有考虑两相流对换热的影响,即燃料在爆震室中混合、充填过程会吸收部分热量,致使试验值偏小。

3. 温度对应力计算结果的影响

脉冲爆震发动机工作时,爆震室受到不断循环的高温爆震载荷作用,根据先前对爆震室内温度载荷的研究,爆震室内热平衡温度最高可接近 1 000 K,因此,壁温对爆震室动态响应的影响不可忽视。在给爆震室施加压力载荷的基础上,选取试验测量得到的热平衡时刻的温度载荷,将其施加在爆震室有限元模型上,计算了考虑温度载荷之后爆震室的结构响应。图 4.51 给出了爆震频率为 30 Hz 时加载温度载荷对爆震室结构响应的影响。

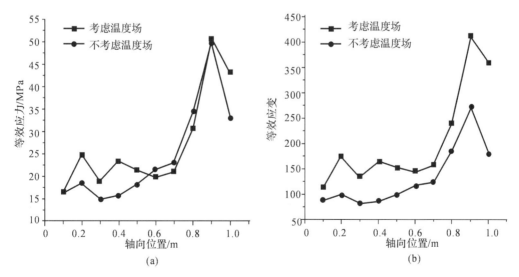

图 4.51　30 Hz 下温度载荷对爆震室结构响应的影响

(a)等效应力对比；(b)等效应变对比

从图 4.51 30 Hz 下温度载荷对爆震室结构响应的影响可以看出,考虑温度场与不考虑温度场的等效应力分布相似,最大等效应力基本一致,也就是说,温度载荷对爆震室内等效应力的分布影响不大;但温度载荷会使爆震室内的等效应变大幅升高。这是因为,在计算时假设爆震室同一位置处内外壁温度相同,爆震室沿轴向可以自由膨胀,所以加载温度场对最大等效应力的影响非常小,但是随着温度的升高,材料的弹性模量会降低,相同应力下所产生的等效应变会随之增加。

4.5.4 圆管爆震室壁厚设计

1. 壁厚初步设计

进行爆震室结构响应研究的最终目的就是掌握爆震室结构响应的规律,在此基础上对爆震室的壁厚进行合理的设计,从而在保证强度同时减轻爆震室的质量。

爆震室壁厚设计采用名义应力有限寿命方法[38],即预先设定爆震室的"安全"疲劳寿命,这样做将允许结构的工作应力超过疲劳极限,保证结构在一定使用期限内安全使用。相比于无限寿命设计方法,这种设计可以减轻爆震室的结构质量。

在常幅应力循环中,设最大应力为 σ_{max},最小应力为 σ_{min},应力幅为 σ_a,平均应力为 σ_m,应力比为 R,它们之间的关系如下:

$$\left.\begin{array}{c} \sigma_a = \dfrac{\sigma_{max} - \sigma_{min}}{2} \\[2mm] \sigma_m = \dfrac{\sigma_{max} + \sigma_{min}}{2} \\[2mm] R = \dfrac{\sigma_{min}}{\sigma_{max}} \end{array}\right\} \tag{4.30}$$

若应力比 $R=-1$,则称之为对称循环;若 $R=0$,则为脉动循环。根据之前试验测量得到的爆震室内的载荷分布(见图 4.40 和图 4.41)可知,爆震室内壁上的疲劳载荷谱是应力比 $R=0$ 且幅值大小不变的周期性常幅谱。在这种载荷作用下,疲劳失效将是爆震室失效的主要形式,因此要在设计过程中应引起足够的重视。

壁厚设计的流程[39]为:① 根据工作环境及使用要求确定结构的目标寿命;② 根据寿命及温度约束条件确定应力比为 $R=-1$ 时的疲劳应力极限 σ_{-1};③ 根据疲劳应力极限及相应修正关系式确定估算爆震室在应力比 $R=0$ 的真实载荷作用下所能承受的最大平均应力 σ_m 及最大等效应力 σ_{max};④ 根据动力放大系数 $\Phi = \sigma_{max}/\sigma_{static}$ 确定爆震室所能承受的最大静应力 σ_{static}(以下用 σ_s 表示);⑤ 借助 ANSYS 软件加载 30 Hz 静载荷,采用零阶方法进行壁厚优化。

现阶段脉冲爆震发动机的试验中没有专门的高效冷却系统,且试验阶段 PDE 一次工作的时间较短,不会达到热平衡状态。因此将发动机工作时的最高温度设定为 600℃,假设脉冲爆震发动机以爆震频率为 30 Hz 的状态累计工作 1 小时,材料屈服即为失效,因此,爆震室的额定寿命为 10 800 次爆震循环。

爆震室疲劳极限采用 1Cr18Ni9Ti 的疲劳曲线。在壁厚设计中,假设爆震室进入屈服即为失效,因此,采用 Soderberg 直线模型确定最大平均应力 σ_m 及最大等效应力 σ_{max},即

$$\sigma_a = \sigma_{-1}\left[1 - \left(\dfrac{\sigma_m}{\sigma_s}\right)\right] \tag{4.31}$$

由于爆震室的疲劳载荷谱为 $R=0$ 的脉动载荷,因此其最小应力 $\sigma_{min}=0$,所以

$$\left.\begin{array}{l} \sigma_a = \dfrac{\sigma_{max} - \sigma_{min}}{2} = \dfrac{\sigma_{max}}{2} \\[3mm] \sigma_m = \dfrac{\sigma_{max} + \sigma_{min}}{2} = \dfrac{\sigma_{max}}{2} \end{array}\right\} \tag{4.32}$$

结合式(4.31)可得

$$\left.\begin{array}{l} \sigma_a = \sigma_{-1}\left[1 - \left(\dfrac{\sigma_m}{\sigma_s}\right)\right] \\[3mm] \sigma_a = \sigma_m \end{array}\right\} \tag{4.33}$$

因此,可求得

$$\delta_m = \dfrac{\delta_{-1}}{1 + \dfrac{\delta_{-1}}{\delta_s}} \tag{4.34}$$

根据先前对爆震内结构响应的分析,30 Hz 下爆震管的最大动力放大系数为 3.2,考虑到材料生产时的缺陷及加工时导致的应力集中,在壁厚优化设计中将动力放大系数取为 3.8。结合以上公式,通过查询相关材料手册可得,爆震室沿轴向各位置处的许用等效应力 $[\sigma]$ 为 72 MPa。

利用 ANSYS 软件的优化模块,采用零阶方法进行壁厚优化设计,在优化过程中,将爆震室壁厚作为设计变量(初始值为 4 mm)、许用等效应力作为状态变量、总质量作为目标函数。迭代 7 次后得到了最优方案。图 4.52 和图 4.53 给出了优化过程中爆震室壁厚及最大等效应力随迭代次数的变化。从图中可以看出,在最大等效应力小于许用应力的情况下,爆震室壁厚有明显减小。优化后爆震室的壁厚为 $h=2.03$ mm。优化后爆震室的壁厚比设计初始状态下降了 49.25%,爆震室质量下降了 50.81%。

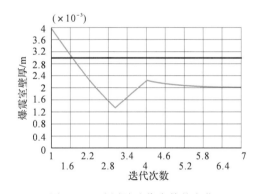

图 4.52　壁厚随迭代次数的变化

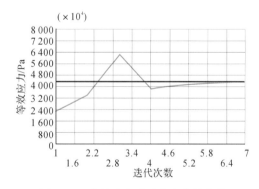

图 4.53　等效应力随迭代次数的变化

2. 等寿命设计

在壁厚初步设计中,以爆震室最大等效应力小于许用等效应力为强度设计准则,该情况下除应力最大的位置外,其他位置的应力明显要比爆震室的许用应力小得多,因此在应力较小位置处强度储备过大,存在过剩寿命,这说明爆震室在减轻质量方面仍有较大空间。采用等寿命设计可最大程度减轻爆震室的质量。

当结构几何尺寸固定时,载荷的移动速度达到某一值时结构的动力放大系数会突然增加,而载荷移动速度大于或小于这个值一定范围后动力放大系数的变化变得平稳。这个导致结构动力放大系数突然增加的载荷移动速度即定义为临界速度 v_{co}。根据密歇根大学 Tang 博士的研究结果,管道临界速度表示为[28]

$$v_{co} = \sqrt{\frac{Eh}{\rho R}} \left[\frac{1}{3(1-v^2)} \right]^{1/4} \tag{4.35}$$

式中:E 为爆震室弹性模量;h 为爆震室的壁厚;v 为泊松比。

根据式(4.35)可知,爆震室壁厚改变后,管道的临界速度就会改变,相应地动力放大系数也会改变,因此动力放大系数与壁厚之间存在相互影响。在等壁厚设计中,并没有考虑这种相互影响,而是将动力放大系数选择为固定值,因此,壁厚设计结果将会有一定误差。图4.54 给出了爆震频率为 30 Hz 时 4 种壁厚下爆震室不同轴向位置动力放大系数的数值计算结果。通过计算发现,爆震室的壁厚和轴向位置对动力放大系数均有影响。壁厚相同时,爆震室不同轴向位置的动力放大系数不同;而对同一轴向位置,壁厚不同,临界速度不同,因此爆震室的动力放大系数也不同。

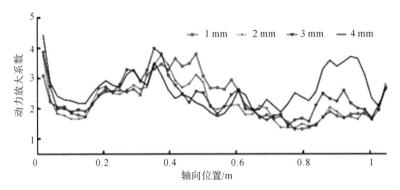

图 4.54　30 Hz 时壁厚为 1 mm,2 mm,3 mm 和 4 mm 的爆震室动力放大系数

反之,动力放大系数对壁厚也有影响。根据式(4.22),结构一定的情况下,爆震室内的等效应力取决于爆震管内壁压力 q_a。由于动力放大系数的影响,动力载荷下的等效应力要大于静态载荷下的等效应力,这种影响相当于动态载荷下内壁压力变大了,因此,引入计算压力 q_{cal} 这一概念来描述动态载荷下的内壁压力,即

$$q_{cal} = \Phi q_a \tag{4.36}$$

因此,实际的等效应力 σ_{eqv} 为

$$\sigma_{eqv} = \frac{a^2 \Phi q_a}{b^2 - a^2} \sqrt{3 + \frac{b^4}{r^4}} \tag{4.37}$$

将式中的 r 替换成 a,就可得到爆震室内壁处的等效应力为

$$\sigma_{eqv} = \frac{\Phi q_a}{b^2 - a^2} \sqrt{3a^4 + b^4} \tag{4.38}$$

设计中,爆震室内壁处的等效应力 σ_{eqv} 取最大许用应力 72 MPa。爆震室壁厚和动力放大系数之间的关系为

$$b^4 - \frac{2a^2[\sigma]^2}{[\sigma]^2 - (\Phi q_a)^2} b^2 + \frac{[\sigma]^2 a^4 - 3a^4(\Phi q_a)^2}{[\sigma]^2 - (\Phi q_a)^2} = 0 \tag{4.39}$$

　　动力放大系数改变后,爆震室的壁厚会相应地改变。等寿命设计是想利用动力放大系数与壁厚之间的相互影响,使壁厚通过动力放大系数对自身进行调整,从而使内壁各处的等效应力最大值逼近目标应力。

　　利用 ANSYS 软件中的批处理功能,结合 MATLAB 对爆震室壁厚进行了等寿命设计。采用 ANSYS 进行有限元计算、求解并输出等效应力,采用 MATLAB 控制参数输入并调用 ANSYS 执行计算。等寿命设计得到的壁厚结果如图 4.55 所示。从图中可以看出,爆震室壁厚沿轴向非光滑变化,这种变化会导致某些位置处存在应力集中并且不便于机械加工。因此,实际爆震室的壁厚是在图 4.55 的基础上进过了修正拟合处理,修正后的壁厚如图 4.56 所示。

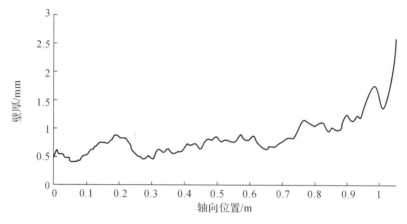

图 4.55　等寿命设计得到的爆震室壁厚沿轴向的变化

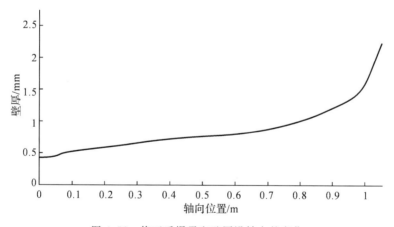

图 4.56　修正后爆震室壁厚沿轴向的变化

　　对修正拟合后的爆震室模型施加 30 Hz 真实载荷,计算了爆震室沿轴向 0.21 m,0.42 m,0.63 m 和 0.84 m 处的等效应力随时间的变化,结果如图 4.57 所示。从图中可以看出,爆震室沿轴向各位置处的等效应力为常幅谱,与前文中理论分析一致。这四个位置上的等效应力最大值分布在 72 MPa 左右,偏差为 ±5 MPa(4.93%)。将各处等效应力最大值与 4 mm 等壁厚爆震室的等效应力最大值进行了对比,结果如图 4.58 所示,可见,优化后爆震室前端位置处由于壁厚减小,其应力增大,不存在强度储备过大的现象。采用等寿命设计后,爆震室的质量比初始 4 mm 等壁厚爆震室减轻了 79.63%,比等壁厚优化后的 2.03 mm

爆震室减轻了 32.82%。

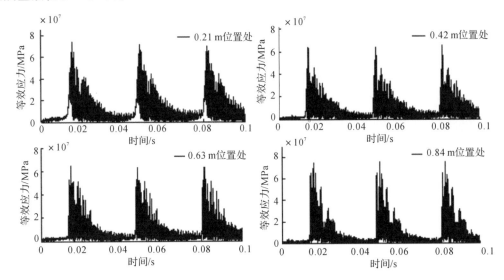

图 4.57　等寿命优化后爆震室轴向不同位置处的等效应力随时间的变化

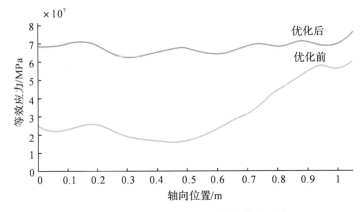

图 4.58　优化前后爆震室沿轴向等效应力

3. 等寿命设计的试验验证

在脉冲爆震燃烧室试验器上对等寿命设计的爆震室进行了试验验证。试验装置如图 4.59 所示。

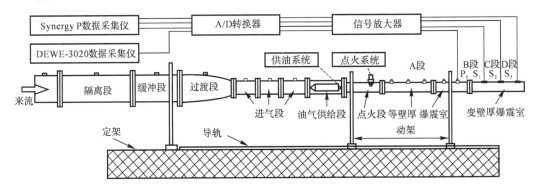

图 4.59　应变测量结构示意图

由于现阶段脉冲爆震燃烧室没有较好的冷却手段,30 Hz 爆震载荷产生的温度较高,不利于试验过程中应变的测量,所以试验中使用 5 Hz 爆震载荷对爆震室等寿命设计方法进行试验验证。爆震室的疲劳寿命依然定为承受 10 800 次爆震循环。使用等寿命爆震室设计方法,计算爆震室沿轴向各位置处壁厚分布,如图 4.60 所示。根据 4.5 节中压力载荷测试结果,5 Hz 爆震载荷下爆震室的热平衡温度要比 30 Hz 的低,但压力载荷峰值要比 30 Hz 的爆震载荷峰值略大,温度主要影响爆震室的应变,对爆震室的应力影响较小,对比计算结果可知,在 5 Hz 爆震载荷下计算出来的爆震室壁厚要比 30 Hz 的稍大。

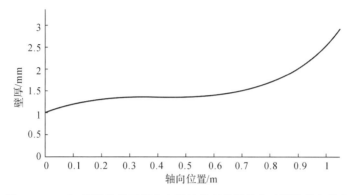

图 4.60　5 Hz 爆震载荷下等寿命设计得到的爆震室壁厚沿轴向分布

由图 4.60 可知,爆震室后段(700 mm 以后)的壁厚沿轴向近乎线性变化。因为等寿命设计的试验验证只需要验证爆震室不同位置处的疲劳寿命是否相同,并不需要加工整个变壁厚爆震室。所以爆震室前 700 mm 部分仍选择试验室中已有的 4 mm 等壁厚爆震室(图 4.59 中 A 段和 B 段),取后端 300 mm 爆震室作为研究对象。将这部分爆震室分为两部分,即 C 段和 D 段。C 段长度为 150 mm,壁厚固定为 2 mm;D 段长度为 150 mm,壁厚从 2 mm 线性变化到 4 mm。在壁厚分别为 2 mm,2.3 mm 和 2.5 mm 处分别安装了应变传感器,即图 4.59 中的 S_1,S_2 和 S_3,用来测量这三个点处的应变,从而验证其寿命是否相等。试验中还在爆震室 B 段的 P_0 点安装了压力传感器,目的是通过压力检测判断此处是否形成了爆震室波。

在确定爆震室中形成爆震波后,测量了 100 个工作循环的数据,对某个工作循环的应变响应进行放大后如图 4.61 所示。

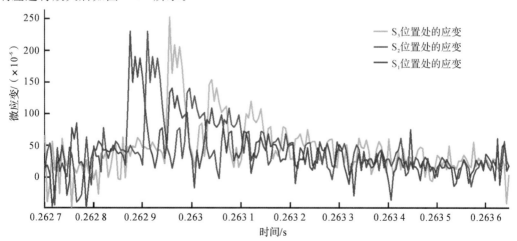

图 4.61　5 Hz 爆震载荷下 S_1,S_2 和 S_3 位置处应变响应放大图

在所采集的试验数据中,对 100 个工作循环中的压力数据和应变数据的峰值求平均值,由胡克定律可知:

$$\sigma = E\varepsilon \qquad (4.40)$$

式中:E 为爆震室弹性模量;ε 为爆震室应变。

根据应变峰值的平均值计算出对应的应力平均值,表 4.5 中给出了计算结果。

表 4.5　100 个工作循环中 S_1,S_2 和 S_3 位置处应变峰值的平均值及对应内、外壁的应力和寿命

位置	S_1	S_2	S_3
应变峰值的平均值/($\times 10^{-6}$)	252.1	241.3	229.8
对应外壁的应力/MPa	45.4	43.4	41.3
对应内壁的应力/MPa	68.7	66.5	63.8
疲劳寿命/($\times 10^5$)	2.48	2.65	2.72

分析表 4.5 可知,100 个工作循环中 S_1,S_2 和 S_3 位置处应变峰值的平均值及对应内、外壁的应力和寿命可知,沿轴向方向 S_1,S_2,S_3 处应变峰值的平均值是逐渐下降的,之所以会出现这种变化,是因为爆震波在爆震室后段传播过程中压力本身就会有所下降,载荷的下降是导致应变减小的直接原因,即使在载荷不变的情况下,从 $S_1 \sim S_3$ 位置爆震室的壁厚是依次增大的,爆震室壁厚的增加也会使得爆震室的应力下降,从而引起应变的依次减小。此外,动力放大系数也会影响应力和应变的大小。根据图 4.61 中应变峰值出现的时间差,结合 S_1,S_2,S_3 测点之间的距离可求得爆震波的传播速度为 1 354 m/s,该速度处于 2 mm 等壁厚爆震室临界速度附近,此时的动力放大系数最大。爆震室的壁厚增大后,临界速度增大,改变了爆震波传播速度和爆震室临界速度之间的相对大小,使得动力放大系数相应地减小,从而使爆震室的应力和应变产生变化。

根据应变测量结果,采用传统名义应力法计算了爆震室三个测点对应内壁处的疲劳寿命,结果见表 4.5。三个测试点对应内壁处的疲劳寿命均比目标寿命长,主要原因是试验时间较短,爆震室内外壁并未达到热平衡状态,测量出的应变要比数值计算得到的小。但三个点处的疲劳寿命相差在 8.82% 以内,考虑到试验测量和疲劳寿命估算过程中的误差,可以认为三个点处的疲劳寿命相同,即实现了爆震室等寿命设计。

参 考 文 献

[1]　彭畅新. 脉冲爆震外涵加力燃烧室关键技术研究[D]. 西安:西北工业大学,2013.

[2]　CHAPMAN W R, WHEELER R N. The propagation of flame in mixtures of methane and air[J]. Chem Soc, 1926, 12(4):309 - 312.

[3]　SHCHELKIN K I. Influence of tube roughness on the formation and detonation propagation in gas[J]. Exp Theor Phys, 1940, 10:823 - 827.

[4]　HELFRICH T M, SCHAUER F R. Ignition and Detonation - Initiation Characteris-

tics of Hydrogen and Hydrocarbon Fuels in a PDE［C］. Reno：45th AIAA Aerospace Sciences Meeting and Exhibit，2007.

［5］ BROPHY C M，HANSON R K. Fuel distribution effects on pulse detonation engine operation and performance［J］. Journal of Propulsion and Power，2006，22（6）：1155 – 1161.

［6］ RASHEED A，FURMAN A，DEAN A J. Experimental Investigations of an Axial Turbine Driven by a Multi – tube Pulsed Detonation Combustor System ［C］. Tucson：41st AIAA/ASME/SAE/ASEE Joint Propulsion Conference & Exhibit，Joint Propulsion Conferences，2005.

［7］ STANLEY S B，BURGE K，WILSON D. Experimental investigation of pulse detonation wave phenomenon as related to propulsion application ［R］. Arlington：AIAA，1995.

［8］ MUSIELAK D E. Injection and mixing of gas propellants for pulse detonation propulsion ［C］. Cleveland：34th AIAA /ASME /SAE /ASEE Joint Propulsion Conference，1998.

［9］ SCHAUER F，STUTRUD J，BRADLEY R. Detonation initiation studies and performance results for pulsed detonation engine applications ［C］. Reno：39th AIAA Aerospace Scienecs Meeting and Exhibit，2001.

［10］ WANG Z W，YAN C J，FAN W，et al. Experimental Study of Atomization Effects on Two – Phase Pulse Detonation Engines，Proc IMechE，Part G［J］. Aerospace Engineering，2009，223(6)：721 – 728.

［11］ 王治武，严传俊，范玮，等. 脉冲爆震发动机的点火-起爆性能［J］. 燃烧科学与技术，2009，15(5)：412 – 416.

［12］ 王治武，严传俊，范玮，等. 点火能量对脉冲爆震发动机性能的影响［J］. 推进技术，2009，30(2)：224 – 228.

［13］ LIEBERMAN D H，SHEPHERD J E，WANG F，et al. Characterization of A Corona Discharge Initiator Using Detonation Tube Impulse Measurements［C］. Reno：43rd AIAA Aerospace Sciences Meeting and Exhibit，2005.

［14］ ANGELES L. Investigation Of Transient Plasma Ignition For Pulse Detonation Engines ［J］. Journal of Loss Prevention in the Process Industries，2005，17（5）：365 – 371.

［15］ FROLOV S M，BASEVICH V Y，AKSENOV V S，et al. Initiation of Gaseous Detonation by a Traveling Forced Ignition Pulse ［J］. Doklady Physical Chemistry，2004，394(2)：16 – 18.

［16］ FROLOV S M，BASEVICH V Y，AKSENOV V S，et al. Detonation Initiation in Liquid Fuel Sprays by Successive Electric Discharges ［J］. Doklady Physical Chemistry，2004，394(4)：39 – 41.

［17］ LIEBERMAN D H，PARKIN K L，SHEPHERD J E. Detonation Initiation by a Hot Turbulent Jet for Use in Pulse Detonation Engines［J］. British Accounting Review，2002，34(1)：1 - 26.

[18] ISHII K，TANAKA T. A Study on Jet Initiation of Detonation Using Multiple Tubes [J]. Shock Waves，2005，14(4)：273 - 281.

[19] BRADLEY D，SHEPPARD C G W，SUARDJAJA I M，et al. Fundamentals of High - Energy Spark Ignition With Lasers [J]. Combustion and Flame，2004，138 (1)：55 - 77.

[20]   EDWARDS D H，THOMAS G O. The Diffraction of Detonation Waves in Channels with 90° Bends [J]. Combustion，1983，3(1)：65 - 76.

[21] THOMAS G O，WILLIAMS R L. Detonation interaction with Wedges and Bends [J]. Shock Waves，2002，11(6)：481 - 492.

[22] FROLOV S M，AKSENOV V S，SHAMSHIN I O. Shock Wave and Detonation Propagation through U - bend Tubes [J]. Proceedings of the Combustion Institute，2007，31(2)：2421 - 2428.

[23] FROLOV S M. Liquid - fueled Air - breathing Pulse Detonation Engines Demonstrator：Operation Principles and Performance [J]. Journal of Propulsion and Power，2006，22(6)：1162 - 1169.

[24] 王玮,肖俊峰,邱华,等. 螺旋脉冲爆震室实验[J]. 航空动力学,2016,31(11)：2561 - 2566.

[25] 邱华,王玮,范玮,等.U 型方管中爆燃向爆震转变特性试验研究[J].航空学报,2015,36(6):1788 - 1794.

[26] 陈景彬.多循环爆震载荷作用下爆震室强度理论与试验研究[D]. 西安：西北工业大学,2013.

[27] BROPHY C M，WERNER L T S，SINIBALDI J O. Performance Characterization of a Valveless Pulse Detonation Engine [C]. Reno：41st Aerospace Sciences Meeting and Exhibit，2003.

[28] TANG S C. Dynamic response of a thin - walled cylindrical tube under international moving pressure [D]. Michgan：University of Michgan，1963.

[29] SHEPHERD J E. Pressure Load and Structural Response of the High - Temperature Detonation Tube [R]. New York：Prepared for the U.S. Nuclear regulatory Commission，1992.

[30] BELTMAN W M，SHEPHERD J E. Linear elastics response of tubes to internal detonation loading [J]. Journal of Sound and Vibration，2002，252(4)：617 - 655.

[31] BELTMAN W M，BURCSU E N，SHEPHERD J E，et al. The structural response of cylindrical shells to internal shock loading [J]. Joural of Pressure Vessel Technology，1999，121：315 - 322.

[32] 严传俊,范玮. 脉冲爆震发动机原理及关键技术[M]. 西安:西北工业大学出版社,2005.

[33] 姜宏伟.脉冲爆震载荷作用下爆震室强度计算与分析[D]. 西安：西北工业大学,2011.

［34］　陈景彬，郑龙席，黄希桥，等.多循环脉冲爆震发动机爆震室内部压力分布实验研究
［J］.实验流体力学，2013，27(3)：41－46.

［35］　郑龙席，陈景彬，黄希桥，等.真实爆震载荷作用下爆震室动态响应分析与壁厚优化
［J］.航空动力学报，2013，28(11)：2579－2586.

［36］　郑龙席，严传俊，李牧.多循环 PDE 模型机爆震室壁温分布数值模拟［J］.燃烧科学
与技术，2007，13(5)：414－420.

［37］　郑龙席，严传俊，范玮，等.脉冲爆震发动机模型机爆震室壁温分布试验研究［J］.燃
烧科学与技术，2003，9(4)：344－347.

［38］　姚卫星.结构疲劳寿命分析［M］.北京:国防工业出版社,2003.

［39］　李少华.真实爆震载荷作用下爆震室等寿命设计方法研究析［D］.西安：西北工业大
学，2016.

第5章 压气机与脉冲爆震燃烧室匹配

5.1 引 言

与传统等压燃烧室不同,脉冲爆震燃烧室是一个周期性工作的部件,且爆震燃烧过程具有自增压特性(爆震波后燃气压力可达 $1.51\sim5.57$ MPa),所以爆震室工作过程中会产生周期性、高幅值压力脉动向上游传播,即压力反传现象。当爆震室头部未采取任何减小反传压力的措施时,其进口最大峰值压力可达来流总压的 3 倍以上。进气道/压气机(风扇)出口来流是一个近似稳态流动,当爆震室的周期性强脉动作用在进气道或压气机(风扇)出口时,会影响进气道/压气机(风扇)的正常工作,使进气道/压气机(风扇)的效率降低,严重时甚至造成进气道不启动或压气机喘振,进而导致爆震不稳定或熄火。当爆震室头部压力脉动幅值较大时,部分燃气也会从爆震室进口反向流入进气道/压气机(风扇),给发动机的性能带来极大的损失甚至烧坏压气机(风扇)叶片。

因此,无论是脉冲爆震冲压发动机还是脉冲爆震涡轮发动机,掌握反传生成机理并最终降低反传强度是其走向工程应用必须解决的问题。在成功抑制反传的基础上,才能成功实现压气机与燃烧室的匹配工作。

5.2 脉冲爆震燃烧室反传过程与机理

5.2.1 反传特性数值模拟[1]

单管脉冲爆震燃烧室计算模型如图 5.1 所示,采用二维轴对称数值模型。计算域包括进气段、脉冲爆震燃烧室及外场三部分。为了尽可能真实地反映压力与燃气反传过程与规律,设置较长的进气段长度,长度为 1 179 mm。进气段由等截面直段和过渡段两段组成,过渡段用于与混合段连接。脉冲爆震燃烧室内径 60 mm,由头部(混合段)及爆震段两部分组成。混合段长 226 mm,设置一个进气锥,进气锥的后端面形成推力壁。进气锥与壁面构成一个环形通道。爆震室长 1 297.5 mm。设置长 $10\times6D(D$ 为发动机直径)的外场以模拟发动机出口环境。外场与爆震室轴向重叠区域长度为 2.5D,爆震室内安装对称的半圆形障碍物。

计算采用非稳态二维轴对称 N - S 方程,化学反应采用 5 组分单步不可逆有限速率模型,采用有限体积法求解。湍流模型采用标准 k - ε 模型,近壁面采用标准壁面函数处理,采用多块非结构四边形网格,采用温度梯度自适应方法加密局部网格。本节采用与试验接近的小能量点火方法,在中心位置附近设置点火直径为 2 mm 的点火区域,该区域与试验中的点火区域轴向位置相同,点火能量为 0.5 J。计算中采用丙烷作为燃料,其起爆特性与试验中采用的汽油燃料相近。为了减少计算量,忽略燃油和空气的掺混、雾化过程,假设初始时刻爆震室填满温度为 300 K、化学恰当比的丙烷/空气可爆混合物。进气段内的初始压力根据试验经验值选取,取为 1.5 atm。爆震室及外场的初始压力为 1 atm。在压差的作用下,进气段及爆震室内流体开始向下游流动,模拟脉冲爆震燃烧室每个工作循环的进气过程。为了便于分析,混合段及进气段内监测面如图 5.1 中截面 1～截面 11 所示。截面 1 为环形通道的末端,与推力壁轴向位置相同。截面 2、截面 3 分别距离推力壁 73.5 mm,147 mm。截面 4 为进气段与混合段连接位置,可以认为是爆震室的进口。截面 5～截面 11 与截面 4 的距离分别为 95 mm,191 mm,314 mm,414 mm,514 mm,614 mm 和 714 mm。

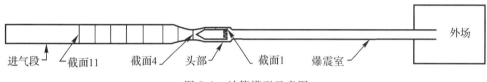

图 5.1　计算模型示意图

为了验证计算可靠性,图 5.2 给出了 $t = 0～6.7$ ms 内反压的计算值与试验值的对比。图中试验值为 20 Hz 时截面 5 位置测得的反压波形。计算值与试验值主要存在两方面的偏差。首先,试验条件下,截面 5 位置处的反压有一个突然的阶跃,这个阶跃是由于反压到达该位置引起的。但是,计算条件下,反压峰值形成之前,该处的压力经历了三次抬升。计算条件下前两次压力抬升是由于缓燃引起的压缩波向上游传播造成的。这说明计算时较高地估计了点火后缓燃波对进气段的扰动。另外,计算得到的峰值压力高于试验值。这是由于计算没有考虑化学反应中间过程及壁面散热引起的损失等造成的。总的来说,计算结果与试验结果基本吻合。这说明本书所采用的计算方法可以用来估计脉冲爆震燃烧室进气流道内的反压,这对于后续各种减小反压的结构设计具有指导意义。

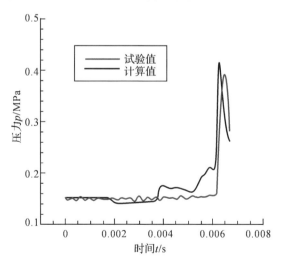

图 5.2　截面 5 位置反压计算值与试验值对比

图 5.3 给出了 $t = 4.85～6.8$ ms 时间段内的压力云图,图中压力值为总压。从图中可以看到,$t = 4.85$ ms 时,爆震波已经排出爆震室,但是此时靠近出口的一段爆震室内压力仍然很高。这是因为爆震波形成之前会形成局部高温高压点,即爆炸中心。这些爆炸中心一方

面向下游发展成稳定的爆震波,另一方面迫使高压燃气向上游进气段方向回传,即所谓的回传爆震,如图 5.3 中左图箭头所示。由于爆震室燃料已经被消耗,加上流动损失,反压向上游传播的过程中强度逐渐减弱。反压在爆震室传播的速度很快,在 1 ms 内即跨越了整个爆震室,当 $t=5.4$ ms 时已经到达推力壁下游,如图 5.3 中右图所示。反压到达推力壁后,绕过推力壁继续向上游进气流道传播,其强度进一步减弱,如右图箭头所示。从图中还可以看到,回传压缩波到达进气流道之前,进气流道内也受到了一定的扰动。这是因为点火后,缓燃引起的压力扰动向上游传播。相比于回传爆震,该扰动强度较小,并且逐渐被回传爆震引起的压缩波赶上。反压向上游传播的过程中,尾部的膨胀波束传入爆震室,使得爆震室内的压力不断下降。但是由于爆震室较长,当反压到达进气段时,膨胀波仍未赶上前传的压缩波,这使得很长一段进气流道都受到了反压的影响。所以,应该尽可能地减小爆震室的排气负担,使得膨胀波束能够尽快追上前传的压缩波,从而减小进气流道内的压力扰动程度及影响范围。较短的爆震室长度或者 DDT 距离是减小进气流道内反压的有效方法,这依赖于可靠的短距起爆技术。

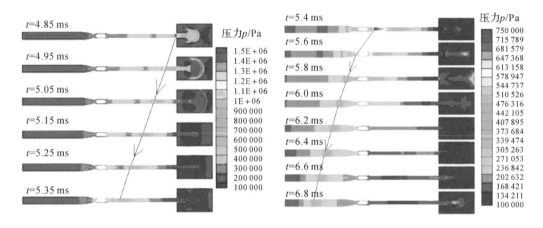

图 5.3　不同时刻的压力云图

　　为了定量地得到反压的大小,图 5.4 给出了爆震室头部及进气段内反压峰值沿轴向位置及时间的变化。左图中横坐标代表该轴向位置与推力壁的距离,每个离散点对应上文所述的截面 1～截面 11。右图中横坐标代表左图中每个反压峰值出现的时刻。总的来说,反压由爆震室头部向上游进气段传播的过程中,峰值压力逐渐减小,由截面 1 位置处的 0.604 MPa 降到截面 11 位置处的 0.383 MPa。值得注意的是,截面 4 位置峰值压力有一个突跃,截面 6 位置也比截面 5 位置处的峰值压力略高。这可能是由对应位置的流道截面积的突变引起的。但从图中可以看到,这两个位置并未影响反压峰值的变化趋势。也就是说,这两个位置的上游,即截面 5 和截面 7 的峰值压力又有了较大幅度的下降。综合图 5.4 右图可以进一步看到,反压向上游传播的过程中减小的速率逐渐变慢。这说明发动机头部及进气段流道的结构有待进一步优化,使得反压向上游传播的过程中,其强度能够在尽量短的距离及时间内减小到可以接受的水平。这可以通过在流道内布置障碍物来实现,但障碍物会影响进气段的进气过程,使得正向流动损失增大。所以,进气段的优化应该综合考虑这两方面,使得正向进气流动损失尽量小,而反向流动损失尽量大。

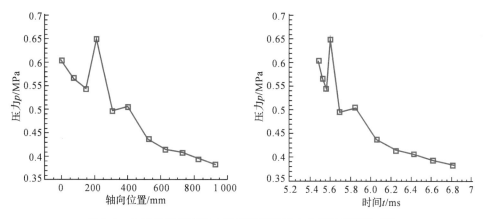

图 5.4　头部及进气流道内反压峰值沿轴向位置及时间的变化

反传燃气的传播可以根据燃烧产物 CO_2 的质量分数来分析。图 5.5 给出了 $4.85 \sim$ 6.8 ms 时间段内的 CO_2 质量分数云图,图中对应时刻与图 5.3 中相同。从图 5.5 中可以看到,$4.85 \sim 5.4$ ms 时间段内,回传爆震到达推力壁之前,即回传爆震在爆震室内向上游传播的过程中,燃气向上游也有一定的回传,但并不严重。这阶段的燃气回传主要是由于缓燃引起爆震室上游压力升高引起的。而回传不严重有两方面原因:一方面,回传爆震到达之前,爆震室上游的压力不高;另一方面,开始阶段,进气流道内的进气过程并没有停止,这也使得燃气不易向上游回传。$t=5.35$ ms 时,燃气并没有传出头部(截面 4 位置 CO_2 质量分数为 0),而且头部上游流道内的 CO_2 浓度并不高。从图 5.5 右图可以看到,$t=5.4 \sim 5.8$ ms 时间段内,由于此时回传爆震传过头部,当地压力的升高使得燃气在这段时间内回传比较严重,回传爆震也把燃烧室内偏下游位置处的燃气带入头部。$t=6.0 \sim 6.8$ ms 这段时间内,燃气向上游回传的速度逐渐减弱,直至停止。这段时间内,回传的压缩波继续向上游进气流道传播,但是尾部的膨胀波束使得爆震室及头部压力持续下降,正向压差使得回传燃气逐渐停止向上游流动。由于反传燃气温度较高,自身具有较大的动量,其反传会影响进气装置乃至发动机的正常工作,也会降低其推进性能。因此,应该尽量减小回传。类似于前面的分析,较短的爆震室会降低排气负担,使得反传燃气在尽可能靠下游的位置便停止向上游流动。

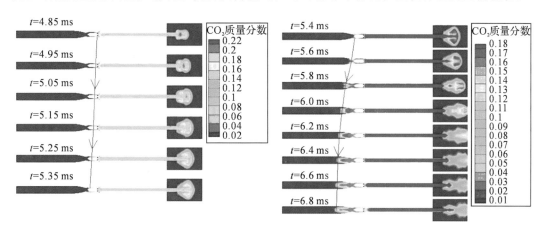

图 5.5　CO_2 质量分数云图

图 5.6 给出了头部及进气流道内反流速度峰值沿轴向位置及时间的变化。左图中横轴坐标代表该轴向位置与推力壁的距离，每个离散点对应上文所述的截面 1～截面 11。左图中纵坐标符号为正，说明该位置的反流速度方向指向上游。右图中横坐标代表左图中反流速度峰值出现的时刻。从左图中可以看到，反流经过头部时其速度峰值逐渐增大，结合右图中速度峰值出现的时间可以推断，这是因为这段时间回传爆震引起的反压正好经过头部，迫使反流加速向上游流动。与截面 4 位置相比，截面 5 及截面 6 位置的反流速度峰值大幅下降。如上述所分析，这是因为发动机尾部膨胀波束的作用导致的。截面 6 位置上游的进气流道内，反流速度峰值逐渐减小。值得注意的是，虽然速度峰值一直减小，但其方向仍然朝向上游，这说明上游较长一段进气流道内均出现了反向流动。但是图 5.5 中 CO_2 的质量分数云图表明，燃气到达截面 7 与截面 8 之间某个位置后便停止了向上游流动。因此，截面 8 位置上游进气流道内的反流并不是燃气，而是流道内的空气。其出现流动反向是因为反压一直朝上游传播，迫使进气流道上游的空气也向上游流动。由图 5.5 右图及图 5.3 右图可以看到，对应位置反压峰值出现的时间和反流速度峰值出现的时间基本同步。

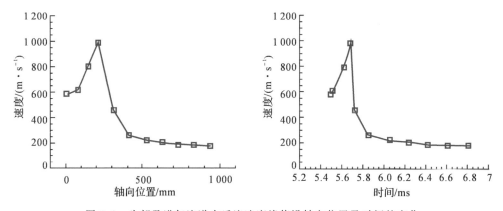

图 5.6　头部及进气流道内反流速度峰值沿轴向位置及时间的变化

图 5.7 给出了头部及进气流道内部分位置流动速度随时间的变化。可以看到，截面 1 位置与截面 4 位置分别于 6.40 ms 和 6.54 ms 时刻流动出现反向，即流动开始朝向下游方向。对比 $t=5\sim7$ ms 这段时间截面 7 位置与截面 10 位置处的流动，可以看到，两个位置处的流动出现了交替变化。这正好说明了进气流道受前传的反压和膨胀波束影响。反压使得进气流道上游依次出现扰动，并且使得当地流体向上游流动，由于扰动逐渐减弱，所以反流速度逐渐减小。而反压经过之后，随着压力的下降，当地反流速度逐渐减小，直到压差使得流动转向，继续向下游流动。

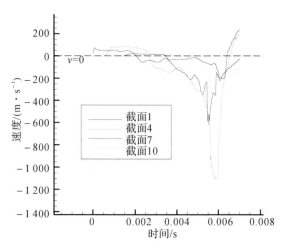

图 5.7　头部及进气流道内流动速度随时间的变化

5.2.2　反传特性试验[2]

1. 试验系统

单管脉冲爆震燃烧室试验器实物照片如图 5.8 所示。试验器内径 60 mm,总长 1 547 mm,包括进气段、混合段、点火段以及爆震段。一个工作循环内,来流经进气段进入混合段与燃油掺混,到达点火段并填充爆震室,由火花塞点燃混气,在爆震段经强化爆震转变装置形成爆震,燃气排出爆震室后,爆震室压力降低,可燃混气重新填充爆震室,进入下一循环。

图 5.8　单管脉冲爆震燃烧室试验器实物照片

进气、供油及油气掺混在头部混合段进行,其结构如图 5.9 所示。混合段总长 247 mm。混合段内有一个进气锥,用以减小进气阻力,来流经进气锥流入,经环形通道进入点火段。进气锥与推力壁之间有一个空腔,其容积大小可以通过堵头调节。空腔沿径向开有两个对称的方形放气槽,以实现通过放气减小进气段反压的目的。

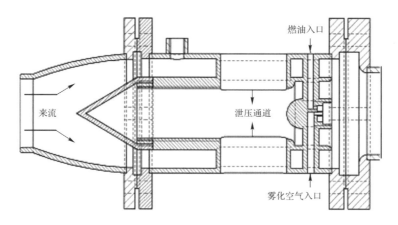

图 5.9　混合段结构示意图

点火段的作用是进一步加强燃油与空气混合,形成可爆混合物,并利用点火器点燃混气。图 5.10 是其安装实物图,长度为 300 mm。为了降低点火区风速和调节点火位置,在点火段壁面上设计了多个径向突扩的点火安装座。该点火安装座不仅能安装普通汽车火花塞,也能安装射流管及预爆管等不同的点火器。点火段后部沿法兰端面装有 Shchelkin 螺旋,以强化燃油和空气的混合并有利于点火。

爆震段的作用是使火焰与压缩波相互作用并不断加强,最终形成爆震波。爆震段内安装 Shchelkin 螺旋作为爆震增强装置。爆震段管壁布置有多个压力传感器安装孔,用于安装动态压力传感器,以监测爆震室内的压力变化。传感器安装座设计有水冷系统,以冷却传感器,减小由于高温带来的测量误差。

图 5.10　点火段安装实物图

PDC 试验系统示意如图 5.11 所示,其由脉冲爆震燃烧室、供油系统、供气系统、爆震点火及频率控制系统、数据采集系统等组成。采用无阀自适应的方式控制油气的填充,供油、供气由相应的调节阀门控制并由相应的流量计来测定其流量。由频率在 1～100 Hz 范围内连续可调的爆震点火及频率控制系统控制点火起爆。点火器能量可调,火花塞为普通汽车用火花塞。数据采集系统由压力传感器、电荷放大器及高速采集仪组成。压力传感器用于测量爆震室及进气道内的压力分布。压力传感器测量到的信号经电荷放大器由动态数据采集系统采集。高速采集仪使用 DEWE - 3020 十六通道数据采集系统,单个通道的最高采样率为 2×10^5 采样点/s。该基准结构包括来流进气装置,管道内径 110 mm,通过一个过渡段后其末端与脉冲爆震燃烧室进气段连接。采用压电传感器测量爆震室压力,采用压阻传感器测量进气段内反压。P_1,P_2 为压电传感器,P_3～P_5 为压阻传感器。P_1 距离推力壁 1 250 mm,P_2～P_5 距离推力壁 117 mm,200 mm,360 mm 和 650 mm。

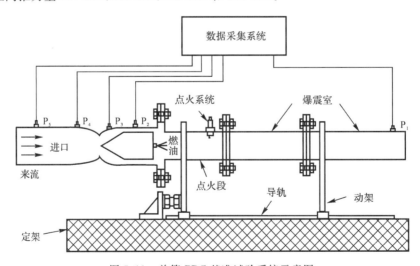

图 5.11　单管 PDC 基准试验系统示意图

2.试验结果与分析

在上述试验器上,调节堵头将混合段内腔完全封闭,开展基准试验。在基准试验中不安装任何减小反压的结构,目的是为了得到基准结构下进气段及来流进气装置内的反压数据,分析反压形成规律,同时便于与后续各种降低反压实验对比。

如图 5.12~图 5.14 分别为 15 Hz,20 Hz 及 30 Hz 时测得的 P_1 位置处压力波形图。从这些压力波形可以看到,各个频率下的压力峰值均超过了 2 MPa;图 5.15 是 20 Hz 时 P_1 位置处测得的单个波形的放大图,可以看到,压力上升沿约为 15 μs。可以判断,爆震室内生成了充分发展的爆震波。

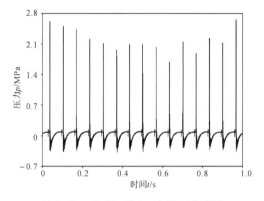

图 5.12　15 Hz 时 1 s 内的压力波形

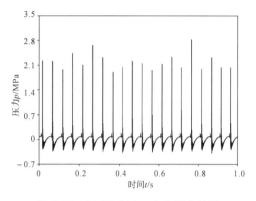

图 5.13　20 Hz 时 1 s 内的压力波形

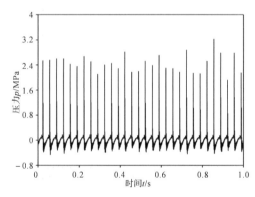

图 5.14　30 Hz 时 1 s 内的压力波形

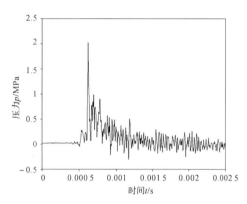

图 5.15　20 Hz 时 P_1 位置处单个压力波形放大图

这里以 20 Hz 为例,说明进气段内的反压形成及传播情况。图 5.16 是 20 Hz 时一个工作循环内各个测点测得的压力波形。由图可见,混合段及进气段都出现了明显的反压。反压峰值的大小代表了进气流道被扰动的程度。P_4 及 P_5 位置出现较明显的三次压力脉动。如图中左上角朝下的箭头所示,从压力扰动出现的时间可以判断(图中左边虚线所示),第一次压力峰值是由回传爆震引起的。可以推断,在测点 P_1 位置之前,出现了局部的高温高压点,即回传爆震。回传爆震向下游发展成稳定的爆震波,同时生成向上游传播的反压。反压向进气道传播的过程中依次引起沿程的压力扰动。这与前文的数值计算也是吻合的。同样从出现的时间可以判断(图中中间及右边两条虚线所示),后续两次压力脉动是由 P_5 位置传向 P_4 位置的,可以推断这两次压力峰值是由于上游进气流道的反射造成的。压缩波在进气流道内的反复振荡显然不利于进气段的工作,所以进气段也应该优化设计,以减少压力脉动。本书后续进行了一些来流进气段的优化研究。理论上,在形成充分发展的爆震波之前,会出现局部爆炸中心,正是这些区域的高压回传(回传爆震)使得进气流道内出现较高的反压。其次,点火后缓燃引起的爆震室压力升高也会使得压力回传。所以图中 P_2 位置的峰值压力是由两次较大的压力抬升形成的。由于回传爆震引起的压缩波速度更快,在 P_2 位置的上游某处赶上了缓燃引起的压缩波,所以 P_3 上游位置反压峰值都是一次压力抬升形成的。注意到 P_2 位置测得反压峰值压力要低于 P_3 位置。而 P_2 位置位于 P_3 位置下游,理论上其峰值压力要高一些。这是由于 P_2 位置采用的是压电传感器,测量的是该处的静压;另外,P_3 位置流道截面积有较大的变化。从图中还可以看到,P_2 及 P_3 位置出现压力扰动时间与爆震形成时间基本一致,这也说明回传爆震引起的反压到达发动机进气道之前,点火后缓燃引起的爆震室压力升高也会使得发动机进气段出现压力扰动。P_4 及 P_5 位置出现反压峰值的时间略微晚于爆震形成时间。而爆震室乃至进气段的泄压主要依靠爆震波传出爆震室后尾部产生的膨胀波束来完成。所以,对于吸气式脉冲爆震发动机(Aspirated Pule Detonation Engine,APDE)来说,减小爆震室的排气负担有利于减小进气道内的反压。换句话说,较小的 DDT 时间及 DDT 距离有利于减小进气道内的反压。较小的 DDT 时间使得排气过程提前,减小进气流道内的压力脉动时间;而较小的 DDT 距离能够减小爆震室内的排气负担,使得膨胀波束能够尽快追上前传的燃气及压缩波,从而减小进气流道内的压力扰动程度及范围。DDT 时间及距离的减小有赖于可靠的短距起爆技术。这与 PDE 的工程应用要求是一致的。后面对这方面也进行了专门的研究。

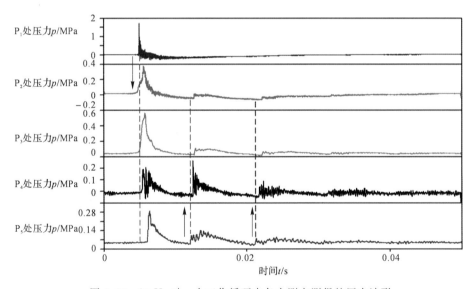

图 5.16　20 Hz 时一个工作循环内各个测点测得的压力波形

多次试验发现,各种结构下发动机进气段及来流进气装置内的压力变化趋势是类似的,其区别主要体现在反压峰值的大小。而反压峰值代表了进气流道内被扰动程度,也是本节关注的核心问题。所以下面主要分析比较 P_5 位置的反压波形。

如图 5.17 给出了脉冲爆震燃烧室以 10～30 Hz 工作时一个循环内 P_5 位置处的反压波形。图中的压力值为绝对压力。由图可见,每个频率下的反压波形相似。随着工作频率的提高,压力波动加剧。也就是说,随着频率的增加,进气段内压力震荡的时间占每个工作循环时间的比例增加。当工作频率为 30 Hz 时,整个循环内 P_5 位置几乎一直处于压力震荡。反压峰值随着工作频率增加而加大的原因主要有两方面:首先,随着频率的提高,发动机工作所需的空气量增加,使得来流的总压升高。由图 5.16 可见,频率提高时,压力波形的基线明显抬高。其次,随着工作频率的提高,每个工作循环的时间减小,爆震室及进气段没有足够的时间排气泄压,这也会加大进气段内的反压峰值。另外,从图 5.18 还可以发现,工作频率较高时,P_5 位置出现压力扰动的时间要早一些,这是因为频率较高时,爆震室内流速增加,湍流度加大,爆震波的形成时间减小,回传爆震的形成时间自然也会提前,因此 P_5 位置出现压力扰动的时间也会相应提前。

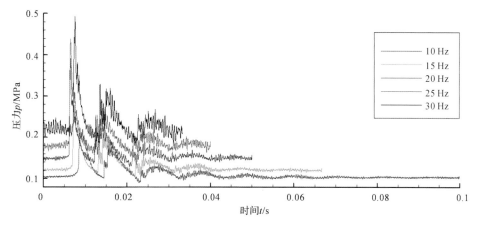

图 5.17　不同频率下一个工作循环内 P_5 位置测得的压力波形

图 5.18 给出了各个频率下 P_5 位置处的反压峰值及压力脉动比。这里压力脉动比定义为 P_5 位置处反压峰值压力(总压)和来流总压的差值与来流总压的比值。10～30 Hz 工作频率下,P_5 位置处反压峰值分别为 0.224 MPa,0.286 MPa,0.381 MPa,0.439 MPa 及 0.486 MPa。可以看到,随着频率的提高,反压峰值逐渐增大。反压峰值增加,进气流道被扰动的程度也会增加,这会降低发动机的推进性能。而当工作频率提高时,空气流量的增加使得发动机进气阻力增大。为了获得较好的推进性能,需要权衡工作频率、反压及进气阻力三者的关系。而压力脉动比随频率变化的趋势为先增加后减小,在频率为 20 Hz 时达到最大。压力脉动比更客观地反映了进气流道内的扰动程度,在来流总压一定的前提下,尽量减小反压峰值仍然是问题的关键。对于脉冲爆震涡轮发动机,比如脉冲爆震燃烧室用于替代主燃烧室或者用于外涵加力,为了保证压气机/风扇的正常工作,必须将反压控制在较低的水平,使得压气机/风扇能为爆震室提供一定压力的稳定来流而不受下游反压的影响。

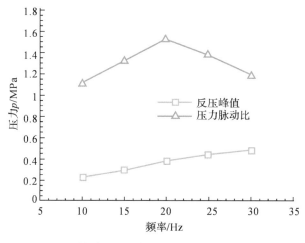

图 5.18　不同频率下 P_5 位置处的反压峰值和压力脉动比

5.3 脉冲爆震燃烧室头部反传抑制

5.3.1 爆震室结构与工作参数对反传的影响

以前面所述脉冲爆震燃烧室反传过程数值分析为基础,系统研究爆震室长度、填充度、内径和进气段结构等 PDC 结构和关键参数对反传特性的影响,探索降低反传的方法和途径。

1. 爆震室长度对反传的影响[3]

采用与 5.2 节类似的物理模型,仅改变爆震室长度。物理模型如图 5.19 所示,由进气段、爆震室(头部混合段、爆震段)及外场组成。为了便于分析,混合段及进气段内监测截面位置如图 5.19 中 $S_1 \sim S_{12}$ 所示。S_1 为混合段环形通道末端截面,与推力壁轴向位置相同。S_2,S_3 分别距离推力壁 73.5 mm,147 mm。S_4 为进气段与混合段连接位置,也即是爆震室的进口。$S_4 \sim S_{12}$ 与推力壁的距离分别为 214 mm,309 mm,405 mm,493 mm,593 mm,693 mm,793 mm,893 mm,993 mm。为了考察爆震室长度对反传的影响,设置了五种不同长度的爆震室:400 mm,600 mm,800 mm,1 000 mm 和 1 200 mm。采用高温高压区点火方法,高温高压区域位于推力壁下游 200 mm 处。其他参数设置与前面所述相同,这里不再赘述。

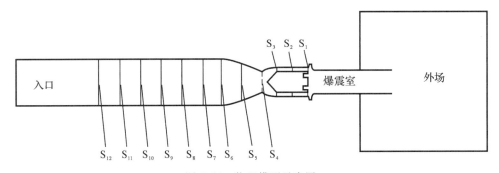

图 5.19 物理模型示意图

(1)爆震段长度对反传压力的影响。为了定量地得到反压的大小,图 5.20 给出了爆震段长度变化时,爆震室混合段及进气段内反压峰值(总压)随轴向位置的变化。图中横坐标代表轴向位置与推力壁的距离,离散点横坐标对应上面所述的 $S_1 \sim S_{12}$ 截面轴向位置,五条曲线分别代表不同的爆震段长度。可以看到,当爆震段长度为 400 mm 时,混合段及进气段内的反压峰值明显较低。爆震段长度大于 400 mm 时,混合段反压峰值差别很小,但当爆震段长度为 600 mm 时,S_6 截面及其上游流道内反压峰值较之更长的爆震段有较大幅度的下降。当爆震段长度大于 600 mm 时,随着爆震段长度增加,混合段及进气段内的反压峰值有一定的抬升,但幅度不大。当爆震段长度从 400 mm 增长到 1 200 mm 时,S_{12} 位置处的反压峰值增加了 0.171 MPa。

图 5.21 给出了不同爆震段长度下 S_4 位置处的反压随时间的变化。可以看到,当爆震段长度从 600 mm 增长到 1 200 mm 时,尽管该位置的反压峰值差别不大,但是随着爆震段长度的增加,反压减小的速度越来越慢。这是因为头部及进气段内压力下降依赖于尾部膨

胀波的作用,当爆震段长度增加时,膨胀波形成的时间推迟,膨胀波到达上游的时间同样会推迟。在膨胀波到达进气段内对应的位置之前,该处压力会一直维持在一个较高的水平。从图 5.21 可以推断,当爆震段长度从 400 mm 增加到 1 200 mm 时,反压下降到初始值(对应图中基线)的时间增加了 2 ms 左右。显然,S_4 位置上游的流动压力"恢复"的时间也会随着爆震段长度的增长而增加。实际工作中,进气段内的反压低于来流压力时,才能进行下一循环的填充过程。所以,反压下降时间的增加不仅延缓了爆震室的填充过程,影响进气段的工作,同时增加了每个工作循环的时间,使得爆震室的极限工作频率下降。

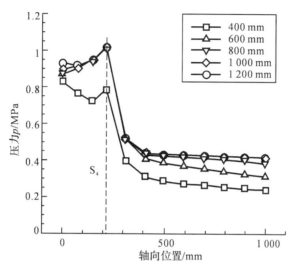

图 5.20　不同爆震段长度下反压峰值随轴向位置的变化

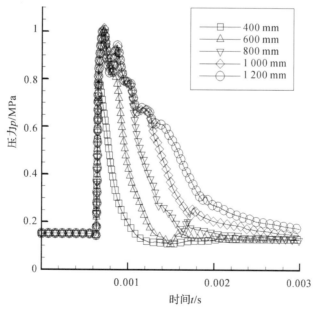

图 5.21　不同爆震段长度下 S_4 位置反压随时间的变化

(2)爆震段长度对反流的影响。为了比较不同爆震段长度下进气段内的流动情况,图

5.22 给出了爆震段长度变化时,头部及进气段内流动速度峰值随轴向位置的变化曲线。图中横坐标代表该轴向位置与推力壁的距离,纵坐标为正表示该位置的流体流动方向朝向上游。与图 5.21 中反压的情况类似,流动速度峰值先增大后减小,这说明反流速度与当地压力梯度是相关的。当爆震段长度为 400 mm 时,头部及进气段内的流动速度明显偏小;而当爆震段长度从 800 mm 增长到 1 200 mm 时,流动速度峰值变化不大。尽管流动速度逐渐减小,但是从 $S_1 \sim S_{12}$ 截面,流动方向一直是向上游的。这说明进气段内很长一段距离都受到了反传压力的扰动,使得流动反向。图 5.23 进一步给出了不同爆震段长度下 $S_8 \sim S_{12}$ 截面反流速度峰值出现的时间随轴向位置的变化。可以看到,随着爆震段长度的变化,由于反压传播速度较快,进气段内对应位置反流速度峰值出现的时间差别很小。

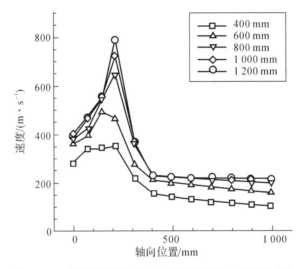

图 5.22　不同爆震段长度下速度峰值随轴向位置的变化

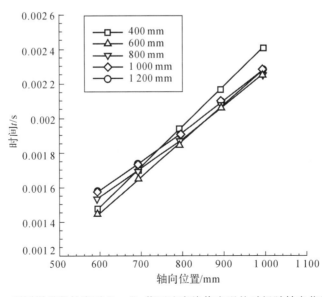

图 5.23　不同爆震段长度下 $S_8 \sim S_{12}$ 截面速度峰值出现的时间随轴向位置的变化

图 5.24 给出了不同爆震段长度下 S_{12} 截面位置流动速度随时间的变化关系。图中速度为正表示速度方向朝向上游。$t = 2\ \text{ms}$ 之后,该位置流动速度出现阶跃,这是由于反传的压缩波到达此处,迫使当地流体向上游流动。另外,随着爆震段长度的增加,该位置反流速度峰值增大,并且在爆震段长度较短时该趋势更为明显。在所计算的时间段内,该位置的流动一直朝向上游。随着爆震段长度的增加,流动速度"恢复"的时间延长,并且在爆震段长度较长时这个趋势更为明显。这说明随着爆震段长度的增加,进气段受到的扰动加剧。上述两个趋势说明,类似于反压峰值的情形,反流速度峰值的大幅下降和进气段内较快地实现再次填充都依赖于爆震段长度的大幅缩短。

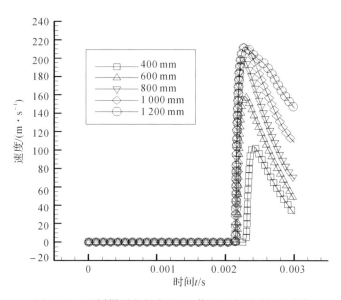

图 5.24　不同爆震段长度下 S_{12} 截面速度随时间的变化

为了进一步分析进气段内反流的成分,图 5.25 给出了不同爆震段长度下 CO_2 向上游进气段扩散的极限位置,这代表了进气段被燃气影响的范围。可以看到,当爆震段长度为 400 mm 时,燃气影响的范围限于爆震段以内,头部及进气段并未受到燃气影响。随着爆震段长度的增长,燃气的影响范围逐渐扩大。图 5.26 同时标出了不同爆震段长度下燃气扩散到该位置时对应的时间。可以看出,当爆震段长度增加时,进气段受反传燃气影响的时间也增加了。值得一提的是,当爆震段长度大于等于 800 mm 时,爆震段上游到进气段下游这一段流道内,CO_2 浓度出现了前面所述的燃气分布不连续的现象。而当爆震段长度为 600 mm 和 400 mm 时,流道内未出现燃气分布不连续的现象。这是因为爆震段长度较短时,爆震段的排气负担较小,排气更为迅速,燃气传入上游进气段之前,在膨胀波束的作用下,反传的燃气已经反向并流向下游。这也说明,爆震段长度较短对于发动机的工作是有利的。

图 5.26 进一步给出了 $t = 3\ \text{ms}$ 时不同爆震段长度下 CO_2 的浓度云图。可以看到,当爆震段长度为 400 mm 时,该时刻爆震段基本完成了排气过程,燃气基本排出了爆震段,进气段也没有受到燃气的影响。随着爆震段长度的增长,排气负担加大,当爆震段长度为 1 200 mm 时,靠近头部的爆震段内排气才刚刚开始,并且上游较长的一段进气段都受到了反传燃气的影响。

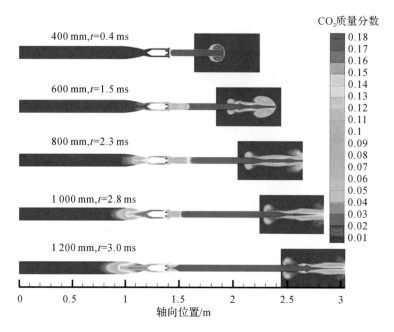

图 5.25　不同爆震段长度下燃气扩散极限位置对比

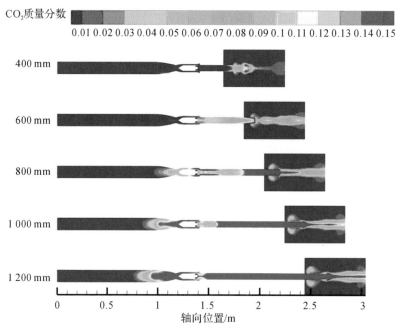

图 5.26　$t=3$ ms 时不同爆震段长度下 CO_2 的浓度云图

2. 进气段对反传的影响

本节设计了三种不同结构的进气段,以达到优化进气段结构,进一步降低反传的目的。同时研究了进气段堵塞比对反传的影响[4]。

(1)进气段结构对反传的影响。图 5.27 是设计的三种不同结构进气段,分别以结构 1、结构 2、结构 3 表示。为了便于比较，以前面一节采用的计算模型为基础，进气段不安装任何障碍物(结构 0)为基准。为了节约计算时间，基准进气段(结构 0)改为等截面进气段，进气段内径为 80 mm，长度为 2 000 mm。结构 1 为"锯齿形"进气段，结构 2 为"楔形"进气段，结构 3 为"梳形"进气段。三种进气段均具有正向流阻较小，而反向流阻较大的特点。三种进气段长度相同，最小截面积相等，堵塞比为 0.56，障碍物径向高度与头部环形通道径向高度相等。进气段剖视图上所有对称两条"斜边"的夹角均为 60°。进气段末端仍然设置一个进气锥，进气锥锥角为 60°。爆震室内径为 60 mm，长度为 800 mm。采用高温高压区点火，高温高压区域位于推力壁下游 200 mm 处。其他参数设置与上一节所述相同，这里不再赘述。

图 5.28 给出了不同进气段结构下进气段内反压峰值随轴向位置的变化。可以看到，结构 0 基础结构下，反压峰值除了在头部有较大幅度的下降外，在上游等截面进气段内下降非常缓慢，在头部上游的一段进气段内甚至出现了一定的抬升。相比结构 0 结构，其他三种进气段结构下，进气段内的反压峰值均有大幅的下降。其中，结构 2 和结构 3 两种结构降低反压的效果更加明显，两者的效果相当。结构 1 结构降低反压的效果稍弱于结构 2 及结构 3。但是，在进气段更上游的位置，结构 1 结构与结构 2(或结构 3)结构反压峰值的差值越来越小。另外，从图中还可以看到，在进气段更上游的位置，三种进气段内反压峰值下降的速度甚至不如等截面进气段，随着反压峰值的变化，进气段结构也应相应调整，以达到最优的降低反压的效果。

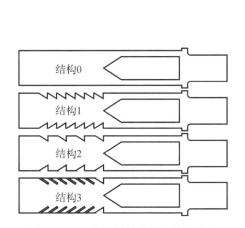

图 5.27　四种不同的进气段结构示意

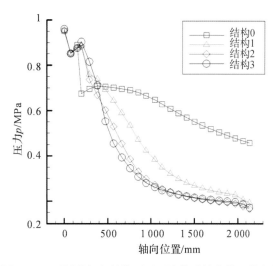

图 5.28　不同进气段结构下反压峰值随轴向位置的变化

图 5.29 进一步比较了不同进气段结构下进气段内反流速度峰值随轴向位置的变化。可以看到，三种结构进气段内的反流速度峰值均有大幅的下降，而结构 2 结构最为明显。可以推断：一方面，障碍物本身使得反压在传播过程中强度不断下降；另一方面，障碍物的存在延缓了反压及反流的传播，排气过程对该部分的泄压时间相对增加，因此泄压效果增加。

图 5.30 比较了不同进气段结构下燃气扩散的极限位置。类似于反压的情形，三种进气段均能有效抑制燃气的反传，燃气对进气段的影响明显减小。而三种进气段对燃气反传的抑制效果差别不大。

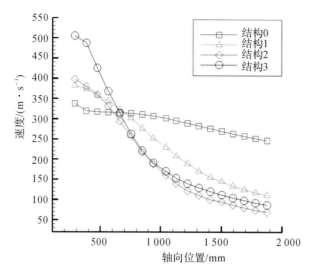

图 5.29　不同进气段结构下速度峰值随轴向位置的变化

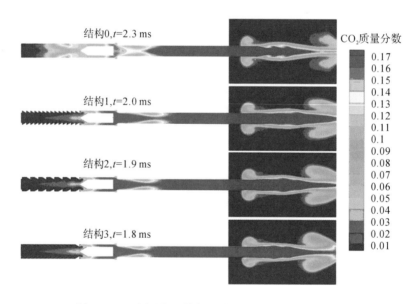

图 5.30　不同进气段结构下燃气扩散极限位置对比

（2）进气段堵塞比（Blockage Ratio，BR）对反传的影响。在上节基础上，本节选择第二种进气段结构（结构 2），就进气段阻塞比对反传的影响进行研究。其中堵塞比定义为沿投影方向（轴向方向）进气段被堵塞的面积与进气段总的流通面积（结构 0 进气段总的流通面积）之比值。本节计算的堵塞比分别为 0.3，0.4，0.5，0.6，0.7 及 0.8。由于阻塞比增大将增加进气段的正向流动损失，所以不宜过大。上述堵塞比下对应进气段最小截面直径分别为 67 mm，62 mm，56.6 mm，50.6 mm，43.8 mm 和 35.8 mm。图 5.31 给出了上述六种不同堵塞比下的进气段结构。不同堵塞比下的进气段结构类似，通过放大或缩小障碍物的尺寸来调节进气段的堵塞比。

图 5.32 比较了不同堵塞比下进气段内反压峰值随轴向位置的变化。总的来说，反压峰

值随着堵塞比的增加而下降。当堵塞比较大时,靠近头部的进气段内反压强度急剧下降。而在进气段更上游的位置,堵塞比较小时,反压强度下降更为迅速。类似于上一节的结论,这也说明随着反压强度的变化,进气段的结构也应相应地进行优化。图 5.33 给出了不同堵塞比下进气段内反流速度峰值随轴向位置的变化。类似于反压的变化,反流速度随着堵塞比的增加有较大幅度的下降。反流速度的下降显然有利于提升发动机的推进性能。

图 5.34 对比了不同堵塞比下燃气向进气段扩散的极限位置。随着堵塞比的增加,燃气扩散范围减小,燃气对进气段的影响时间也逐渐减小。当堵塞比增大至 0.8 时,燃气影响范围仅限爆震室头部,并未传入进气段。值得指出的是,随着堵塞比的增加,尽管反传得到进一步抑制,但是进气过程中的流动损失也会相应增加,因此应当综合考虑这两方面对进气段进行进一步的优化。

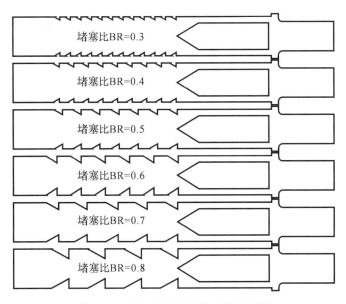

图 5.31　进气段不同堵塞比结构比较

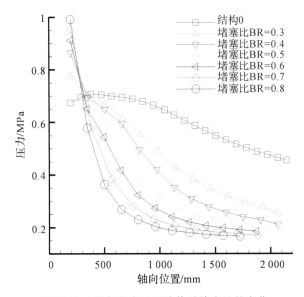

图 5.32　进气段内反压峰值随堵塞比的变化

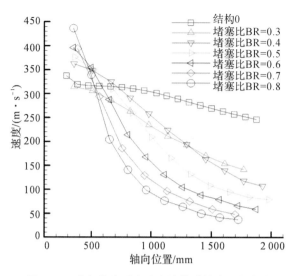

图 5.33　进气段内反流速度峰值随堵塞比的变化

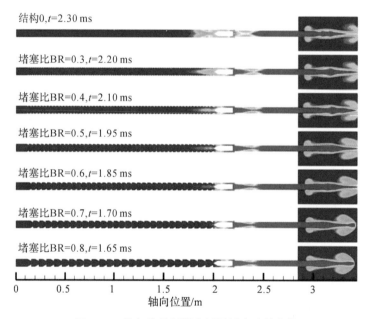

图 5.34　燃气扩散极限位置随堵塞比的变化

3. 爆震室填充度对反传的影响

填充度是脉冲爆震燃烧室工作的特征参数之一。爆震管部分填充混合物时,未填充混合物的爆震管相当于直喷管,因而能够提高 PDE 的推进性能[5-9]。Li 等人[5]研究了等截面爆震管中改变可爆混合物填充长度对发动机性能的影响。他们的研究表明可爆混合物与空气的界面及爆震管尾部的膨胀波控制着流场的发展,同时也影响着推力壁压力的变化及推力的大小。对于无阀脉冲爆震燃烧室而言,由于爆震管与进气段相通,因此填充度也会影响上游进气段的流场,即影响进气段的反传强度。本节在前文基础上,接着研究填充度对反传的影响。

仍然采用图 5.1 所示的物理模型,爆震室长度取 1 200 mm。填充度定义为可燃混气填充长度与爆震室长度之比。为了考察填充度对反传的影响,设置六种不同长度的填充度,分别为 0.5,0.6,0.7,0.8,0.9 及 1.0。填充度为 0.5 时,爆震室上游一半区域填充可燃混合物,下游另一半区域填充空气。填充度为 1.0 时,爆震室完全填充可燃混合物,其余填充度的情形以此类推。其他参数设置与上一节所述相同,这里不再赘述。

图 5.35 比较了不同填充度下进气段内不同轴向位置处的反压峰值。头部及靠近头部的进气段位置内,反压峰值差别很小。而进气段更上游的位置,相同位置处的反压峰值随着填充度的减小而有所降低。图 5.36 进一步比较了不同填充度下进气段 S_4 截面处反压随时间的变化。可以看到,随着填充度的变化,反压峰值差别确实很小。但是,类似于减小爆震室长度的影响,随着填充度的减小,反压下降速度开始加快。理论上,当爆震波传播到可爆混合物与空气的接触面时,会退化成一道无化学反应的激波,同时生成向上游传播的膨胀波。填充度减小时,膨胀波会更早传入上游进气段,因此,上述 S_4 截面处的反压下降速度随着填充度的减小而增加。另外,随着填充度的减小,爆震室的排气负担也会减小。同理,上游进气段内的反压峰值随着填充度的减小而减小。

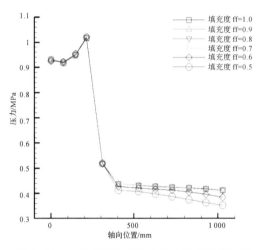

图 5.35　不同填充度下进气段内反压峰值对比

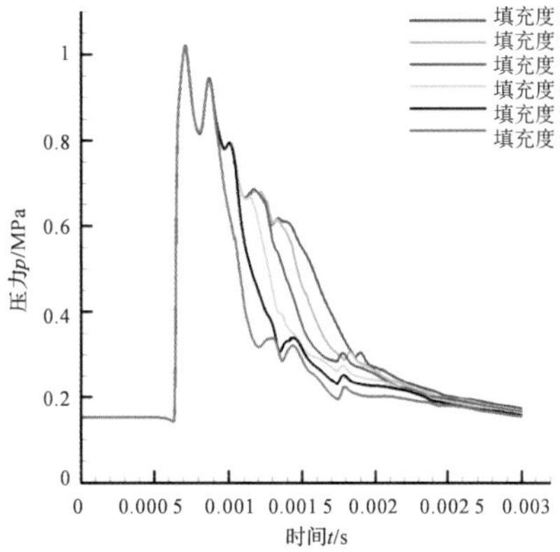

图 5.36　不同填充度 S_4 截面反压随时间变化

图 5.37 比较了不同填充度下 S_{12} 截面反流速度值与时间的变化关系。类似于反压的情形,反流速度峰值随着填充度的减小而减小,在填充度较小时这个趋势更为明显;反流速度的下降速度也随着填充度的减小而加快,同样地,该趋势在填充度较小时体现得更明显一些。

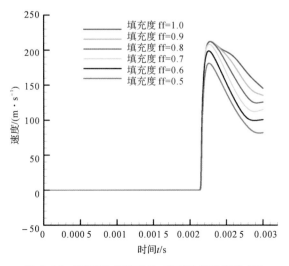

图 5.37　不同填充度下 S_{12} 截面反流速度值对比

图 5.38 比较了 $t = 3$ ms 时不同填充度下燃气扩散的位置对比。可以看到,随着填充度的减小,燃气扩散范围逐渐减小,但是其差别不太大。从图中还可以发现,在爆震室头部及进气段被燃气影响的流道内,相同位置处的燃气浓度也随填充度的减小而降低。这说明随着填充度的减小,头部及进气段的排气过程也会相应提前。

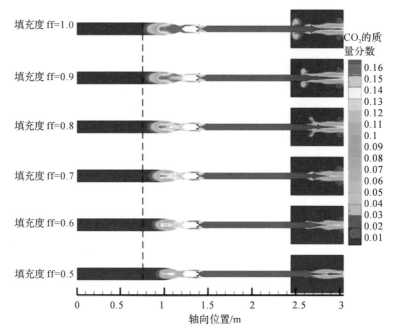

图 5.38　不同填充度下燃气扩散位置对比($t = 3$ ms)

4. 爆震室内径对反传的影响

对于脉冲爆震类发动机来说,爆震室内径也是一个关键的结构参数。其对发动机起爆难度、起爆时间及距离、工作频率、推力等性能参数都有重要的影响。本节主要关注的是爆震室内径对于反传特性的影响。

张群等人[10]的试验表明,爆震室直径增大时,爆震波压力波形及峰值压力接近,可以利用在较小尺寸 PDE 上的试验结果,应用尺寸律,对较大尺寸 PDE 的性能进行推断。王治武等人[1-3,11]的试验研究表明,对于内径较大的 PDE 而言,爆震室内径对波速没有明显的影响。对于采用液态燃料的两相 PDE 来说,爆震室内径首先要满足胞格尺寸的要求,因此内径不能太小;而实际应用中,起爆距离也不能太长,因此爆震室内径也不能太大。

本节分别研究了五种不同内径的爆震室,其内径分别为 40 mm,50 mm,60 mm,70 mm 和 80 mm。由于爆震室内径的变化,脉冲爆震燃烧室结构需要统一。图 5.39 是采用的爆震室物理模型示意图。与上面所述的物理模型有所区别,进气段为等截面进气段,长度为 1 000 mm。爆震室长度从 40 mm 变为 80 mm 时,进气段内径分别为 56.6 mm,70.7 mm,84.8 mm,99 mm 及 113.1 mm。进气段末端设置一个进气锥,进气锥锥角为 60°,进气锥后的环形通道长度统一设置为 100 mm,环形通道流通面积与爆震室流通面积相等。头部末端的推力壁外径与爆震室内径相同,使得反向流道在轴向投影方向封闭。环形通道末端通过一个收敛通道与爆震室连接,收敛角度为 60°。爆震室长度为 1 000 mm。外场区域长度为 10 倍爆震室内径,宽度为 6 倍爆震室内径,轴向与爆震室重叠区域为 2.5 倍爆震室内径。

采用高温高压区点火方法,高温高压区域位于推力壁下游 200 mm 处。其他参数设置与上一节所述相同,这里不再赘述。

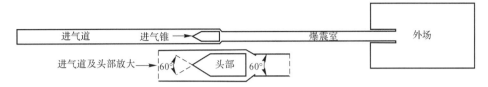

图 5.39　计算爆震室内径时采用的物理模型

　　图 5.40 给出了不同爆震室内径下进气段内不同轴向位置反压峰值随内径的变化。可以看到,进气段内反压峰值随着爆震室内径的增大而略有增加。当爆震室内径从 40 mm 增加到 80 mm,进气段内的反压峰值差值不超过 0.02 MPa。图 5.41 进一步给出了不同爆震室内径下距离进气锥前端 600 mm 截面处反压随时间的变化。可以看到,同一位置处,随着爆震室内径的增加,反压出现的时间稍有延后,但泄压时间基本一致。图 5.42 给出了不同爆震室内径下距离进气锥前端 600 mm 截面处反流速度随时间的变化。类似于反压的变化,爆震室内径变化时,反流速度变化也不大。

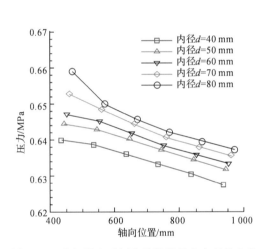

图 5.40　进气段内反压峰值随爆震室内径的变化

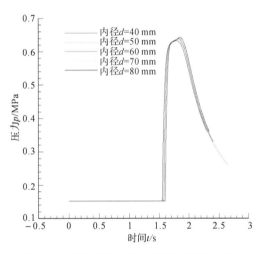

图 5.41　不同爆震室内径下进气段同一位置
反压随时间的变化

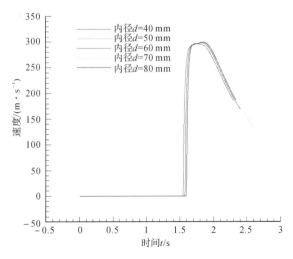

图 5.42　不同爆震室内径下进气段同一位置反流速度随时间的变化

为了进一步比较进气段内反流的成分,图 5.43 给出了 $t=2.3$ ms 时不同爆震室内径下 CO_2 的浓度云图。可以看到,随着爆震室内径的变化,该时刻燃气扩散位置基本相同。这说明爆震室的排气时间受爆震室内径变化的影响很小。

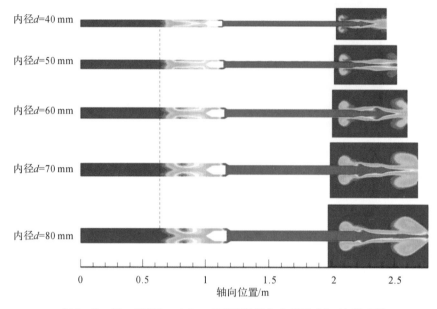

内径$d=40$ mm

内径$d=50$ mm

内径$d=60$ mm

内径$d=70$ mm

内径$d=80$ mm

轴向位置/m

图 5.43　同一时刻($t=2.3$ ms)不同爆震室内径下 CO_2 浓度云图

5.3.2　反传抑制

从 5.2 节的试验可知,多循环试验时,进气段内出现了较高的反压。30 Hz 时,测点 P_5 位置处的反压峰值甚至达到了 0.486 MPa。一个循环内,进气段内出现了强度较大的压力震荡。高强度的反压对发动机工作显然是不利的,不仅影响进气段的正常工作,减小发动机的极限工作频率,也会降低发动机的推进性能。同样地,当爆震室与压气机共同工作时,也需要大幅降低反压,以实现爆震室与压气机的稳定匹配工作。为了减小和抑制反传,本节进行了包括气动阀、机械阀、点火形式及进气段等一系列反传抑制隔离结构的设计与抑制效果的试验探索[4]。

本节首先采用 5.2 节所述的爆震室结构作为基准结构,在此基础上,进行了另外两组试验。方案 1:如图 5.11 所示,去掉堵头,将爆震室头部内腔全部打开,封住泄压槽;方案 2:头部内腔全部打开,调节放气泄压量(完全泄压),以期通过放气泄压实现减小反传压力的目的。

试验结果显示,完全泄压时的反压峰值最低,特别是当频率较高时体现得更为明显。这说明泄压是一种非常有效的降低进气段反压的方法。图 5.44 比较了工作频率为 20 Hz 时基准结构及上述两组试验下 P_5 位置处的反压波形。图中纵坐标为表压。可以看到,每个结构下压力脉动的趋势基本一致,但是压力大小有所区别。在头部内腔封闭及打开两种结构下,压力脉动及幅值基本相同。但是,完全泄压结构下,P_5 位置的压力幅值远小于另两种结构,而且压力脉动比其他两种结构要晚一些(延迟时间为 $1\sim2$ ms)。这是因为泄压结构下,由于头部与外界部分相通,相比其他两种结构,不利于爆震室内压力及温度的升高,局部高温高压点出现的时间推迟,即回传爆震出现时间推迟,所以进气段内压力脉动出现的时间也会延后。

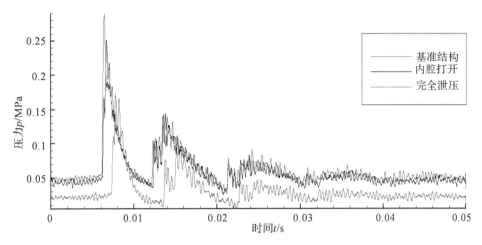

图 5.44　20 Hz 时三种试验方案下一个工作循环内反压波形对比

1. 气动阀

一般来说,吸气式脉冲爆震发动机分为两种,即气动阀式(无阀)和机械阀式。气动阀通过气动结构的设计实现减小反传压力影响的目的。它不需要额外的驱动及控制机构,因此整个系统更为简单。气动阀的功能相当于一个单向阀,使得正向进气阻力较小,而反向流动阻力较大。

国内的研究者们对气动阀式脉冲爆震燃烧室进行了大量的试验研究。试验结果表明,采用气动阀时,爆震室内能产生稳定连续的爆震波,气动阀对于燃油的雾化及燃油与空气的掺混具有重要的促进作用。然而,这些研究工作多是针对爆震波起爆特性进行的,爆震室能否生成稳定连续的爆震波是研究者关注的重点。有关气动阀对爆震室高压隔离作用的研究工作还很少见。总体来说,当前气动阀结构形式仍不够成熟,当发动机采用气动阀进气形式时,反传压力对进气段的影响要远远高于预期。

为了探索能够有效减小反压的气动阀结构,本节设计了两类气动阀:普通文丘里和防反文丘里。防反文丘里按照结构参数不同,也分两种。同样采用 5.2 节所述的试验系统,三种气动阀均安装于爆震室头部混合段与点火段之间。下文分别对试验结果予以详述。

(1)普通文丘里。普通文丘里的结构示意如图 5.45 所示,形成一个先收缩后扩张的流道,其喉道直径为 45 mm。相比于基准结构,由于普通文丘里的喉道流通面积不小于爆震室实际的流通面积,所以普通文丘里对气流的正向流动阻力影响很小。另外,普通文丘里先收缩然后扩张的流道有利于燃油与空气的掺混,因而有利于爆震室的起爆。考虑到上面的试验中头部内腔打开并没有起到有效减小反压的效果,这里针对普通文丘里也进行了三组试验,包括:①用堵头将头部内腔堵住;②完全放气(泄压);③局部泄压,考察头部泄压面积不同情况下的反传压力情况并对比。

图 5.46 比较了基于普通文丘里不同工作频率下上述三种实验时 P_5 位置处的反压峰值。可以看到,类似于上面的试验,泄压仍然能显著降低进气段内的反压峰值。而完全泄压结构比局部泄压结构更有利于减小反压峰值。这说明局部泄压结构下,头部的泄压凹槽只打开了一半,使得泄压通道的流通面积受到限制,因此泄压效果不如泄压凹槽完全打开时明

显。图 5.47 比较了工作频率 20 Hz 时,一个循环内基于普通文丘里的三种试验下 P_5 位置处的反压波形。同样地,采用泄压结构时,进气段内出现压力脉动的时间有所推迟;而相比于局部泄压,完全泄压时进气段出现压力脉动的时间更晚一些,原因与上面所述一致。

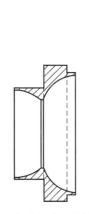

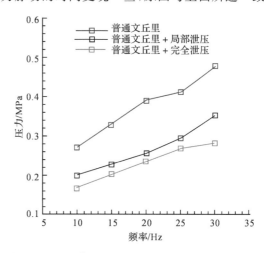

图 5.45　普通文丘里结构示意图　　图 5.46　基于普通文丘里的三种试验反压峰值对比

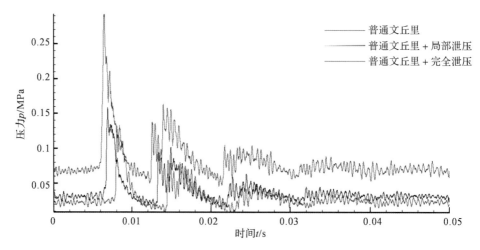

图 5.47　20 Hz 时一个循环内基于普通文丘里的三种试验反压波形对比

(2)防反文丘里。图 5.48 为防反文丘里结构示意及原理图,图中带箭头的红色曲线表示反传燃气的流动方向。反传燃气到达该处后,一部分经喉道继续向前流动,另一部分沿着图中所示流线流动。经过近 $180°$ 的偏转,该部分燃气获得一个向后的速度,流向爆震室出口,燃气在这部分流道里的迟滞使得尾部传过来的膨胀波束能在相对下游的位置赶上高温燃气,从而减小燃气对进气段的影响。同时反压经过该文丘里通道后,其总压减小,所以对进气流道的扰动也会减小。防反文丘里按照喉道面积大小分为"防反文丘里 1"和"防反文丘里 2"。防反文丘里等截面喉道使得喷嘴出口的燃油受到喉道的限制,不会造成壁面附近积油,改善点火区油气比,从而提高点火的稳定性。另外,由于文丘里喉道与头部内腔通道轴向对应,当采用泄压结构时,反流经文丘里喉道后,大部分将由头部内腔通道排出,同时大幅降低反传压力强度。燃气对进气段影响的减弱也有利于进气段及爆震室的稳定工作。

与普通文丘里类似,防反文丘里 1 也同样进行了三组试验,包括:①堵住头部内腔;②完全泄压;③局部泄压。图 5.49 比较了该结构下上述三组试验中 P_5 位置测得的反压峰值。可以看到,防反文丘里 1 结构结合完全泄压是非常有效的减小进气流道反压的方法。

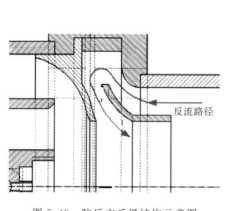

图 5.48　防反文丘里结构示意图

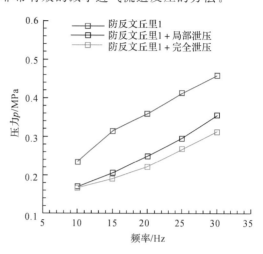

图 5.49　防反文丘里 1 三组试验反压峰值对比

鉴于防反文丘里 1 具有较好的减小进气流道反压的作用,本小节对该结构进行了进一步改进,减小其喉道直径,使得防反文丘里 2 内反流流通面积增大,这样能将更多的反传燃气引入文丘里通道。图 5.50 比较了采用两种防反文丘里时不同工作频率下 P_5 位置处的反压峰值。可以看到,防反文丘里 2 具有更好的降低反压的效果。这是因为防反文丘里 2 形成的反流流通面积增大,一方面使得降低反压的效应更明显;另一方面反流流通面积的增大使得文丘里与头部环形通道之间的流通面积减小,这样迫使更多的反传燃气进入头部内的空腔并最终从泄压通道排出。

图 5.51 比较了基准结构及三种气动阀结构下 P_5 位置处的压力脉动比。可以看到,压力脉动比与工作频率的关系大致为先增加后减小。第一种防反文丘里在 25 Hz 时压力脉动比达到最大,而其他结构在 20 Hz 时达到最大。基准结构下的压力脉动很剧烈。普通文丘里、防反文丘里 1 及防反文丘里 2 的压力脉动比依次减小。这说明本书设计的气动阀效果显著,能够大幅降低进气段内的压力脉动。

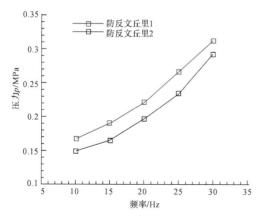

图 5.50　两种防反文丘里效果比较

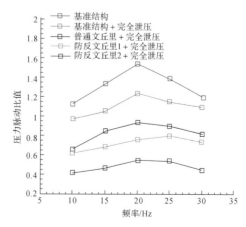

图 5.51　基准结构及三种气动阀压力脉动比较

2. 机械阀

传统意义上的旋转阀式脉冲爆震发动机通过旋转阀的开闭来匹配发动机工作循环的每个阶段。在进气阶段,旋转阀打开,而在爆震形成及部分排气阶段,旋转阀关闭。阀门的定时关闭使得爆震室内的高压燃气不会传入上游进气流道。而气动阀结构较为简单,通过气动设计实现减小反传燃气影响的目的。借鉴旋转阀及气动阀的特点,本节设计了三种不同的机械阀,旨在综合旋转阀能够有效减小反压和气动阀结构简单的特点。下面分别予以介绍。

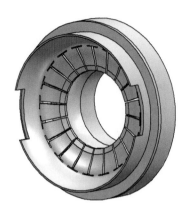

图 5.52　机械阀 1 结构示意图

(1)机械阀 1。机械阀 1 结构如图 5.52 所示。该机械阀是在防反文丘里 2 的基础上改进而来的。将该防反文丘里 2 靠近来流的前半部分等分成 20 个部分,每部分形成一个独立的"阀片"。该机械阀的设计意图在于:当高压反传燃气回传时,每个独立的"阀片"在压差的作用下,向上游方向偏折,从而减小反传燃气的流通面积并降低其压力。而在填充过程中,"阀片"向下游方向偏折,使得流通面积增大,从而减小进气阻力。

由于机械阀 1 是在防反文丘里 2 的基础上改进而来的。所以下面对这两种结构的效果进行了比较。图 5.53 给出了工作频率为 20 Hz 时采用机械阀 1 与防反文丘里 2 进气段内 P_5 位置处的反压波形。两种结构各频率下发动机空气流量保持一致。结合其他工作频率的反压情形,总体来说,相比防反文丘里 2,机械阀 1 并没有起到减小反压的效果。如上面所述,机械阀 1 起到降低反压的关键在于每个"阀片"能够在压差的作用下作动。虽然相对独立,但是每个"阀片"的根部仍然与文丘里的前半部分连接在一起,考虑到强度的限制,"阀片"的厚度不能太薄。而空间的限制使得"阀片"的长宽比有限,压差造成的力矩也有限。所以,"阀片"很难在试验中出现理想的作动位移量。另外,由于要保证每个阀片不会互相干涉,阀片之间留有一定的间隙,这使得部分燃气能够穿过机械阀直接进入头部的环形通道。在进气阶段,由于进气阻力减小,机械阀 1 的进气总压低于防反文丘里 2。上述两方面的原因导致机械阀 1 没有实现预期的减小反压的目的。图 5.54 比较了不同频率下机械阀 1 与防反文丘里 2 测点 P5 位置处的压力脉动比。可以看到,机械阀 1 的压力脉动比也高于防反文丘里 2。总体来说,机械阀 1 没有实现预期目的。

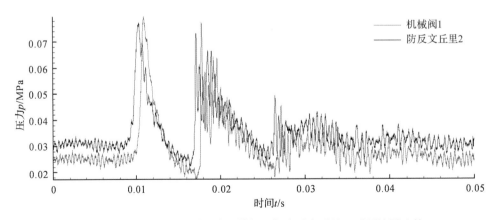

图 5.53　20 Hz 时一个循环内机械阀 1 与防反文丘里 2 反压波形比较

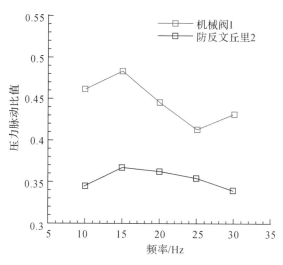

图 5.54　机械阀 1 和防反文丘里 2 压力脉动比较

（2）机械阀 2。针对机械阀 1 的缺点，这里在机械阀 1 的基础上对阀片进行了改进。如图 5.55 所示，机械阀 2 由三部分构成，包括前述构成文丘里的前后两部分（为了适应阀片的安装，文丘里前半部分进行了适应性改动）以及单独的阀片 [见图 5.55(b)]。单独的阀片仍然由 20 个分开的小阀片组成，置于文丘里的前后两部分之间夹紧固定。相比于机械阀 1，由于阀片是独立的，每个小阀片都能独立作动，解决了机械阀 1 阀片很难作动的问题。

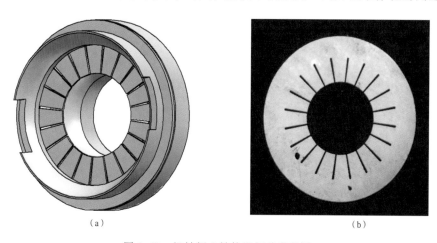

（a）　　　　　　　　　　　　　　　　　（b）

图 5.55　机械阀 2 结构及阀片实物图

图 5.56 比较了 20 Hz 时机械阀 2 与机械阀 1 一个工作循环内测点 P_5 位置处的反压波形。两种机械阀各频率下的空气流量保持一致。可以看到，相比于机械阀 1，机械阀 2 能够在一定程度上降低进气段内的反压峰值。试验中发现，频率较低时（如 10 Hz，15 Hz），反压峰值减小的幅度更明显一些。反压峰值减小的原因在于第二种机械阀试验中能够实现作动，在反压到达机械阀 2 时，阀片在压差的作用下向上游方向偏折，部分封闭通往发动机头部的环形通道，从而减小进气段内的反压峰值。

另外，比较不同工作频率下测点 P_5 位置处的压力脉动比也发现，各个频率下，机械阀 2 结构下进气段内的压力脉动比均比机械阀 1 有所降低。

（3）机械阀 3。第三种机械阀（机械阀 3）结构如图 5.57 所示。由文丘里、进气罩及阀片组成，文丘里与进气罩通过过盈配合连接成一个整体。进气罩内侧沿周向开有一圈（10 个）螺纹孔，每个阀片通过螺栓与进气罩连接。阀片宽度与进气罩进气孔内侧的宽度相同。进气罩的周向同时开有一排（10 个）进气孔用于进气。每个进气孔有一个收缩角度，使得沿进气方向，进气孔逐渐减小。安装后，阀片与进气孔一一对应。进气阶段，由于气流的作用，每个阀片向内（中心）偏折，使得流通面积增大；反流经过时，阀片向外偏折，部分封住进气孔，使得流通面积减小。

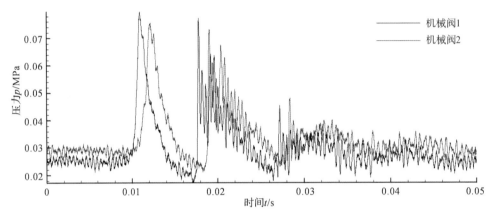

图 5.56　20 Hz 时一个工作循环内机械阀 1 与机械阀 2 P_5 位置处反压波形比较

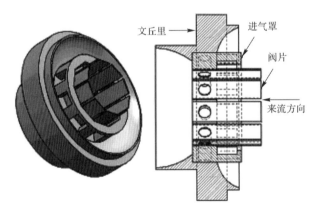

图 5.57　机械阀 3 结构示意图

图 5.58 比较了各个工作频率下机械阀 3 与防反文丘里 2 测点 P_5 位置处的反压峰值。图 5.59 给出了 20 Hz 时一个工作循环内 P_5 位置处机械阀 3 与防反文丘里 2 的反压波形。可以看到，相比于防反文丘里 2，机械阀 3 进一步降低了进气段内的反压峰值。从图 5.59 中反压波形的基线可以推断，尽管机械阀 3 结构更为复杂，但是相比防反文丘里 2，其进气阻力并未增加。

3. 点火方式对反传的影响

如何利用最小的点火能量，在最短的距离内产生爆震波是 PDE 研究中最为关键的问题之一。DDT 距离较长意味着发动机总长较长，发动机需要较长的排气时间。前面的数值研究表明，爆震室较长时，发动机出口产生的膨胀波束还未来得及追上前传的压缩波和燃气，后者已经传入了进气段,使得进气段内产生较大的压力脉动。因此,本节尝试不同的点火方式,包括射流点火及预爆管点火,旨在缩短 DDT 距离及爆震室长度,进而减小进气段内的压力脉动。

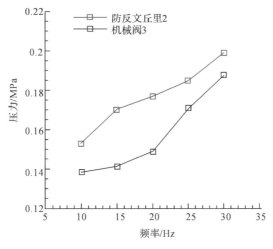

图 5.58 机械阀 3 和防反文丘里 2 反压峰值比较

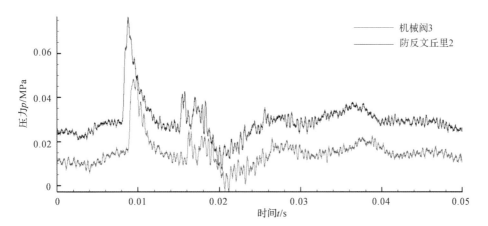

图 5.59 20 Hz 时一个工作循环内 P_5 位置处机械阀 3 与防反文丘里 2 反压波形比较

(1)射流点火。图 5.60 是试验中采用的射流管实物照片,包括引流管、固定螺母、点火段及调节堵头等。可燃混气经引流管引入射流管点火室,在点火室被点燃后形成一股热射流并进入发动机点火段,与普通点火相比,射流点火方法提高了点火能量及点火可靠性。射流管安装在径向突扩的点火座上。

图 5.60 射流管安装实物照片

图 5.61 比较了不同频率下采用射流点火与普通点火时 P_5 位置处的反压峰值。可以看到,射流点火并没有降低进气流道内的反压,工作频率不大于 20 Hz 时,反压基本相等。当工作频率进一步增大时,采用射流点火时反压峰值甚至高于普通点火。值得一提的是,尽管射流点火对于减小反压的效果不大,但是试验中发现,相比普通点火,射流点火方法能够提高点火稳定性及可靠性,使得爆震室工作更加稳定。

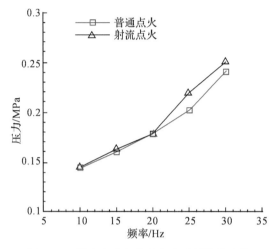

图 5.61 射流点火与普通点火反压峰值比较

(2)预爆管点火。上述射流管对于减小反压峰值及压力脉动没有实质的效果,其原因在于相比普通点火,其点火能量没有显著提升,仍处于同一量级。为了进一步提高点火能量,考虑预爆管点火方式,由于点火能量大大高于普通点火及射流点火,能显著缩短主爆管的 DDT 距离,因而有望减小进气流道内的压力脉动。

图 5.62 为预爆管结构示意图,包括混合段、点火段、爆震段及转接段,混合段布置两个径向对冲的进气孔提供预爆管所需空气,混合段左端布置一个气动雾化喷嘴提供预爆管所需燃油。点火段及爆震段布置 Schelkin 螺旋。预爆管与主爆管垂直安装。

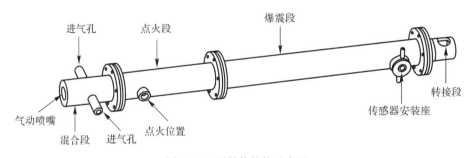

图 5.62 预爆管结构示意图

采用预爆管点火时,主爆震室的长度可以缩短。而较短的爆震室显然对减小反传压力及提升发动机性能都是有利的。

图 5.63 比较了 20 Hz 时采用不同长度的爆震室时 P_5 位置处的反压波形。图中 1 000 mm 表示爆震室长度为 1 000 mm,与普通点火及射流点火时长度相同。很显然,当爆震室长度减小时,反压峰值明显减小,压力脉动值也减小。这是因为爆震室长度减小时,发动机排气

负担减小,从而使得前传的压缩波和燃气对进气流道的影响减弱。显然,在能形成爆震波的基础上再增加主爆震室长度是没有意义的,所以接下来关于预爆管的研究中采用的主爆震室长度均为 500 mm。

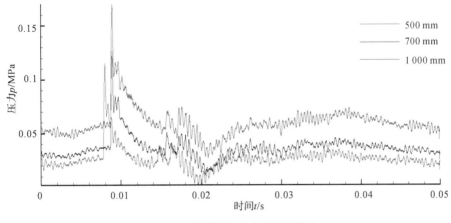

图 5.63　主爆管长度对反压的影响

图 5.64 和图 5.65 分别比较了不同频率下采用预爆管点火及普通点火时 P_5 位置处测得的反压峰值和压力脉动值。两种点火方式均基于防反文丘里 2 进行。可以看到,当工作频率为 10 Hz 及 15 Hz 时,预爆管点火的反压峰值要高于普通点火,而当频率进一步增大时,预爆管点火的反压峰值要低于普通点火,并且频率越高预爆管的优势越明显。当工作频率为 30 Hz 时,采用预爆管点火使得反压峰值降到了 0.226 MPa。随着工作频率的增加,两种点火方式下压力脉动值相当。

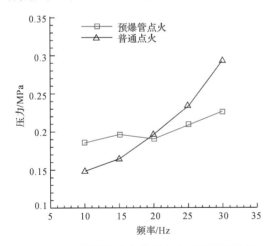

图 5.64　预爆管点火与普通点火反压峰值比较

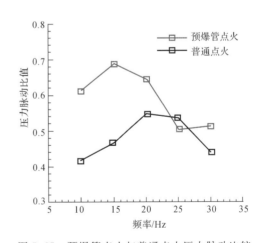

图 5.65　预爆管点火与普通点火压力脉动比较

5.3.3　反传完全隔离方法与机理

从上述的研究可以看出,试验中所采用各种气动阀和机械阀均能降低反传压力峰值,但都无法实现反传的完全隔离。为了彻底消除爆震室头部压力反传的影响,下面介绍一种利用组合气动阀与隔离段相结合来抑制及隔离反传的方法。

(1)试验装置与测试系统。整个试验系统由供气系统、供油系统、单管脉冲爆震燃烧室、爆震室进气段、点火系统和数据采集系统等组成,试验系统的示意图如图 5.66 所示。

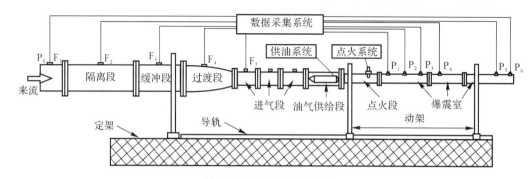

图 5.66　试验系统示意图

单管脉冲爆震燃烧室由油气供给段、点火段以及三段爆震段组成。爆震室进气段由隔离段、缓冲段、过渡段、三段单管进气段组成。隔离段内部可以安装气动隔离结构。缓冲段用于延缓反传压力作用在隔离段的时刻,从而让爆震室出口的膨胀波系能够赶上反传压缩波以减小其压力峰值,其长度可以根据试验需要进行延长或缩短。每段单管进气段内均可安装防反压气动阀结构。为了获得反传压力在爆震室进气段的传播情况,在隔离段进口前设计了压力测点 P_0 和 F_1,用以监测入口处来流的总压和反传总压。隔离段、缓冲段、过渡段以及第一段单管进气段中部都设计有反传总压测点 $F_2 \sim F_5$,以监测反传压力的传播规律。所有压力测点上均安装有高频动态压阻传感器,其量程为 $0 \sim 1.0$ MPa。

(2)试验结果与分析。

1)基准试验。首先进行基准结构(爆震室内没有任何减小反传的结构)下的试验调试,确保爆震室能实现多循环稳定工作,并获得基准结构下的压力反传规律以便与安装气动阀后的反压传播情况进行对比。

图 5.67 给出了在不同工作频率下爆震室 F_1 测点处平均反压峰值随爆震室工作频率的变化关系,图中还给出了反压峰值脉动量随爆震室工作频率的变化曲线。从图中可以看出,F_1 测点处反压峰值和峰值脉动量均随着爆震室的工作频率增加而增大。单管爆震室反压峰值随爆震室工作频率增加而增大的原因有两个方面:一是随着爆震室工作频率的提高,爆震室所需的空气流量增大,导致来流总压增加,进气段沿程的基线压力增大。冷态试验表明,当爆震室工作频率从 10 Hz 增大到 30 Hz 后,进气段来流总压测点 P_0 压力从 0.098 35 MPa 增加至 0.118 8 MPa。二是随着爆震室工作频率的增加,爆震燃烧过程各个阶段包括排气过程的时间缩短。在多循环工作过程中,上一个循环的压力反传在爆震室进气段造成的压力扰动尚未消失,下一个循环的反传压力又会在进气段造成新的压力扰动,即会产生相邻两个循环之间反传压力的相互叠加影响,进而导致在多循环工作状态下,爆震室的反传压力随着爆震室工作频率的增加而增大。图 5.68 给出了冷态条件下和热态多循环工作条件下 P_0 处的总压的对比。其中热态多循环工作条件下 P_0 处的总压为点火干扰信号前 5 ms 基线压力的平均值(可以认为此时爆震室处于填充阶段,P_0 处总压即为填充总压)。从图中可以看出,冷态填充总压要小于热态填充总压,且随着爆震室工作频率的提高,两者差值增大。这说明,在多循环工作条件下,P_0 处流动始终受到反传压力的影响而未恢复到冷态填充时的总压。而且爆震室工作频率越高,爆震燃烧过程各个阶段包括排气过程的时间越短,多循环

工作对压力反传的影响越大,进而导致反传压力峰值越大。

反压峰值脉动量是与反压峰值密切相关的,若反压峰值不变,来流基线总压提高,则反压峰值脉动量会降低。但基准结构下的试验结果显示,随着爆震室工作频率增加,反压峰值脉动量也增加,这说明随着爆震室工作频率提高后,虽然基线压力提高了,但由于多循环工作的影响,反压峰值增加幅度比基线压力随工作频率增加而增大的幅度更大,所以反压峰值脉动量会随着爆震室工作频率的增加而上升。

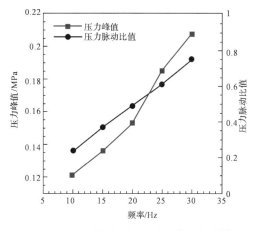

图 5.67　不同频率下 F_1 处反传压力峰值及其脉动量

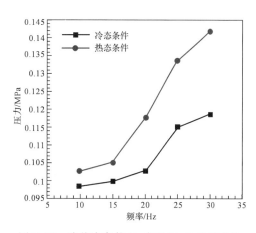

图 5.68　冷热态条件下,来流 P_0 处总压对比

2)反传完全隔离试验。从基准结构的试验结果可以看出,爆震室进气段内的反压峰值和脉动量均较高,尤其是在高频工作条件下。为了实现反传压力的完全隔离,必须先设法降低反压峰值及其脉动量。针对上述问题,设计加工了三种气动阀结构,包括锥形气动阀、突扩型气动阀和回流型气动阀,并通过三种气动阀的组合减小反压峰值及其脉动量,再通过在隔离段设计文丘里管型隔离结构,希望借助文丘里管形成超音速流动并产生激波,当反传压缩波传播进入文丘里管后,由于激波的气动隔离作用,反传压缩波将无法影响进气段进口的流动,从而有望实现反传压力的完全隔离。

图 5.69 给出了隔离段+组合气动阀进气结构下,爆震室工作频率 25 Hz 时 P_5、F_3 以及 F_1 三个测点处压力曲线的放大图。其中图 5.69(a)为爆震室正常工作时 P_5、F_3 以及 F_1 测点处的压力曲线放大,图 5.69(b)则给出了爆震室停止供油前后三个测点的压力曲线变化。从图 5.69(a)和图 5.69(b)的对比中可以看出,在 25 Hz 工况下,当 F_3 处反传压力较大时,反传压力波仍有可能在 F_1 处造成微弱的压力扰动。但从图 5.69(b)可以看出,在爆震室停止工作前后,F_1 测点的曲线基本相同。这说明,在大多数条件下,隔离段能够起到有效的气动隔离作用,反传压力已经无法通过隔离段继续向上游传播了。只有当爆震室反传压力较强时,反传压力才会透过隔离段在进气段入口造成微弱的扰动。

图 5.70 则给出了爆震室工作频率为 30 Hz 时,上述三个测点在爆震室停止供油前后的压力曲线变化,从图中可以看出,当爆震室停止供油后 F_1 测点的压力曲线变化同爆震室正常点火工作时的压力曲线基本没有差别,F_1 测点已经检测不到反传压力现象。这说明,当工作频率为 30 Hz 时,反传压力已经无法通过隔离段继续向前传播了,组合型气动阀实现了反传压力的隔离。

从上述研究可见,只有在爆震室工作频率较高、进气段入口空气流量和总压较大时才能实现反传压力的隔离。为了验证这一猜想,在上述结构基础上,进一步开展高频工作条件下的反压隔离探索研究。

图 5.71～图 5.73 分别给出了工作频率为 30 Hz,35 Hz 和 40 Hz 条件下的爆震波形及反压传播曲线。其中图 5.71(a)～图 5.73(a)给出了爆震室工作 1 s 时的爆震波形及 P_0,F_3 以及 F_1 测点处的压力变化曲线。从这些图中可以看出,爆震室工作稳定,爆震波形没有间断,P_5 测点处的平均峰值压力均超过了气相汽油和空气的爆震波 C-J 压力的理论值,这说明爆震室在高频工作条件下能够完成稳定可靠的起爆工作。

而图 5.71(b)～ 图 5.73(b)给出了当爆震室停止供油工作前后,相应工作频率下的爆震波形、反传压力的曲线放大对比。从图中可以看出,当爆震室工作频率达到 30 Hz 以上时,F_3 测点已经基本看不到反传压力造成的扰动波了。尤其是当爆震室工作频率达到 35 Hz 和 40 Hz 时,F_3 测点在爆震室供油工作和不供油工作两种试验状态下的压力变化曲线已经没有区别,说明在高频工作条件下,反传压力扰动仅局限于爆震室进气段内,从而验证了上述猜测。

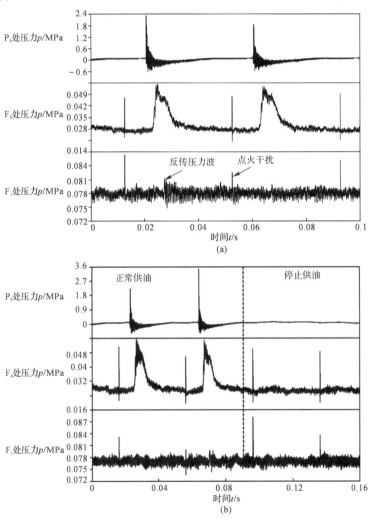

图 5.69 工作频率为 25 Hz 时,不同位置处压力曲线放大对比

(a)爆震室正常工作;(b)爆震室停止供油

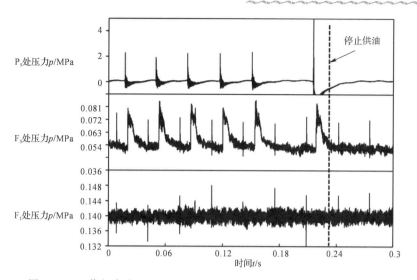

图 5.70　工作频率为 30 Hz 时,爆震室停止供油前后压力曲线放大对比

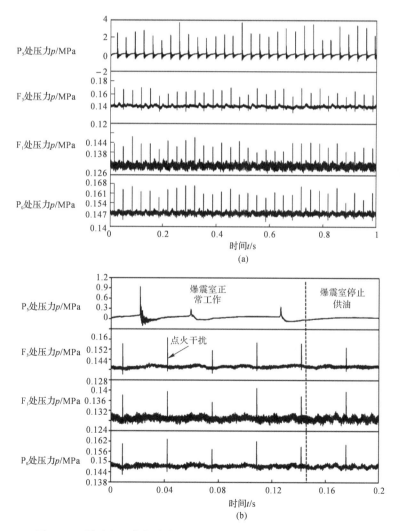

图 5.71　爆震室工作频率为 30 Hz 时的爆震波形及反传压力曲线

(a)1 s 爆震波形及反传压力传播曲线;(b)爆震波形及反传压力曲线放大对比

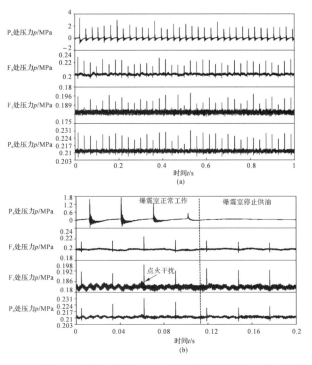

图 5.72　爆震室工作频率为 35 Hz 时的爆震波形及反传压力曲线

(a)1 s 爆震波形及反传压力传播曲线；(b)爆震波形及反传压力曲线放大对比

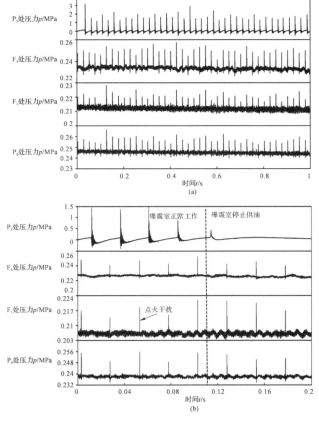

图 5.73　爆震室工作频率为 40 Hz 时的爆震波形及反传压力曲线

(a)1 s 爆震波形及反传压力传播曲线；(b)爆震波形及反传压力曲线放大对比

(3)反传完全隔离机理。以爆震室工作频率 30 Hz 时为例,分析反传完全隔离机理。图 5.74 给出了上述试验结果所对应的组合型气动阀仿真模型示意图,为了获得反传压力通过气动阀后的变化规律,在爆震室进口沿程设置了多个监测面(监测截面 $S_1 \sim S_{11}$)以监测反传压力的传播,图中给出了部分监测截面的示意图。其中,截面 S_1,S_4 与试验中反压测点 F_1,F_3 的位置保持一致,以便利用试验测量得到的反压数据对数值模拟结果进行验证。截面 S_2,S_5 与截面 S_1,S_4 分别相距 100 mm。截面 S_3 位于隔离段喉道处。截面 S_6,S_8 分别位于第一和第二段气动阀中间位置,而截面 S_7,S_9 则与上述两截面相距 50 mm。截面 S_{10},S_{11} 分为位于爆震室头部环形进气通道入口和出口。另外,在爆震室出口设置了截面 S_{12},S_{13} 来监测爆震波生成情况,两者相距 100 mm。

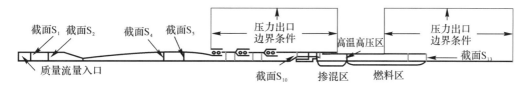

图 5.74　仿真模型边界条件及监测面示意图

图 5.75 给出了爆震室工作频率 30 Hz 时,不同监测截面得到的总压随时间的变化曲线。从图中可以看到,S_1,S_3 截面的基线总压要远高于 $S_4 \sim S_{10}$ 截面处的总压,这说明来流总压经过激波后有较大幅度的下降。另外,$S_4 \sim S_{10}$ 截面处总压随时间逐渐减小,S_3,S_1 截面处总压基本不变,这说明反传压力仅对隔离段喉道下游的流动造成影响,使得当地总压增加。这也就意味着在数值模拟条件下,隔离段实现了反传压力的完全隔离,与试验中观察到的结论一致。类似地,下面将对隔离段内超声速流及激波与反传压力的相互作用过程进行分析。

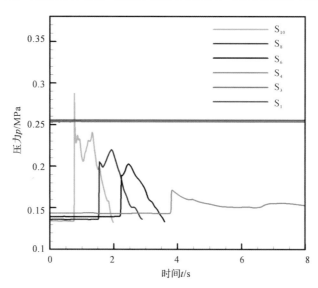

图 5.75　工作频率为 30 Hz 时监测截面总压随时间的变化曲线

图 5.76 给出了爆震室工作频率 30 Hz 时,不同时刻隔离段内静压和马赫数变化过程云图。图中上半部分为静压云图,下半部分为马赫数云图,且马赫数云图中给出了部分流线图。从图中可以看到,由于来流总压较高,隔离段出口的反传压力已经不明显了,但从图中的箭头标示仍可以清晰地看到反传压力在隔离段的传播及其与隔离段激波的相互作用过程。

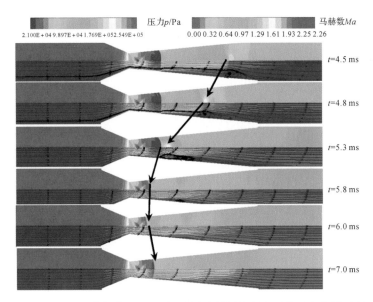

图 5.76　工作频率 30 Hz 时,不同时刻隔离段内反传压力传播过程

从 $t=4.5\sim5.3$ ms,反传压力由隔离段出口向进口传播。在 $t=5.3$ ms 时刻,反传压力锋面与隔离段激波锋面相重合。激波会在反传压缩波作用下向喉道处移动,隔离段内超声速区域会被反传压缩波压缩。从图中 $t=5.3$ ms,5.8 ms 和 6.0 ms 可以看到激波位置发生了明显移动。但从 $t=6.0\sim7.0$ ms,激波位置开始向右移动,这说明反传压力对隔离段激波的作用减弱,隔离段慢慢恢复到初始的流动状态。从图 5.76 中的流线图可以看出,在反传压力的作用下,隔离段扩张段内也出现了回流区,而且随着时间推移,回流区面积逐渐减小。但与 20 Hz 情况相比,回流区仅出现在隔离段壁面附近,引起壁面附面层的分离。说明在 30 Hz 工况下,反传压力对当地流动的影响进一步减弱。

图 5.77 分别给出了 30 Hz 工况下,不同时刻隔离段中心线处的静压和马赫数沿轴向的分布。图的顶部给出了隔离段冷态所对应的流动静压云图、马赫数云图以及横坐标 X 所对应的隔离段位置。

从 $t=0.0$ ms 时刻的静压和马赫数分布可以看出,在 30 Hz 工况下,隔离段扩张段出现了两道激波,一道斜激波和一道曲线激波。来流在扩张段因过度膨胀形成超声速流动,然后先经过一道斜激波,中心线处流动马赫数由 2.16 降到 1.14,静压也急剧增大。经过斜激波后流动依然为超声速,超声速气流在扩张段继续加速,同时气流压力下降。为了匹配隔离段出口压力,斜激波后加速的超声速气流在马赫数达到 2.26 后产生一道曲线激波,气流马赫数降低到 0.51,流动变为亚声速,静压再一次急剧增加。

当反传压力传播进入隔离段后,反传压缩波后的静压增加,流动马赫数降低,如图 5.77 中 $t=4.5$ ms 时刻的静压和马赫数分布曲线所示。但从图中可以明显看到,此时反传压力的峰值要小于来流的压力。随着反传压力继续向隔离段进口传播,在 $t=5.3$ ms 时刻反传压力与隔离段内第二道曲线激波相遇。在反传压力作用下激波后的背压增大,曲线激波会被推着向隔离段喉道处运动。在 $t=6.0$ ms 时刻,曲线激波由 $X=0.211$ m 运动至 $X=0.165$ m,波前流动马赫数也由原来的 2.26 降低到 1.75。但与 $t=5.3$ ms 时刻相比,$t=6.0$ ms 时刻中心线处反压的峰值压力有所降低。原因在于爆震室出口等处产生的膨胀波已经传播到隔离段,降低了反传压力的峰值。

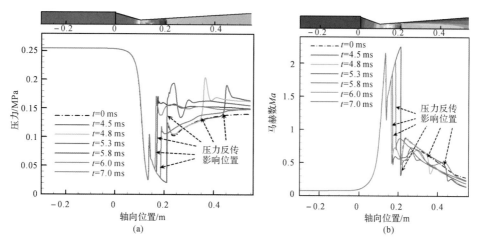

图 5.77　不同时刻隔离段内参数沿轴向的分布(30 Hz)
(a)不同时刻中心线处静压轴向分布;(b)不同时刻中心线处马赫数轴向分布

随着膨胀波不断向隔离段进口传播,隔离段内反传压力的峰值进一步降低,在 $t=7.0$ ms时刻,反传压力峰值已经很低,扩张段内压力逐渐恢复到初始流动状态下的值,而隔离段曲线激波在来流总压的推动下慢慢向其初始位置移动。在这个过程中,隔离段第一道斜激波始终没有受到影响,隔离段进口的流动为稳态流动,隔离段利用激波的运动以及膨胀波对反传压力的不断削弱实现了爆震室反传压力的完全隔离。

5.4　压气机与爆震室匹配试验

国内外在压气机与脉冲爆震燃烧室匹配试验方面尚属空白,开展这方面的研究并掌握两部件的匹配规律是发展脉冲爆震涡轮发动机必须解决的问题。本节介绍径流压气机与多管脉冲爆震燃烧室相互作用及匹配试验[12]。

5.4.1　试验系统

压气机与爆震室匹配试验系统由径流压气机及其驱动控制系统,四管爆震室及其供油、点火系统,数据采集与监控系统等组成,如图 5.78 所示。

径流压气机由同轴的径流涡轮来驱动,涡轮进口由与之相连的传统单管等压燃烧室来提供驱动燃气。单管燃烧室进口同试验室气源相连接,同时有一套单独的燃油供给系统来给单管燃烧室供油。通过调节单管燃烧室的进口空气流量和供油量来改变涡轮进口的燃气状态,进而改变涡轮的输出功,达到对压气机工作状态的调节。压气机出口经测量段与四管爆震室相连。

试验过程中,由试验室气源给单管燃烧室供气,单管燃烧室供油点火后形成高温燃气驱动涡轮做功,涡轮带动压气机压缩空气供给四管爆震室。通过控制单管燃烧室的供油供气量来调节压气机出口的压缩空气流量,使之满足四管爆震室给定工作频率下的空气流量需求,然后四管爆震室开始供油点火,开展四管爆震室与径流压气机匹配与相互作用试验研究。整个试验中,需要调节单管燃烧室供油供气流量、四管爆震室供油流量、爆震室工作频率等参数来实现四管爆震室与径流压气机的稳定匹配工作。

为了监测爆震波参数,在四管爆震室尾部安装了两排高频动态压电传感器,共八个,每个爆震室尾部两个,用于监测爆震波的生成和传播情况,分别编号为 $P_1 \sim P_8$,并采取了水冷保护措施。其中 P_1,P_3,P_5,P_7 与点火位置轴向距离为 1 172 mm,传感器安装位置如图 5.78 所示。

每个爆震室的头部单管进气段入口处安装有一个高频动态压阻传感器,以监测爆震室头部的反压传播特征,分别编号为 $F_1 \sim F_4$;在共用进气段的顶部也安装一个高频动态压阻传感器,监测反压在共用进气段内的传播与相互作用规律,编号为 F_0。

为了测量压气机进出口参数,在压气机出口测量段安装了来流总压、反传总压、壁面静压测量传感器,分别编号为 F_{c1},F_{c2},F_c。而压气机进口流量采用与压气机进口相连的双扭线流量计测量,试验中采用电磁感应转速测量系统,可以通过二次仪表实时显示压气机-涡轮转子的转速。其基本原理是利用电磁感应原理来测量转速,包括传感器感应头和二次仪表两部分。当压气机转子叶片扫过传感器感应头,在电磁感应效应作用下会产生脉冲式感应电动势。压气机转子转速越高,传感器感应头输出的感应电动势频率越高,通过输出信号与转速的对应关系可以将压气机-涡轮转子的转速实时显示在二次仪表上。

涡轮进出口温度采用安装在涡轮进出口的 K 型热电偶进行测量。

试验过程中,所有的压力数据的采集均通过 DEWE 3020 高速数据采集系统采集,采样频率设置为 200 kHz。热电偶输出为毫伏级电压信号,故温度数据的采集是通过 16 通道便携式 Synergy 采集系统采集,采集系统最高采样频率为 1 MHz,温度数据的采样率为 2 kHz。

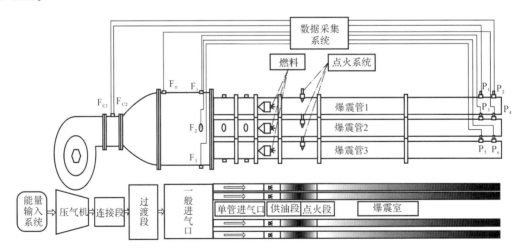

图 5.78 压气机与多管脉冲爆震燃烧室匹配试验系统示意图

(注:爆震管 4 在爆震管 1,2,3 侧面,P_7,P_8,F_4,F_c 安装在爆震管 4 上)

爆震室与压气机匹配工作的试验过程分为两部分。首先,对匹配工作试验系统进行冷态调试。根据四管爆震室共同工作所需的来流参数,通过测量压气机的出口流量及压比,调节压气机系统,获得四管爆震室以不同工作频率共同工作所需参数下压气机系统的状态点。其次,进行匹配试验:启动压气机系统,调节至上述状态点后,点火,验证压气机与爆震室能否匹配工作。

5.4.2　试验结果与分析

1. 四管脉冲爆震燃烧室与压气机匹配

在四管脉冲爆震燃烧室与压气机匹配试验中,四管爆震室的点火工作模式包括 1 号管单独点火,1、2 号管同时点火,1、2、4 号管同时点火,四管同时点火以及四管分时点火。试验发现,由于单管燃烧室供油系统的供油量调节下限较高,导致压气机出口流量较大,无法满足四管爆震室低频工况下的流量要求,四管爆震室与压气机的最低匹配工作频率为 20 Hz。为了研究两部件匹配特性,共对六组爆震室工作频率(20 Hz,22 Hz,24 Hz,26 Hz,28 Hz 和 30 Hz)下的试验结果进行数据采集。

图 5.79 给出了四管同时点火时,爆震室与压气机在三组不同工作频率下的匹配波形数据。图中压力波形数据为爆震室尾部最后一个测点的压力波形数据。从图中可以看出,四管爆震室的爆震波形都没有出现断点。每个爆震管的峰值压力较高,说明四管爆震室与压气机能够实现不同频率下的稳定匹配工作。试验中发现,四个爆震室的峰值压力差别较大,有的爆震室的峰值压力较高,如 1 号管,有的则稍微偏低。原因在于每个爆震室的供油量都是单独控制的,试验过程中很难保证每个爆震室的供油量一样。另外,爆震室头部采用的是无阀设计,每个爆震室的反传压力会进入头部共用进气段并相互作用,导致四管爆震室在多循环工作过程中的空气流量分配不均匀,也就意味着爆震室在多循环工作过程中的填充度和当量比有差距,从而造成四管爆震室内的爆震波峰值压力差别较大。

图 5.80 给出了四管分时点火时,爆震室与压气机在不同频率下的匹配波形数据。显然,在四管分时点火情况下,四管爆震室尾部波形数据也没有间断,爆震波峰值压力平均值超过了气相汽油和空气的 C – J 压力,说明四管爆震室均形成了充分发展的爆震波,而且四管爆震室能够按照预定的延迟点火时序点火工作,点火延迟时间为工作周期的 1/4。类似地,每个爆震室的峰值压力差别较大,其中 1 号管爆震波峰值压力较高。

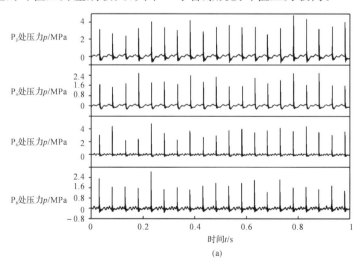

图 5.79　四管同时点火模式下,爆震室与压气机匹配工作爆震波形

(a)20 Hz

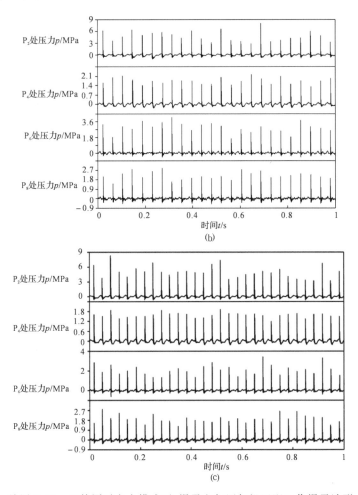

续图 5.79　四管同时点火模式下,爆震室与压气机匹配工作爆震波形
(b)24 Hz；(c)30 Hz

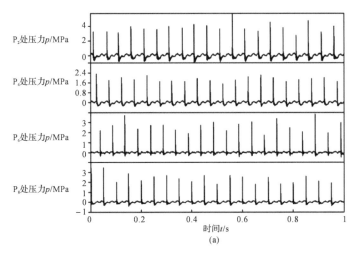

图 5.80　四管分时点火模式下,爆震室与压气机匹配工作爆震波形
(a)20 Hz

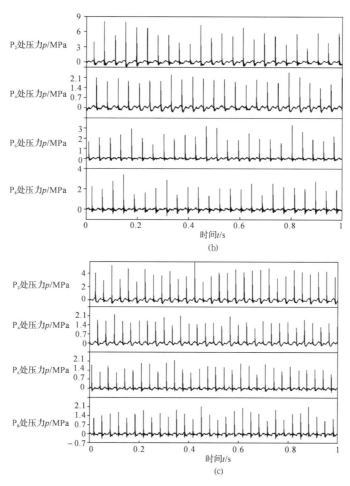

续图 5.80　四管分时点火模式下,爆震室与压气机匹配工作爆震波形
(b)24 Hz；(c)30 Hz

在其他几种点火模式下,爆震室也能够实现与压气机稳定匹配工作。而且试验中发现,只需改变供油或点火时序,四管爆震室就能够在这几种点火模式中实现切换。这意味着在未来的应用中,脉冲爆震涡轮发动机能够通过点火频率和点火模式的改变来实现发动机推力的调节。

为了获得四管脉冲爆震燃烧室与压气机匹配的定性规律,图 5.81～图 5.83 分别给出了在四管爆震室同时点火模式下,压气机与爆震室匹配工作时平均流量、平均压比以及平均转速随爆震室工作频率的变化关系。

从图中可以看出,随着爆震室工作频率的提高,压气机进口空气流量增加,压比升高,压气机涡轮转子的转速增大,压气机对气流所做的功也增加。当爆震室工作频率为 30 Hz 时,压气机的转速达到 54 500 r/min,为该型压气机标定转速(70 000 r/min)的 77.8%,这说明压气机与爆震室匹配工作时还没有达到压气机的设计转速,压气机与爆震室的匹配工作点还处于较低转速工况。

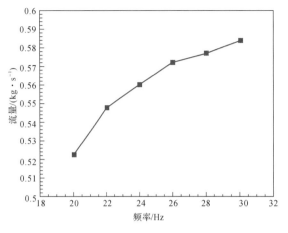

图 5.81 压气机流量随着爆震室工作频率的变化　　　图 5.82 压气机压比随爆震室频率的变化

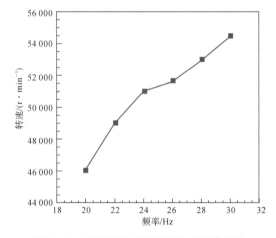

图 5.83 压气机转速随爆震室频率的变化

2. 爆震室的压力反传特性分析

四管爆震室头部的无阀设计会导致爆震室的反传压力顺着头部单管进气段进入到爆震室共用进气段、过渡段并到达压气机出口,进而影响压气机的正常工作。因此,需要先对爆震室的反压传播情况进行分析。下面将结合四管爆震室与压气机匹配试验系统先来研究四管爆震室的压力反传规律。

(1)单管点火模式下的反压传播规律。首先对单管点火模式下反压的传播过程进行分析,如图 5.84 所示。

图 5.84 给出了四管爆震室在 1 号管单独点火模式下沿程的压力传感器监测到的压力曲线放大。从图中可以看出,在爆震波形成并向出口传播的同时,爆震室内会产生回传爆震波向进口传播,形成爆震内的压力反传现象。反传压力在单管进气段 F_1 测点处产生很大的压力扰动,压力扰动的峰值已经超过了 0.2 MPa,如图中实线 1 所示。随后反传压力从单管进气段进入共用进气段,并在共用进气段 F_0 测点处造成压力扰动。由于流道面积的突扩,

此时反传压力峰值大大降低,仅为 0.06 MPa 左右。进入共用进气段的反压除了在共用进气段压力测点造成压力扰动外,还会产生绕射,进入相邻爆震室的单管进气段并在 F_2 处造成了压力扰动(如图中虚线 2 所示)。当反传压力进入到压气机出口测量段时,在反压测点 F_{c2} 和壁面静压测点 F_c 处造成了较大的压力扰动(如图中虚线 3 所示)。由于从共用进气段到测量段,流道的横截面积收缩,所以 F_{c2} 和 F_c 处的扰动幅值均比 F_0 处的要高。随后,反传压力会继续向上游压气机传播,影响压气机的正常工作。

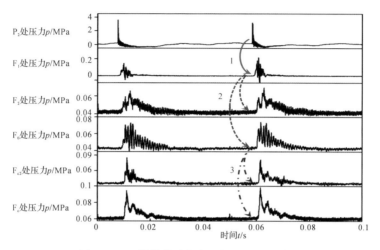

图 5.84　1 号管单独点火时沿程的压力曲线

(2) 不同点火模式下的反压传播规律。在单管点火模式下,反传压力在压气机出口造成了较大的压力扰动,进而会影响压气机的工作。当爆震室为四管同时点火时,每个爆震室都会产生反传压力进入共用进气段,反传压力的相互作用会增加反压的峰值。

图 5.85 给出了四管爆震室在爆震室工作管数以及点火模式变化时得到的共用进气段 F_0 处的平均反压峰值随爆震室工作频率的变化关系。其中图 5.85(a)给出了不同工作管数下 F_0 测点处反压峰值的变化,而图 5.85(b)给出了四管同时点火和四管分时点火两种模式下 F_0 处反压峰值对比。

从理论分析来看,F_0 测点的反压峰值主要取决于来流基线总压和四个单管进气段传播过来的反传压力峰值及反压之间的相互作用这三个因素。来流基线总压主要与爆震室工作频率有关,工作频率越大,爆震室进口流量越大,来流基线总压也就越高。单管进气段的反压峰值与爆震室的当量比、填充度、油气掺混等因素有关,单管进气段反传压力峰值越高,F_0 测点的反压峰值也会越高。当四个单管进气段的反传压力同时传播进入共用进气段并相互作用时,反传压力之间会因压缩波的相互叠加效应而使得反压峰值大大增加。

从图 5.85 中可以看到,在单管点火和四管分时点火这两种工作模式下,F_0 处反压的峰值随着爆震频率的增加而增大。这是因为这两种模式下,同一时刻最多只有一个单管进气段的反传压力会进入共用进气段并在 F_0 处产生压力扰动,不存在多个反压峰值的相互作用问题。所以随着爆震室工作频率的提高,来流基线总压增大,F_0 处反压峰值也会增加。但是在其他多管同时点火工作模式下,虽然 F_0 测点的反压峰值基本上会随着爆震室工作频率的提高而增大,但有时会出现低频情况下反压峰值反而较大的情况。原因可能是两方面,一是试验调试过程中频率的增加和爆震室的供油量和供气量不同步造成爆震室的填充度有差异,进而影响了单管进气段的反压峰值,并进一步影响 F_0 处的峰值反压。另一个原因是爆震起爆有一定的随机性,即使在多管同时点火模式下,爆震波及回传爆震波都不是完全同步,导致反传压力并不是同时达到 F_0 测点,而是存在一定的相位差。当第一道反传压缩波的波峰与下一道反传压缩波的波谷相叠加后会造成反压峰值的下降,就有可能造成高频下反压峰值反而小的现象。

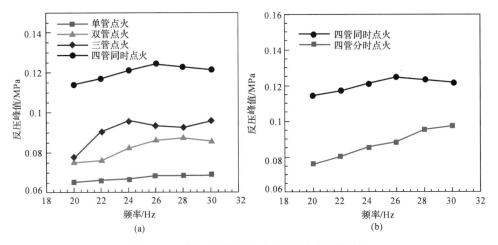

图 5.85 不同工作模式下 F_0 测点反压峰值对比
(a)工作管数不同时 F_0 反压峰值对比;(b)不同点火模式下 F_0 反压峰值对比

另外,从图 5.85(a)可以看出,在相同的工作频率下,F_0 处的峰值压力随着爆震室工作管数的增加而增大。显然,随着爆震室工作管数的增加,从单管爆震室进气段进入共用进气段的反传压缩波的数目会增加,反传压力在共用进气段相互作用后会大大增加 F_0 处的反压峰值。而且当部分爆震室不工作时,不工作的爆震室会在反压到来时刻成为泄压通道,加速了共用进气段的反压的衰减速度,减弱了反传压力在共用进气段内的相互作用,起到降低共用进气段反压的作用。

从图 5.85(b)可以看到,与四管同时点火相比,四管分时点火可大大降低共用进气段 F_0 处的反压峰值。原因在于采用分时点火后,单管爆震室的反传压力顺序进入共用进气段造成进气段内的多次压力扰动,由于相邻反传压缩波之间的有一定的延迟时间,反传压缩波之间的相互作用大大减弱,从而降低了 F_0 处反传压力的峰值。

图 5.86 给出了 1 s 内共用进气段 F_0 处的压力波形对比,图 5.87 给出了几个压力波形的放大对比。从图中可以看到在四管同时点火模式下,进气段 F_0 在一个周期内只出现一次压力扰动,扰动峰值较高,平均峰值压力达到了 0.114 3 MPa;而在分时点火情况下,F_0 在一个周期内出现四次压力扰动,但扰动的幅值大大降低,平均峰值压力为 0.075 99 MPa。

共用进气段内的反压会继续向压气机出口传播,在压气机出口造成压力扰动。如图 5.88(b)所示不同点火模式下 F_{c2} 反压峰值对比给出了压气机出口反压测点 F_{c2} 处反压峰值随着爆震室工作频率和工作模式的变化关系。将 F_0 处反压峰值与 F_{c2} 处反压峰值对比可以看到,两者的变化趋势是基本一致的。不同点在于由于流道面积的减小,F_{c2} 处的反压峰值比 F_0 处的峰值更高。

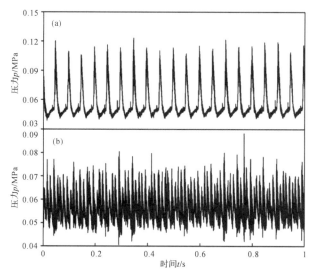

图 5.86　两种点火模式 F_0 处反压波形对比（20 Hz）

（a）四管同时点火；（b）四管分时点火

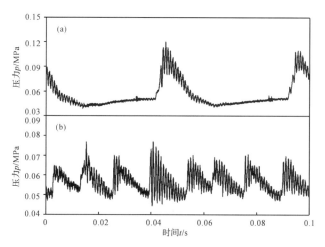

图 5.87　F_0 处反压波形放大对比（20 Hz）

（a）四管同时点火；（b）四管分时点火

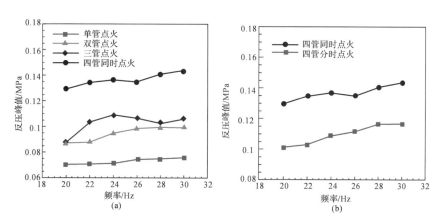

图 5.88　不同条件下 F_{c2} 反压峰值对比

（a）工作管数不同时 F_{c2} 反压峰值对比；（b）不同点火模式下 F_{c2} 反压峰值对比

除了反压峰值外，反压峰值脉动量（即反压峰值与来流总压之差与来流总压的比值）也是反传压力的重要特征。图5.89和图5.90给出了不同工作模式下 F_0 和 F_{c2} 处反压峰值脉动量随着爆震室工作频率的变化关系。从图中可以看出，反压峰值脉动量与反压峰值的变化趋势是有关联但又完全不同的。在相同的工作频率下，F_0 和 F_{c2} 处的反压峰值脉动量随着爆震室工作管数的增加而增大，同时点火的反压峰值脉动量远大于分时点火时的反压峰值脉动量，这和反压峰值的变化规律是一致的。但在同一点火模式下，反压峰值脉动量基本上随着爆震室的工作频率的增加而降低，这与反压峰值的变化趋势是相反的。从图中可以看到，多管爆震室工作时爆震室的反传压力在压气机出口 F_{c2} 处造成了极大的压力脉动，最大峰值脉动量达到了115%。在单管点火模式下，反压峰值脉动量的最小值也达到了77.9%。如此大的反压脉动必然会对压气机的正常工作产生影响。但由于试验过程中压气机基本工作在低转速、低压比状态，即压气机的工作点还远没有达到设计工况，压气机的负荷较低，可能压气机出口的反压脉动只是造成了压气机工作状态的改变，并没有引起压气机喘振等恶性后果。

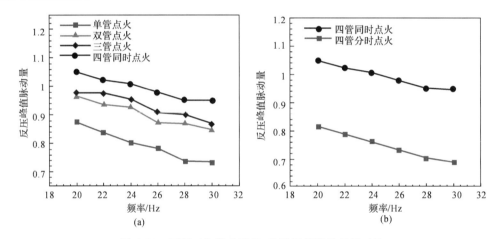

图5.89 不同工作模式下 F_0 处反压峰值脉动量对比
(a)工作管数不同时 F_0 反压峰值脉动量对比；(b)不同点火模式下 F_0 反压峰值脉动量对比

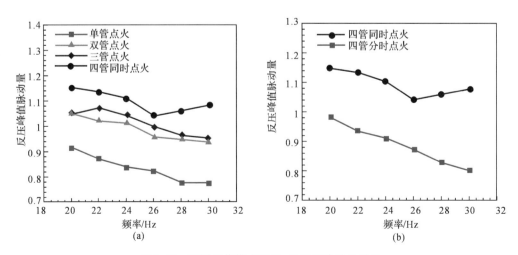

图5.90 不同工作模式下 F_{c2} 处反压脉动量对比
(a)工作管数不同时 F_{c2} 反压脉动量对比；(b)不同点火模式下 F_{c2} 反压脉动量对比

196

3.反传压力与压气机的相互作用

为了研究压力反传与压气机的相互作用过程,在试验过程中进行了相同单管燃烧室进口条件下的爆震室点火与不点火工作两种模式的对比试验。

图 5.91 给出了不同工作频率下四管爆震室与压气机匹配工作时的共同工作线,即四管爆震室与压气机匹配工作时压气机压比与流量的关系式。同时图中还给出了四管爆震室不工作,只是以相同单管燃烧室进口条件驱动涡轮来带动压气机时,压气机压比随流量的变化特性。从图中可以看出,四管爆震室点火工作后产生的反传压力对压气机的工作点产生了影响。在相同的单管燃烧室进口条件下,爆震室点火后的压气机压比要比爆震室不点火工作的压比高,而压气机流量则要小,说明在爆震室点火后,爆震室的压力反传在压气机出口产生了节流效应,引起压气机的出口背压升高,进而压气机的压比升高,压气机的负荷增大,而流量则减小,压气机的工作线向着喘振边界靠近。从图 5.91 还可以看出,随着压气机与爆震室匹配工作频率的增大,爆震室点火工作与不点火工作这两种条件下压气机的压比、流量差距变大。因为爆震室工作频率越高,爆震室的压力反传幅值越大,其对压气机的节流作用更明显,压气机的工作点离喘振边界更近。

图 5.92 给出了四管爆震室在同时点火和分时点火两种工作模式下与压气机的匹配工作线的对比。显然,在同一工作频率下,分时点火模式下压气机出口的流量要小于同时点火时压气机出口的流量,而压气机压比也基本偏大,所以分时点火模式下四管爆震室与压气机匹配工作线离喘振边界更近。采用分时点火后,在爆震室一个工作循环压气机出口出现四次压力脉动,即压气机出口背压的脉动频率翻了四倍,反压对压气机的节流效果更明显,导致压气机出口流量减少。这说明反传压力对压气机的影响因素不仅包括反压的峰值,反压的脉动频率也是一个重要的因素。采用分时点火虽然降低了压气机出口反传压力的峰值,但分时点火增加了压气机出口气流的脉动频率,进而对压气机产生了更大的节流作用,使得压气机同爆震室匹配工作点离压气机的喘振边界更近。

为了更加详细分析爆震室压力反传对两部件匹配工作点的影响,下面分别对四管同时点火与分时点火两种模式下与压气机的匹配工作点进行对比分析。

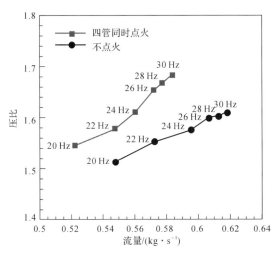

图 5.91　四管点火与不点火模式下匹配工作线对比

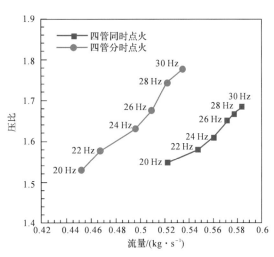

图 5.92　同时点火与分时点火匹配工作线对比

　　图 5.93 和图 5.94 分别给出了四管爆震室与压气机在四管同时点火与四管分时点火两种匹配工作模式下,压气机的流量、转速与对应的爆震室不工作时的流量、转速对比。从图中可以看到,在这两种点火模式下,压气机出口流量均小于爆震室不点火工作时的流量,而压气机的转速都高于爆震室不点火工作时的值。这说明,爆震室点火工作后产生的压力反传对压气机的节流作用不仅使压气机的压比增加,而且压气机的转速也会升高,压气机的负荷则增大,即压气机加给单位质量流量的空气的功增加。而压气机所需的总功等于压气机的加给单位质量流量空气的功与流过压气机流量的乘积。爆震室产生的压力反传虽然使得压气机加给单位质量流量空气的功增加,但压气机的流量减少了,所以无法判断压气机的所需的总功是增加还是减少。但压气机的总功是从涡轮中提取而来,可以根据涡轮的输出功来判断爆震室的工作对压气机总功的影响。

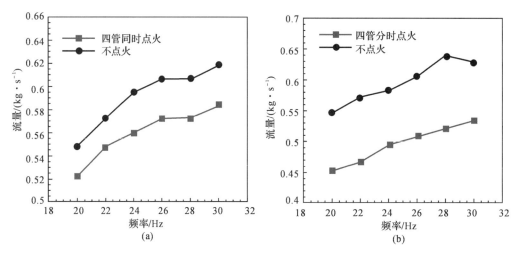

图 5.93　爆震室工作与不工作两种情况下压气机的流量对比
(a)同时点火与不点火下压气机流量对比;(b)分时点火与不点火下压气机流量对比

　　图 5.95 给出爆震室与压气机在四管同时点火与四管分时点火两种匹配工作模式下,涡轮进出口燃气的温度差与对应爆震室不工作时温度差的对比。从涡轮进出口的温度差可以大致判断涡轮输出功的变化。显然,在同一工作频率下,爆震室点火工作后的涡轮的温度差均小于爆震室不点火工作时涡轮的温度差,说明爆震室点火后涡轮的输出功减少了,因而压气机的总功也降低了。图中涡轮进出口燃气的温度差随着频率增加而下降的原因在于试验过程中单管燃烧室进口的空气流量随着工作频率的增加而增大。

　　从上述讨论中可以推断爆震室点火工作后与压气机的相互作用过程如下:首先,爆震室点火起爆后产生了压力反传,反传压力前传到压气机出口使得压气机出口的背压增加,压气机的负荷增大,压比升高,而压气机的流量有较大幅度的下降,导致压气机的总功降低,而此时涡轮的输出功仍然较高,所以压气机-涡轮转子的转速会逐渐升高,涡轮的输出功也慢慢降低以满足涡轮-压气机的功平衡条件,最后压气机-涡轮达到新的平衡状态。

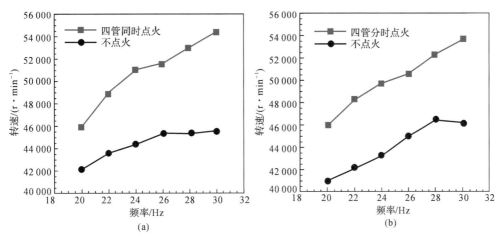

图 5.94　爆震室工作与不工作两种情况下压气机的转速对比
（a）同时点火与不点火下压气机转速对比；（b）分时点火与不点火下压气机转速对比

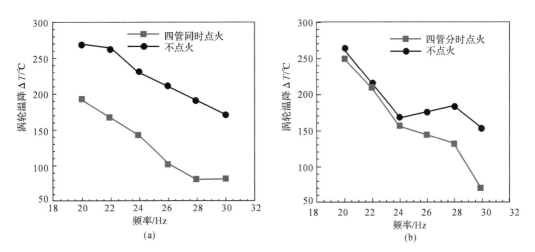

图 5.95　爆震室工作与不工作两种情况下涡轮温降对比
（a）同时点火与不点火下涡轮温降对比；（b）分时点火与不点火下涡轮温降对比

参 考 文 献

［1］　彭畅新，王治武，郑龙席，等.吸气式脉冲爆震发动机反传数值研究［J］.西北工业大学学报,2013,31(2):283-288.

［2］　彭畅新，王治武，郑龙席,等.吸气式脉冲爆震发动机反压传播规律研究［J］.推进技术,2013,34(3):428-433.

［3］　彭畅新，王治武,郑龙席.爆震室长度对反传影响的数值研究［J］.航空学报,2013,34(5):1001-1008.

［4］　彭畅新.脉冲爆震外涵加力燃烧室关键技术研究［D］.西安:西北工业大学,2013.

［5］　LI C P, KAILASANATH K. Partial Fuel Filling in Pulse Detonation Engines［J］.

Journal of Propulsion and Power，2003，19(5)：908－916.

［6］ 张群，严传俊，范玮，等. 部分填充对脉冲爆震发动机冲量的影响［J］. 推进技术，2006，27(3)：280－284.

［7］ LI C P，KAILASANATH K. Performance Analysis of Pulse Detonation Engines with Partial Fuel Filling［C］. Reno：40th AIAA Aerospace Sciences Meeting and Exhibit，2002.

［8］ 王杰，刘建国，白桥栋，等. 填充系数对脉冲爆震发动机性能影响分析［J］. 南京理工大学学报(自然科学版)，2008，32(1)：1－4.

［9］ 张群，严传俊，范玮，等. 填充系数对脉冲爆震发动机压力波影响的实验研究［J］. 燃烧科学与技术，2002，8(5)：411－414.

［10］ 张群，严传俊，范玮，等. 直径对脉冲爆震发动机性能的影响［J］. 工程热物理学报，2002，23(2)：245－248.

［11］ 王治武，严传俊，李牧，等. 不同内径两相脉冲爆震模型机爆震波速的试验研究［J］. 西北工业大学学报，2007，25(1)：1－5.

［12］ 卢杰. 脉冲爆震涡轮发动机关键技术研究［D］. 西安：西北工业大学，2016.

第6章　脉冲爆震燃烧室与涡轮匹配

6.1　引　　言

研制脉冲爆震涡轮发动机的主要挑战之一是如何将高温、高压脉动燃气中的巨大能量高效率地转换为机械能。揭示强脉动气流与涡轮的相互作用机理,掌握脉冲爆震燃烧室与涡轮匹配工作规律对成功研制脉冲爆震涡轮发动机至关重要。美国 GE 全球研究中心和NASA 等研究部门正在积极开展有关脉冲爆震涡轮发动机的研究,他们将脉冲爆震燃烧室与涡轮增压器(径向涡轮)或轴流涡轮进行匹配,采用数值和试验相结合的方法,进行了大量爆震室与涡轮相互匹配工作机理及特性的研究。

本章针对脉冲爆震燃烧室与涡轮匹配这一关键技术问题,从理论分析、数值模拟和试验研究方面对脉冲爆震燃烧室与涡轮相互作用机理、脉冲爆震燃烧室驱动下涡轮效率进行了系统的介绍。

6.2　非稳态流下的涡轮效率

在传统航空发动机中,为了表达涡轮一级中的损失大小,在涡轮气动设计中多采用滞止绝热效率,其定义为在涡轮入口气流参数(这里指滞止温度 T_t 和压力 p_t)及总落压比相同的条件下,实际涡轮功 L_T 和理想等熵功 L_{ad} 之比。对于单位质量燃气,等熵功 L_{ad} 可表示为

$$L_{ad} = -\int_{p_{ti}}^{p_{te}} \frac{\mathrm{d}p}{\rho}\bigg|_{s=s_i} = C_p T_{ti}\left[1 - \left(\frac{p_{te}}{p_{ti}}\right)^{\frac{\gamma-1}{\gamma}}\right] \tag{6.1}$$

式中:p_{ti} 为涡轮入口压力;p_{te} 为涡轮出口压力;ρ 为燃气密度;C_p 为燃气的等压比热容;T_{ti} 为涡轮入口温度;γ 为燃气的等熵指数。

实际涡轮功 L_T 可表示为

$$L_T = C_p T_{ti}\left(1 - \frac{T_{te}}{T_{ti}}\right) = P_{shaft} \tag{6.2}$$

式中:T_{te} 为涡轮出口温度;P_{shaft} 为涡轮输出轴功率。

故涡轮绝热效率可写为

$$\eta_i = \frac{1 - \dfrac{T_{te}}{T_{ti}}}{1 - \left(\dfrac{p_{te}}{p_{ti}}\right)^{\frac{\gamma-1}{\gamma}}} \tag{6.3}$$

式(6.3)是针对涡轮来流条件稳定所推导出来的涡轮绝热效率计算公式,直接将其应用到非稳态来流条件下(如脉冲爆震燃烧)的涡轮绝热效率计算,还存在许多问题,关键是因为对于非稳态来流条件,涡轮进出口燃气的质量和能量通量在某一瞬时不再是常量。为

了将涡轮绝热效率计算公式推广适应非稳态来流条件,有两种推广思路,一是周期积分法,一是周期平均法,下面对这两种方法进行详细推导。

周期积分法[1]是考虑到脉冲爆震发动机的工作循环具有周期性,以单个爆震循环时间 t_{cycle} 作为分析单位,则涡轮进出口燃气的质量和能量通量仍是守恒量,故在爆震燃烧驱动下的涡轮实际功可表示为

$$L_T = A_i C_p \int_0^{t_{cycle}} \rho_i u_i T_{ti} \mathrm{d}t - A_e C_p \int_0^{t_{cycle}} \rho_e u_e T_{te} \mathrm{d}t \tag{6.4}$$

式中:A_i 为涡轮入口面积;A_e 为涡轮出口面积;u_i 为涡轮入口燃气速度;u_e 为涡轮出口燃气速度。式(6.4)中的积分区间必须是单个爆震循环时间[0,t_{cycle}],对于其他任一时间段的积分都不是实际涡轮功。

根据稳态来流条件下涡轮的理想等熵功计算式(6.1),利用微分的思想,将非稳态来流(爆震燃烧)沿时间细分,以时间 t 为计算起点,则经过 $\mathrm{d}t$ 时间后,总压为 p_{ti}、质量为 $\rho_i u_i A_i \mathrm{d}t$ 的燃气流入涡轮,这部分燃气在涡轮内膨胀做功后,在 t_2 时刻以总压为 p_{te} 的状态流出涡轮,t_2 可以表示为 t 的函数 $t_2(t)$,则单个周期时间内涡轮理论等熵功为

$$L_{ad} = C_p \int_0^{t_{cycle}} \rho_i u_i A_i T_{ti} \left(1 - \left\langle \frac{p_{te}[t_2(t)]}{p_{ti}(t)} \right\rangle^{\frac{\gamma-1}{\gamma}} \right) \mathrm{d}t \tag{6.5}$$

为了将问题简化,假设燃气在涡轮内瞬间完成膨胀做功过程,即 $t_2(t)=t$,则周期性非稳态流驱动下的涡轮绝热效率可写为

$$\eta_t = \frac{\int_0^{t_{cycle}} (\rho_i u_i A_i T_{ti} - \rho_e u_e A_e T_{te}) \mathrm{d}t}{\int_0^{t_{cycle}} \rho_i u_i A_i T_{ti} \left\{1 - \left[\frac{p_{te}(t)}{p_{ti}(t)}\right]^{\frac{\gamma-1}{\gamma}} \right\} \mathrm{d}t} \tag{6.6}$$

因实际涡轮功是以轴功率的形式输出,故其又可写为

$$L_T = P_{shaft} - \int_0^{t_{cycle}} \tau(t)\Omega(t) \mathrm{d}t \tag{6.7}$$

式中:τ 为燃气冲击涡轮的转矩;Ω 为涡轮的角速度。

故从气动力学角度出发,涡轮滞止绝热效率又可写成

$$\eta_t = \frac{\int_0^{t_{cycle}} \tau(t)\Omega(t) \mathrm{d}t}{\int_0^{t_{cycle}} \rho_i u_i A_i T_{ti} \left\{1 - \left[\frac{p_{te}(t)}{p_{ti}(t)}\right]^{\frac{\gamma-1}{\gamma}} \right\} \mathrm{d}t} \tag{6.8}$$

在实际应用中,考虑到涡轮进出口气流流场不均匀,故需将涡轮进出口划分成许多微元面积,在每一微元面积内应用式(6.6),最后将其求和积分得

$$\eta_t = \frac{\int_0^{t_{cycle}} \int_{A_i} \rho u T_t \mathrm{d}A \mathrm{d}t - \int_0^{t_{cycle}} \int_{A_e} \rho u T_t \mathrm{d}A \mathrm{d}t}{\int_0^{t_{cycle}} \int_{A_i} \rho u T_t \mathrm{d}A \mathrm{d}t - \int_0^{t_{cycle}} \int_{A_i} \frac{\rho u T_t}{(p_t)^{\frac{\gamma-1}{\gamma}}} \mathrm{d}A \frac{1}{|A_e|} \int_{A_e} (p_t)^{\frac{\gamma-1}{\gamma}} \mathrm{d}A \mathrm{d}t} \tag{6.9}$$

式(6.9)即为应用周期积分法推导出的爆震燃烧驱动下的涡轮绝热效率计算公式。

周期平均法的总体思想是将周期性非稳定流动经某种平均后等效为一稳定性流动,即

$$\{p(t), T(t), u(t)\} \xrightarrow{a} \{p_a, T_a, u_a\} \tag{6.10}$$

式中:$p(t), T(t), u(t)$ 分别为周期性脉动压力、温度和速度;p_a, T_a, u_a 分别为经平均等效

后的稳态压力、温度和速度。

要想等效后的稳定流动与等效前的非稳定流动尽量接近,必须满足等效前后燃气的质量和能量通量相同,即

$$m = \int_0^{t_{cycle}} \int_{A_i} \rho_i u_i \mathrm{d}A \, \mathrm{d}t = \int_0^{t_{cycle}} \int_{A_e} \rho_e u_e \mathrm{d}A \, \mathrm{d}t \tag{6.11}$$

$$T_{ta} = \frac{\int_0^{t_{cycle}} \int_A \rho u T_t \mathrm{d}A \, \mathrm{d}t}{\int_0^{t_{cycle}} \int_A \rho u \mathrm{d}A \, \mathrm{d}t} \tag{6.12}$$

式(6.12)即为等效后的稳定流体平均温度,当采用涡轮入口气流参数计算时就可得到涡轮入口温度 T_{tai},当采用出口气流参数时则可求得涡轮出口温度 T_{tae}。于是等效后稳定流体驱动下涡轮获取的实际功可写为

$$L_T = C_p m T_{tai} \left(1 - \frac{T_{tae}}{T_{tai}}\right) \tag{6.13}$$

为了获取等效后稳定流体驱动下涡轮的理想等熵功,必须首先求出涡轮进出口的等效平均压力。现假设来流为 $\rho_i(t), u_i(t), p_{ti}(t), T_{ti}(t)$ 的非稳态燃气流入涡轮,在涡轮内膨胀做功后最终以压力为 p_{te} 的稳态流动排出涡轮,则涡轮从燃气中获取的功为

$$\int_0^{t_{cycle}} \int_{A_i} \rho_i u_i T_{ti} \mathrm{d}A \, \mathrm{d}t - \int_0^{t_{cycle}} \int_{A_i} \frac{\rho_i u_i T_{ti}}{(p_{ti})^{\frac{\gamma-1}{\gamma}}} \mathrm{d}A \, \frac{1}{|A_e|} \int_{A_e} (p_{te})^{\frac{\gamma-1}{\gamma}} \mathrm{d}A \, \mathrm{d}t \tag{6.14}$$

假设等效后涡轮入口等效平均压力为 p_{tai},则等效后的涡轮功可写为

$$m T_{tai} \left[1 - \left(\frac{p_{te}}{p_{tai}}\right)^{\frac{\gamma-1}{\gamma}}\right] \tag{6.15}$$

等效前后涡轮功必须相等,故联立式(6.12)、式(6.14)和式(6.15)可求得 p_{tai}:

$$(p_{tai})^{\frac{\gamma-1}{\gamma}} = \frac{\int_0^{t_{cycle}} \int_{A_i} \rho_i u_i T_{ti} \mathrm{d}A \, \mathrm{d}t}{\int_0^{t_{cycle}} \int_{A_i} \frac{\rho_i u_i T_{ti}}{(p_{ti})^{\frac{\gamma-1}{\gamma}}} \mathrm{d}A \, \mathrm{d}t} \tag{6.16}$$

同理可得等效后涡轮出口的等效平均压力 p_{tae}:

$$(p_{tae})^{\frac{\gamma-1}{\gamma}} = \frac{1}{T} \int_0^{t_{cycle}} \frac{1}{|A_e|} \int_{A_e} (p_{te})^{\frac{\gamma-1}{\gamma}} \mathrm{d}A \, \mathrm{d}t \tag{6.17}$$

将上述平均参数代入式(6.3)即可获得涡轮绝热效率:

$$\eta_t = \frac{1 - \dfrac{T_{tae}}{T_{tai}}}{1 - \left(\dfrac{p_{tae}}{p_{tai}}\right)^{\frac{\gamma-1}{\gamma}}} \tag{6.18}$$

为了衡量涡轮从脉冲爆震高温燃气中所能提取的最大涡轮功,现假设一理想涡轮,燃气在其内都为等熵膨胀,则涡轮所能获得的最大涡轮功为

$$W_{max} = \int_0^{t_{cycle}} \rho_i u_i A_i T_{ti} \left\{1 - \left[\frac{p_{te}(t)}{p_{ti}(t)}\right]^{\frac{\gamma-1}{\gamma}}\right\} \mathrm{d}t \tag{6.19}$$

故定义涡轮理想热效率为

$$\eta_{thermal} = \frac{W_{max}}{LHV} \tag{6.20}$$

式中:LHV 为脉冲爆震燃烧室所添加燃料的低热值。

6.3 脉冲爆震燃烧室与轴流涡轮相互作用

6.3.1 爆震室与单级轴流涡轮相互作用机理

开展 PDC 与轴流涡轮相互作用机理的数值研究,有利于掌握 PDC 与轴流涡轮相互作用的详细机理,并对涡轮效率的提高以及涡轮叶片的优化设计具有重要的理论指导意义。

所建立的脉冲爆震燃烧室与轴流涡轮相互作用数值模型的计算域如图 6.1 所示,其主要包括脉冲爆震燃烧室和单级轴流涡轮两个主要计算区域,图 6.2 为涡轮动、静叶处网格划分后的局部放大图。考虑到发动机周向呈周期性分布的特点,为减小计算网格,本书只建立了单管爆震燃烧室与轴流涡轮的有限元模型,爆震室壁面和涡轮分别采用周期性边界条件。在爆震室填充阶段,爆震室头部为压力入口边界,当爆震室点火燃烧后,将爆震室头部改为封闭的壁面边界。以压力出口作为涡轮出口的边界条件,爆震室与涡轮以及涡轮动、静叶之间采用交界面边界,以实时完成各计算域之间的数据交换。为了模拟轴流涡轮动叶的运动,在涡轮动、静叶之间采用了滑动网格划分技术。

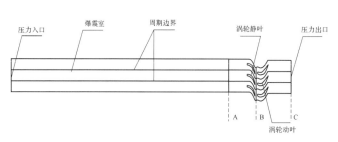

图 6.1　计算域

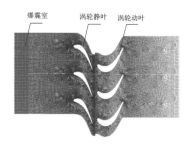

图 6.2　计算网格

数值模拟中采用 Fluent 软件的基于压力非稳态隐式求解器,流动控制方程各参数的离散均采用二阶精度的迎风格式,选用 couple 求解方法。湍流模型采用标准 k-ε 模型,近壁处理采用标准壁面函数,计算流体密度根据理想气体方程确定,通过动网格中的滑动网格模型模拟涡轮动叶的旋转运动,化学反应利用多组分单步有限速率化学反应模型,计算中所有壁面均按绝热、无滑移条件处理。爆震室内填充化学恰当比的汽油-空气可燃混合物,初始压力为 101 325 Pa,温度为 300 K。涡轮计算区域气体为空气,压力为 101 325 Pa,温度 300 K,涡轮出口边界按照无反射边界条件设置,设为压力出口边界。在爆震室头部设有一直径为 10 mm 的局部高温点火区域,计算开始后,待爆震室内汽油和空气填充完毕,将局部高温点火区域的温度设为 2 000 K。

图 6.3 是涡轮转速为设计工作转速的 10%(工况 1,线速度 50 m/s)和 100%(工况 2,线速度 500 m/s)时爆震燃烧波与涡轮相互作用的压力和温度等值线云图。爆震燃烧波首先在涡轮静叶前缘形成第一道弧形反射激波,随着时间的推移,激波逐渐回传并扩展至整个通道,激波反射到通道壁面后再次形成两道新的强激波,强激波最终在通道中心处会合相交并继续前传,但随着前传距离的增加,激波强度迅速减弱,转化为一系列压缩波,在整个爆震燃烧压力波反射过程中,涡轮静叶压力面的压力都高于吸力面。分析图 6.3 可知,当 $t=0.001\ 08$ s

时,涡轮转速较低的工况 1 中爆震燃烧波经过涡轮静叶后在涡轮动叶前缘处形成一道强激波,但对于涡轮转速为设计工作转速的工况 2,爆震波并未在涡轮动叶处反射出强激波,而是继续膨胀做功,说明此时燃气进入动叶的攻角刚好在设计范围内,涡轮此时具有较好的工作性能。此外 $t=0.001\ 22$ s 时,工况 1 中动叶压力面出现了一个很大的高压区,说明大部分燃气被滞止,动叶的流通面积大大减小,这不利于燃气膨胀做功,而对于涡轮转速为设计转速的工况 2,涡轮动叶压力面压力未出现大面积高压区,燃气可顺利膨胀做功,在一定程度上增加了涡轮输出功,提高了涡轮效率。从温度等值线云图可看出脉冲爆震燃气在涡轮静叶吸力面的传播速度明显大于压力面,这主要是因为高压燃气经过吸力面是增速降压的膨胀过程,而在压力面则是一个减速增压的过程。从温度等值线云图可看出大量高温燃气被堵塞在涡轮静叶处,燃气经静叶膨胀后温度下降幅度较大,涡轮动叶入口的温度明显低于涡轮静叶。

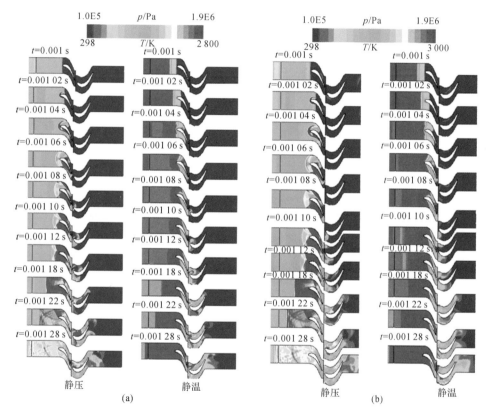

图 6.3　压力与温度等值线云图
(a)工况 1:涡轮线速度 50 m/s;(b)工况 2:涡轮线速度 500 m/s

　　从图 6.4 两种工况下速度矢量图发现,工况 1 中当 $t=0.001\ 12$ s 时,在涡轮静叶与动叶交接处速度矢量较为混乱,而对于工况 2,燃气经过静叶后能以良好的攻角平稳地进入涡轮动叶,这也说明涡轮转速在很大程度上影响了爆震燃气中能量的提取,在设计过程中应合理地选择涡轮的设计工作转速,使其能在爆震循环焓降最大时段具有较高的涡轮效率。

　　图 6.5~图 6.7 为在单次爆震燃烧波冲击下涡轮动静叶进出口静压、静温和速度等气流参数随时间的变化曲线。工况 2 中涡轮内部压力随时间的变化规律与工况 1 类似,但从图 6.5 可看出当 $t=0.016$ s 时,工况 2 涡轮进出口压力已非常接近,工况 1 中涡轮进出口压力此时仍有一定差距,这说明在相同的膨胀时间内,高转速涡轮要比低转速涡轮转速所能膨

胀的燃气落压比高,即膨胀相同的高温燃气,高转速涡轮所需要的时间更短。从图 6.6 可以看出,对于涡轮转速为设计转速的工况 2,涡轮出口的温度变化比较平缓,爆震燃气过后一直保持在一个较为稳定的温度值,而在工况 1 中,涡轮出口温度跟随涡轮进口温度波动而波动,这主要是因为涡轮在低转速工作时,爆震燃烧波冲击涡轮后,涡轮在短时间内落压比瞬间大幅度提高,其还未来得及完全膨胀就从涡轮出口排出,故工况 1 中涡轮出口温度波动较大,而对于高转速的工况 2,涡轮能在较短的时间内膨胀完较高落压比的燃气,故其出口温度较平缓。

从速度曲线变化图 6.7 可看出,涡轮动叶出口的马赫数由于爆震燃气的膨胀加速而突然升高,但随着膨胀时间的增加,动叶出口马赫数逐渐下降,且当 $t > 0.010\ 5$ s 时,动叶出口马赫数小于动叶入口马赫数,这与工况 1 中涡轮动叶出口马赫数的变化规律不同,工况 1 中动叶出口马赫数一直保持在超声速流动状态。这主要是因为对于工况 2 涡轮转速较高,当 $t > 0.010\ 5$ s 时涡轮落压比已较小,此时燃气在涡轮中已逐渐进入过度膨胀状态,而对于工况 1,由于涡轮转速较低,其所能膨胀的燃气落压比也较小,故燃气在涡轮内一直处于欠膨胀状态,导致燃气经过动叶后仍加速膨胀。

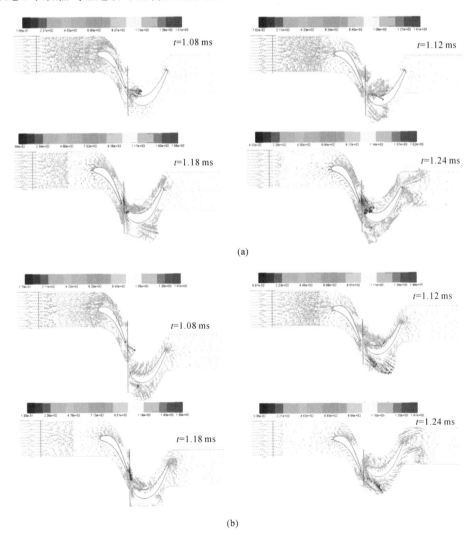

图 6.4　速度矢量图
(a)工况 1;　(b)工况 2

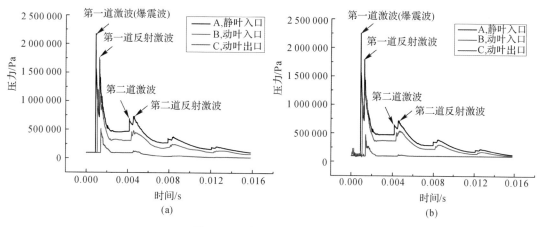

图 6.5　涡轮内部压力变化曲线

（a）工况 1；（b）工况 2

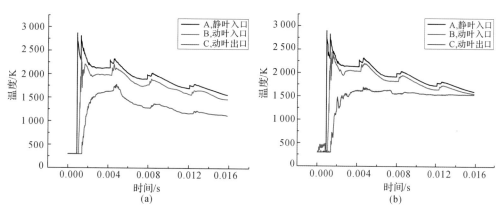

图 6.6　涡轮内部温度变化曲线图

（a）工况 1；（b）工况 2

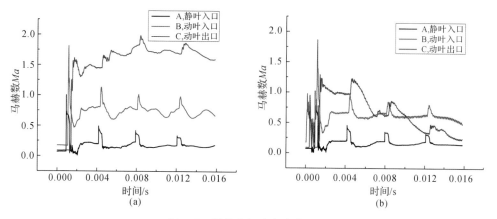

图 6.7　涡轮内部速度变化曲线

（a）工况 1；（b）工况 2

图 6.8～图 6.11 为涡轮动叶进出口实际与理想焓降和功的曲线图。图中结果表明涡轮每经过一次激波冲击,涡轮焓降曲线都会表现出先呈阶跃式升高然后再逐渐下降的趋势,涡轮动叶实际与理想焓降和膨胀功都主要集中在爆震燃烧波第一次冲击涡轮时,反射激波冲击涡轮所产生的焓降和膨胀功与爆震燃烧波相比,波动赋值较小。工况 1 涡轮动叶实际焓降和膨胀功的 60% 都主要集中在 0.001 161～0.001 9 s 这一时间段内,从时间尺度来看,其仅占整个循环周期的 4.6%;工况 2 涡轮动叶实际焓降和膨胀功的 60% 都主要集中在 0.001 198～0.002 9 s 这一时间段,占整个循环周期的 10.7%,与工况 1 相比,其焓降时间增加了 0.096 4 s。对比图 6.9 和图 6.11 可知,涡轮动叶通过等熵膨胀所产生的理想焓降和膨胀功与动叶实际焓降和膨胀功相比,等熵膨胀的涡轮焓降不如实际焓降那么集中,等熵膨胀涡轮动叶膨胀功的 60% 都集中在 0.001 120～0.004 6 s,占整个循环周期的 22%,工况 2 与工况 1 相比,设计转速的涡轮实际与理想等熵膨胀焓降时间之间的差别较小,为 11.3%(22%～10.7%),而工况 1 为 17.7%。

图 6.12 是涡轮动叶所受的瞬时气动力和气动力做功随时间的变化曲线,从图中可以看出,对于低转速工况 1,在爆震燃气冲击涡轮之前,涡轮动叶所受气动力呈现一平台区,待爆震燃烧波冲击涡轮后,其气动力突然从平台区阶跃式上升到最大峰值,而对于高转速的工况 2,在爆震燃气进入涡轮之前,涡轮所受气动力波动范围较大,且出现了多个局部为负值的负力现象,这主要是因为此时涡轮落压比很小,不足以满足设计转速时的涡轮压力落压比要求,导致涡轮对气流做功,气流在某种程度上阻碍了动叶的旋转运动。

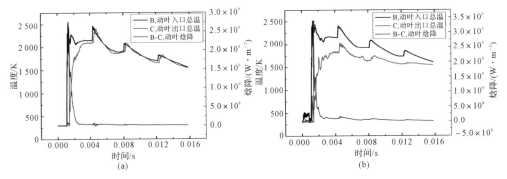

图 6.8　涡轮动叶进出口实际总温和焓降
(a)工况 1;　(b)工况 2

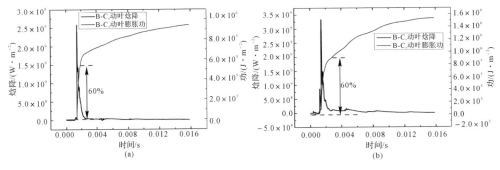

图 6.9　涡轮动叶实际焓降和功
(a)工况 1;　(b)工况 2

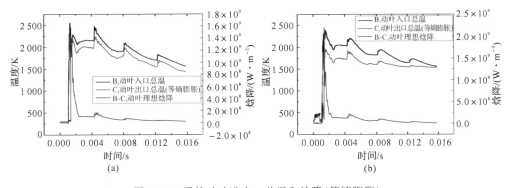

图 6.10　涡轮动叶进出口总温和焓降(等熵膨胀)
(a)工况 1；　(b)工况 2

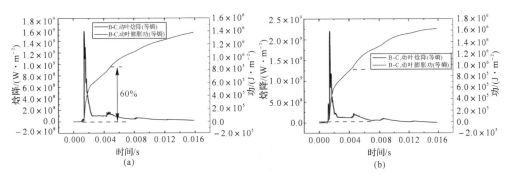

图 6.11　涡轮动叶焓降和功(等熵膨胀)
(a)工况 1；　(b)工况 2

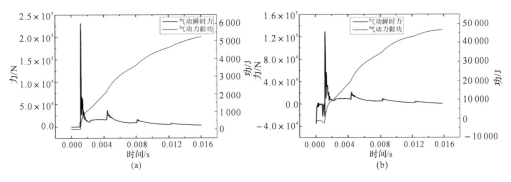

图 6.12　涡轮动叶瞬时气动力和功
(a)工况 1；　(b)工况 2

　　此外对涡轮转速为设计转速 140%(工况 3:700 m/s)时爆震燃烧波与涡轮相互作用过程进行了分析,工况 3 爆震波在涡轮中的发展和反射规律与工况 2 相似,这里不再进行重复描述。

　　利用非稳态涡轮效率计算式(6.8)气动力学法、式(6.9)周期积分法和式(6.18)周期平均法计算得出三种工况下涡轮绝热效率如图 6.13 所示。从图中可看出,利用周期积分法得到的涡轮绝热效率都高于周期平均法和气动力学法,气动力学法计算所得的结果是三种方法中最小的。这主要是因为通过热力学焓降的方法计算涡轮效率时，认为高温燃气经过涡轮的所有焓降都转化为涡轮功,但实际过程中由于燃气的热量损失以及燃气内部的涡耗散损失等因素也会产生焓降,故利用热力学方法计算得到的涡轮效率要较气动力学法高,但气动力学法计算得到的涡轮效率与实际更相符。此外,涡轮转速为设计转速时,涡轮绝热效率最高,为 0.75 左右,当涡轮转速降低到设计转速的 10% 时,其涡轮绝热效率减小到 0.4 左右,而当涡轮转速增加到设计转速的 140% 时,其涡轮绝热效率减小为 0.7 左右,由此可见,涡轮转速高于或低于设计转速都会导致涡轮绝热效率的降低,因此在发动机运转过程中可通过调节涡轮输出功率进而控制涡轮转速,使其尽量在涡轮设计转速附近工作,以提高涡轮的绝热效率。但是,涡轮在设计转速工作时效率也远低于传统航空发动机涡轮效率,现有的涡轮设计方法很难保证脉动燃气作用下涡轮的绝热效率,未来可根据脉冲爆震燃气特性设计适用于脉动燃气的涡轮,或通过设计排气转接段,降低燃气脉动,从而提高涡轮效率,进而提高脉冲爆震涡轮发动机性能。

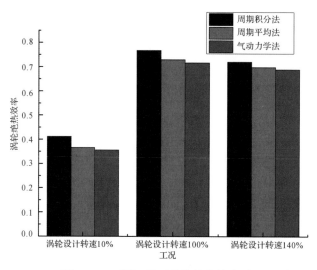

图 6.13　不同工况下涡轮绝热效率对比

6.3.2　爆震室与无静叶轴流涡轮相互作用机理

通过上述分析可知,爆震燃气经过涡轮静叶将存在由于激波反射、高速漩涡和气流分离等带来的能量损失,为了研究爆震燃气在无涡轮静叶后的轴流涡轮内的功率提取问题,对上述所建立的脉冲爆震燃烧室与轴流涡轮的数值模型进行了修改,仅省去了涡轮级中的静叶叶片,其他参数未做任何修改,模型中涡轮线速度为设计速度 500 m/s。图 6.14 和图 6.15 为数值模拟分析所得的无静叶时涡轮动叶进出口实际与理想焓降和功的曲线图。从图 6.14 可发现涡轮动叶实际焓降和膨胀功的 60% 都主要集中在 0.000 996~0.002 035 s 这一时间段,占整个循环周期的 6.6%,而从图 6.15 可知,涡轮动叶通过等熵膨胀所产生的理想焓降和膨胀功的 60% 都集中在 0.000 992~0.005 052 s,占整个循环周期的 25.6%。

图 6.16 是涡轮级理想与实际焓降和功随时间变化曲线图。由图可知在爆震燃烧波冲击涡轮阶段,涡轮级实际焓降和涡轮功与涡轮等熵膨胀的理想焓降和膨胀功非常相近,但在有涡轮静叶时,涡轮级实际焓降和涡轮功在爆震燃气冲击的某一时段是明显大于理想焓降

和膨胀功的,这说明涡轮静叶对爆震燃气具有重要的导流作用,在涡轮静叶的作用下涡轮动叶可从爆震燃气中获得更多的能量。故涡轮静叶对脉冲爆震涡轮发动机仍不可或缺,虽然其对爆震燃气具有一定的能量损失,但其对提高涡轮动叶的效率和功率具有很大的作用,因此在脉冲爆震涡轮发动机的设计中,不可轻易去掉涡轮静叶,而是应从气动力学方面出发,对传统涡轮静叶叶型进行改造优化,使其在脉冲爆震燃气作用下既能损失最小又能有效改变燃气气流角度,使动叶入口角度在设计范围内,考虑到脉冲爆震燃气具有强脉动特性,故必须采用可调静叶的设计方案才能有效提高涡轮的效率。

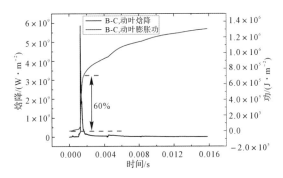

图 6.14 涡轮动叶焓降和功

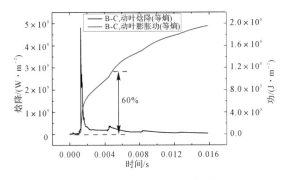

图 6.15 涡轮动叶焓降和功(等熵膨胀)

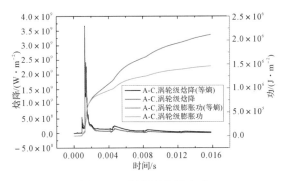

图 6.16 涡轮级焓降和功

图 6.17 是涡轮动叶所受的瞬时气动力和气动力做功随时间的变化曲线,对比图 6.12,在涡轮转速为设计转速的工况 2 中,涡轮动叶所受气动力最大峰值为 1.288×10^5 N,而在相

同涡轮转速下去掉涡轮静叶后,涡轮动叶所受气动力的最大峰值仅为 4.738×10^4 N,气动力峰值降低了 63.2%,且从整个曲线来看,无涡轮静叶后,在膨胀过程中涡轮动叶所受的阻力时间增长,说明无静叶导流后,涡轮动叶内气流比较紊乱,动叶吸力面压力高于动叶压力面的情况增加。

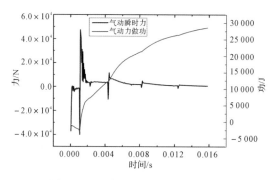

图 6.17　涡轮动叶瞬时气动力和功

利用涡轮热效率计算方法和数值模拟结果,分析得到涡轮的热效率和绝热效率见表 6.1。对比表 6.1 和图 6.13 可发现,在相同涡轮转速下,有涡轮静叶时运用周期积分法、周期平均法和气动力学法所求得的涡轮绝热效率分别为 0.767 6,0.729 6 和 0.717 1,而无静叶时仅为 0.460 5,0.450 4 和 0.429 3,效率分别下降了 40%,38.3% 和 40.1%。由此可见,去掉涡轮静叶后,涡轮绝热效率下降非常明显,涡轮静叶对于提高涡轮提取爆震燃气的绝热效率具有重大作用。

表 6.1　涡轮效率(无静叶)

	周期积分法	周期平均法	气动力学方法
涡轮热效率	0.304 8	0.271 7	——
涡轮动叶热效率	0.284 6	0.264 8	——
涡轮绝热效率	0.460 5	0.450 4	0.429 3
涡轮动叶绝热效率	0.493 2	0.462 1	0.452 4

6.3.3　爆震室与轴流涡轮相互作用快速分析方法

PDC 与轴流涡轮相互作用机理的数值研究,需要考虑复杂的化学反应过程、气动问题、扩散过程、湍流运动、传热传质过程、辐射以及能量转化等;在空间尺度上,若要充分模拟分子的运动,则网格划分须细分到分子平均自由程 10^{-7} m 这一量级,而发动机长度尺寸都在 1 m 以上;对于时间尺度,某些中间反应特征时间通常为 10^{-20} s,而爆震波起爆过程则需要 10^{-3} s 左右。因此数值模拟过程若要覆盖所有的问题和尺度则计算量非常大。为了减小计算量,可在建立数值模型中,以最感兴趣的信息尺度为主,其他信息尺度采用近似模型来处理,如将爆震室简化为一维模型,然后将一维模拟结果作为二维或三维涡轮入口的边界条件。但是,这种简化的方法在一定程度上忽略了爆震室与涡轮之间的相互作用。

美国普渡大学[2]用一维单步不可逆有限速率化学反应模型模拟爆震室,将其与所建立的三维出口边界(内装有简单轴流静叶)相融合(见图 6.18),采用丙烷为燃料,氧气为氧化剂,模拟了爆震波与叶片的相互作用,计算结果表明爆震波激起了静叶喉道上下游气流的压力和速度脉动,虽然静叶对爆震波具有衰减作用,但压力脉动经静叶后仍很大。

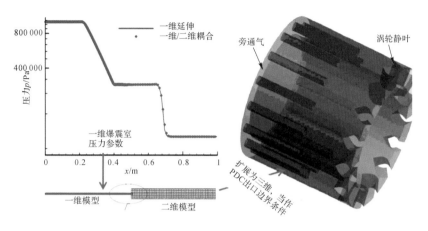

图 6.18　一维爆震室模型与三维计算域耦合过程

日本东京理科大学[3-4]建立了 PDC 与涡轮动叶相互作用的二维数值模型,PDC 爆震燃烧采用一维模型,燃料和氧化剂分别为氢气和氧气,计算结果表明涡轮动叶对爆震波具有反射作用,涡轮在爆震波驱动下的热效率为 18.9%,而绝热等熵效率为 73.8%。

6.4　脉冲爆震燃烧室与径流涡轮相互作用

6.4.1　爆震室与径流涡轮相互作用二维数值模拟

图 6.19(a)给出了 PDC 与径向涡轮相互作用的数值模型,其主要包括脉冲爆震燃烧室、径向涡轮和进气段三个主要计算区域,涡轮处网格划分后的局部放大图如图 6.19(b)所示。数值模型中采用欧拉方程描述爆震过程的化学反应流场,用多组分理想气体状态方程和简化的多组分、单步化学反应模型模拟燃烧过程,采用动网格技术模拟涡轮级动叶的旋转运动。

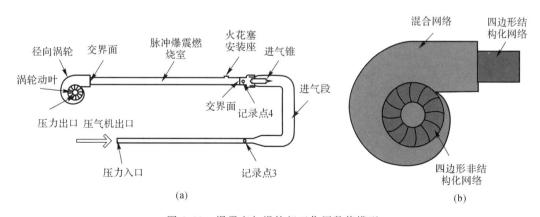

图 6.19　爆震室与涡轮相互作用数值模型

(a)计算域；(b)局部网格放大图

图 6.20 是指定涡轮转速为 30 000 r/min 时爆震波冲击涡轮瞬间的静压压力等值线云图。由于涡轮壳的尺寸大于爆震室,爆震波从一小空间突然扩张到一大空间,爆震波在膨胀的同时在涡轮壳入口的外围处形成局部高速漩涡,这对爆震波具有一定的衰减作用。从涡轮内的压力等值线云图可看出,在 $t=0.011\ 65$ s 时爆震波进入涡轮后,爆震波被涡轮壳反射出两道极强的激波,且其逐渐往涡轮壳通道的中心发展,但激波强度逐渐减弱,当 $t=0.011\ 68$ s 时,这两道反射激波在涡轮壳通道的中心处会合。此后 $t=0.011\ 77\sim0.011\ 95$ s 这段时间内,爆震波在靠近涡轮壳处形成强的压缩波,而在远离涡轮壳的内部通道则发展为弱的压缩波。这主要是因为爆震激波在遇到涡轮壳后反射出强的激波,而在通道内部,气流的相互作用不如爆震波冲击涡轮壳强烈,故仅为弱的压缩波。在 $t=0.012\ 13\sim0.012\ 37$ s 这段时间内,爆震波在涡轮内继续膨胀,形成前传反射激波,但前传激波随着前传距离的增加而逐渐减弱。

图 6.21 是爆震波冲击涡轮的静温等值线云图,从图中可看出,当爆震波进入涡轮后,在爆震燃气高温区的前面存在一温度较高的局部区域,这与爆震波在爆震室内的传播不同,这主要是因为爆震波进入涡轮后,涡轮内填充的气体为空气,前导激波首先压缩涡轮内空气,使得其温度突然升高,但由于缺乏燃料的支撑,导致前导激波与爆震燃气逐渐分离。

图 6.22 是爆震波冲击涡轮后的反射激波前传压力等值线云图,图中结果表明当爆震波在涡轮内膨胀过程中所形成的前传压力波峰值可达 693 200 Pa,因此涡轮对爆震波反射所形成的前传压力波具有较强的回传能力,但从 $t=0.012\ 45\sim0.012\ 63$ s 时间内,前传压力波随着前传距离的增加,激波强度逐渐减弱,当 $t-0.012\ 68$ s 时,前传压缩波与来流激波会合成一道激波。$t=0.012\ 75\sim0.012\ 98$ s 这段时间内显示了会合后所形成的激波冲击涡轮的情况,对比图 6.20 和图 6.22 可以看出,该激波冲击涡轮与爆震波冲击涡轮时类似,但从激波强度来看,其强度有较大衰减。

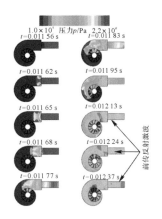

图 6.20　压力等值线云图

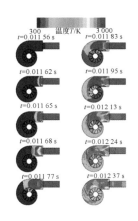

图 6.21　静温等值线云图

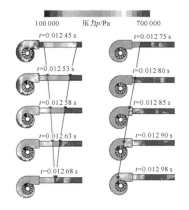

图 6.22　爆震波冲击涡轮后反传压力等值线云图

图 6.23 和图 6.24 为涡轮内部静压和静温随时间的变化曲线,图中结果表明当 $t=0.011\ 57$ s 时,第一道激波(爆震燃烧波)进入涡轮,涡轮入口压力突然升高,爆震波过后,由于一系列膨胀波系的作用,涡轮入口的压力逐渐下降,但在下降的过程中,涡轮入口压力出现了几个小的压力峰值。这主要是因为爆震波在涡轮内的膨胀过程中形成一系列反传压力波,反传压力波在前传的同时逐渐叠加,最终在涡轮入口处形成较强的激波。在 $t=$

0.012 83 s 时,涡轮入口压力突然呈阶跃式小幅度升高,这主要是因为反传压力波在前传的过程中与爆震室内燃气压力波会合形成第二道激波,并在 $t=0.012$ 83 s 时进入涡轮。从温度曲线可以看出,涡轮温降大部分发生在 $t=0.011$ 57～0.012 83 s 第一道激波冲击阶段,这主要是因为这段时间内的涡轮压降较大。

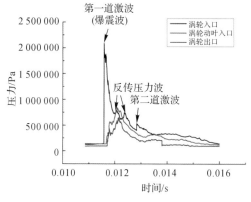

图 6.23　涡轮内部压力变化曲线

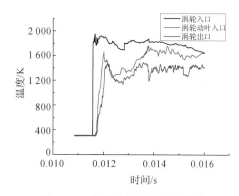

图 6.24　涡轮内部温度变化曲线

图 6.25 和图 6.26 分别是涡轮内部总压和总温随时间的变化曲线,图中结果表明当 $t>$ 0.013 82 s 时,燃气在涡轮入口和涡轮动叶入口的总压及总温基本相等,说明在这段时间内,燃气在涡轮壳内膨胀较小,其大部分能量都在涡轮动叶内膨胀做功。在 $t=0.011$ 57(爆震波进入涡轮)～0.013 82 s 这段时间内,涡轮入口的总温明显高于涡轮动叶入口的总温,且燃气在涡轮入口与涡轮动叶入口间的温降要远大于涡轮动叶进出口间的温降,说明脉冲爆震波燃气的大部分能量都在涡轮壳内膨胀,仅有小部分能量在涡轮动叶内膨胀做功。这主要是由于爆震压力波是一道强激波,其在涡轮壳内的运动方向时刻在改变,进而形成一系列的压缩波,导致大部分能量被损失,因此这对涡轮功率的提取非常不利,为了提高涡轮的工作效率及功率提取,应采取合适的方法将强脉冲爆震压力激波拉平减弱。

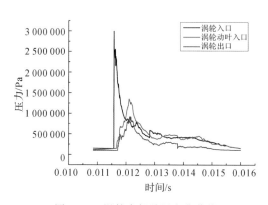

图 6.25　涡轮内部总压变化曲线

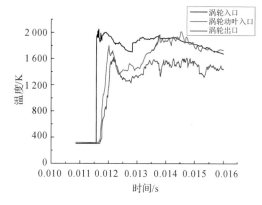

图 6.26　涡轮内部总温变化曲线

图 6.27 是涡轮动叶进出口的总温及焓降曲线,从图中涡轮动叶的焓降曲线可以看出,在第一道激波(爆震波)的冲击阶段($t=0.011$ 57～0.012 33 s),爆震燃气在涡轮动叶内的膨胀焓降仅占整个循环焓降的 12%,而在 $t=0.013$ 82～0.016 s 这段时间内,燃气在涡轮动叶内的焓降占总焓降的 71.3%。这与爆震波冲击轴流涡轮时涡轮的焓降曲线变化规律不同,

在轴流涡轮中,第一道激波(爆震波)冲击涡轮阶段,涡轮熵降占了整个循环熵降的 60%,其比例远高于径向涡轮。这主要是因为轴流涡轮具有静叶导流作用,爆震波在静叶级中气流方向的改变较为平缓,爆震燃气的能量损失较小,而在径向涡轮中,爆震波在涡壳内气流方向改变较大,且蜗壳内无静叶导流,在蜗壳的作用下爆震波发展为一系列复杂的激波系,导致燃气的大部分能量在蜗壳内被损失掉。

图 6.28 是涡轮进出口的总温及理想熵降曲线,从图中涡轮的理想熵降曲线可以看出,在第一道激波(爆震波)的冲击阶段,爆震燃气在涡轮内的膨胀熵降占整个循环熵降的 15%,在 $t=0.013\,82\sim0.016\,\text{s}$ 这段时间内,燃气在涡轮动叶内的熵降占总熵降的 63%。与实际膨胀相比,爆震燃气理想膨胀在爆震波冲击涡轮阶段的熵降比例略有增加。

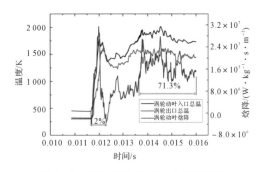

图 6.27　涡轮动叶进出口总温和熵降

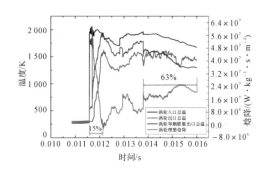

图 6.28　涡轮进出口总温和理想熵降

图 6.29 是涡轮实际和理想熵降及功曲线随时间的变化规律,从图中可看出涡轮实际功的变化规律与理想膨胀功的规律相同。当爆震波冲击涡轮时,涡轮功突然升高,随后变化较缓慢,且在一小段时间内涡轮功略有下降,出现负功区,但负功区过后涡轮功再次快速上升。这主要是因为爆震波具有极强的能量,使得涡轮功突然升高,在爆震波冲击涡轮的过程中,爆震波同时被反射形成一系列反传压力波,且燃气在爆震波过后不断膨胀形成一系列的膨胀波,在压力反传波和膨胀波的共同作用下燃气在某一段时间内出现了过度膨胀的状态,此时燃气不仅不对涡轮做功,反而成为涡轮运动的阻力,不断消耗已转化的涡轮功,因此涡轮在某一段时间内出现了负增长,但很快高速燃气再次冲击涡轮,使得涡轮功继续稳定增加。图 6.30 为从涡轮动叶所受气动力的角度出发得到的涡轮功随时间的变化曲线,从图可看出在爆震波过后,涡轮动叶在某一小段时间内出现了负力矩区,这从涡轮动叶受力方面佐证了爆震波过后涡轮存在负功区。

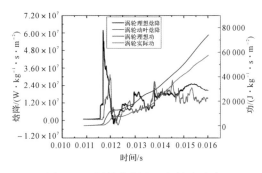

图 6.29　涡轮实际和理想熵降及功

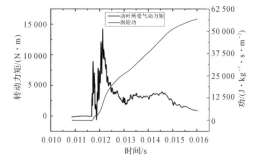

图 6.30　涡轮气动力矩和功

利用 6.2 节中涡轮热效率和涡轮绝热效率的计算方法和发动机二维模型的数值模拟结

果,分析得涡轮的热效率和绝热效率见表 6.2。

表 6.2 涡轮效率

	周期积分法	周期平均法	气动力学方法
涡轮热效率	0.264 2	0.232 7	—
涡轮绝热效率	0.776 4	0.746 3	0.699 6

6.4.2 爆震室与径流涡轮相互作用三维数值模拟

如图 6.31 所示为所建立的脉冲爆震燃烧室与径向涡轮相互作用三维数值模型的计算域,如图 6.32 所示为涡轮处网格划分后的局部放大图,考虑到三维模型的网格数非常巨大,模型中省略了发动机进气段及气动阀的模拟,简化后的模型主要由脉冲爆震燃烧室和径向涡轮组成。并利用 UDF 语言编写了根据爆震室头部压力而变化的边界条件,当爆震室内压力低于来流压力时,爆震室入口为压力入口边界,当爆震室内形成爆震波并前传至爆震室入口时,通过 UDF 将其改为无滑移固壁面条件。

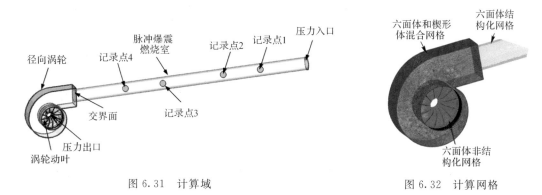

图 6.31 计算域   图 6.32 计算网格

图 6.33 是指定涡轮转速为 30 000 r/min 时爆震波冲击涡轮瞬间的静压压力等值线云图,左图为三维实体等值线云图,右图为以爆震室中心面为剖面的等值线云图。可以看出,爆震波在涡轮内的膨胀过程与二维模型类似,爆震波进入涡轮后,由于涡轮壳体限制其流动方向,故在靠近涡轮壳处形成较强的压缩波,而在远离涡轮壳的内部通道则发展为较弱的压缩波,同时爆震波经过涡轮入口处燃气压力急剧下降,出现过度膨胀现象。

图 6.34 是爆震波冲击涡轮的静温等值线云图,左图为三维实体等值线云图,右图为发动机中心剖面等值线云图。对比图 6.34 和图 6.21 发现,三维模型计算所得的爆震波冲击涡轮时的温度变化等值线云图与二维模型相同,由于爆震压力波传播速度较燃气气流速度快,故涡轮内的空气先经爆震压力波压缩,进而导致涡轮内爆震燃气高温区的前面都存在一温度较高的局部区域。

图 6.35 是 $t = 0.001\ 189$ s 时爆震燃气在涡轮内膨胀的速度矢量图,从图中可看出,爆震燃气在蜗壳内的速度变化较小,燃气的膨胀加速过程都发生在涡轮动叶内,说明此时燃气的焓降主要集中在涡轮动叶内,而在蜗壳内燃气焓降较小。此外可发现在蜗壳与涡轮动叶相接的位置处存在一气流泄漏区,且气流速度较大,这主要是因为涡轮动叶与蜗壳间并未完全闭合,之间存在一定间隙,燃气在动叶的作用下穿过间隙跟随动叶一起做高速旋转运动。

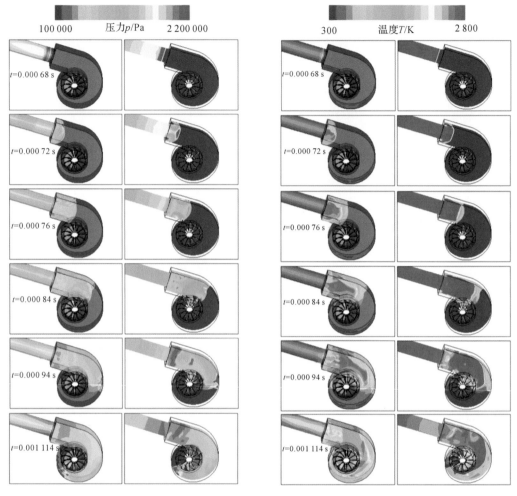

图 6.33　压力等值线云图　　　　　　　图 6.34　温度等值线云图

　　图 6.36 为 $t = 0.001\ 189$ s 时涡轮内燃气的速度流线图,图中结果显示燃气在涡轮内的膨胀过程中形成了两个漩涡区,一个位于涡轮入口上半部分,一个位于涡壳与涡轮动叶相交接的位置。涡轮入口上半部分的漩涡主要是因为高速燃气从小口径爆震室到大空间涡轮所形成的回流漩涡,而下部分的漩涡主要是由于泄漏区溢出的高速气流所引起。

　　图 6.37～图 6.40 为涡轮内部静压、静温以及总温、总压随时间的变化曲线,图中曲线变化规律表明涡轮入口处的压力和温度均呈阶跃式升高,而涡轮动叶入口的压力和温度都呈缓慢式的上升。这主要是因为涡轮入口处压力和温度的升高主要是由于爆震波的冲击作用,而对于涡轮动叶入口,爆震波已被涡壳反射转变成复杂的压缩波系,各压缩波的强度都远小于爆震波,故在多重弱压缩波的作用下,涡轮动叶入口处的压力和温度逐渐缓慢地升高。在 $t = 0.000\ 68～0.003\ 62$ s 爆震波冲击涡轮阶段,涡轮动叶入口总温都小于涡轮入口总温,这说明爆震燃气在进入涡轮动叶之前的涡壳加速膨胀的过程中,由于复杂压缩波系的作用,爆震燃气的能量具有较大的损失,涡轮动叶入口的总压峰值也低于涡轮入口的总压峰值,这也验证了爆震燃气在涡壳中存在能量损失。

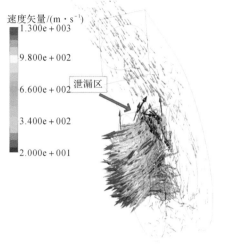

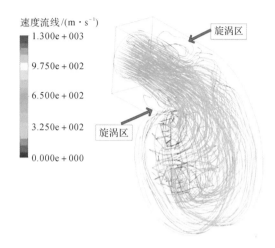

图 6.35 速度矢量图($t=0.001\ 189$ s) 　　图 6.36 涡轮内燃气流线图($t=0.001\ 189$ s)

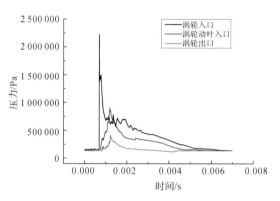

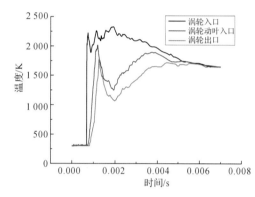

图 6.37 涡轮内部压力变化曲线 　　图 6.38 涡轮内部温度变化曲线

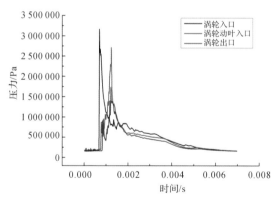

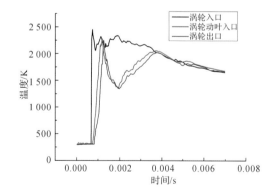

图 6.39 涡轮内部总压变化曲线 　　图 6.40 涡轮内部总温变化曲线

　　图 6.41 是涡轮动叶进出口的总温及焓降曲线,从图中涡轮动叶的焓降曲线可以看出,在第一道激波(爆震波)的冲击阶段($t=0.000\ 76\sim0.001\ 24$ s),爆震燃气在涡轮动叶内的膨胀焓降占整个循环焓降的 38.1%;在爆震波过后的过度膨胀负功区($t=0.001\ 24\sim0.001\ 58$ s),燃气在涡轮动叶内的负焓降占总焓降的 5.3%;而在 $t=0.001\ 58\sim0.004\ 82$ s 这段爆震燃气

膨胀时间内,燃气在涡轮动叶内的焓降占总焓降的49.3%。与二维数值模拟结果相比,爆震燃气在三维涡轮动叶内的焓降随时间的分布规律有所不同,二维数值模拟结果表明涡轮动叶焓降71.3%集中在爆震波过后的膨胀做功区,而在爆震波冲击阶段其焓降仅占12%。这主要是由于二维数值模型中涡轮动叶仅模拟了爆震燃气与涡轮动叶一个型面的相互作用,但实际涡轮各截面的型面都是不同的,三维模型模拟了爆震燃气在涡轮动叶复杂涡轮型面通道内的流动变化过程,因此其更能体现实际爆震燃气在涡轮内的膨胀过程。

图6.42是涡轮进出口的总温及理想焓降曲线,从图中涡轮的理想焓降曲线可以看出,在第一道激波(爆震波)的冲击阶段,爆震燃气在涡轮内的膨胀焓降占整个循环焓降的25.6%;在爆震波过后的过度膨胀负功区,燃气在涡轮动叶内的负焓降占总焓降的9.7%;而在 $t=0.001\ 58\sim0.004\ 82$ s 这段爆震燃气膨胀时间内,燃气在涡轮动叶内的焓降占总焓降的64.6%。与实际膨胀相比,爆震燃气理想膨胀在爆震波冲击涡轮阶段的焓降比例有所下降,而在过度膨胀区和爆震波过后的低压膨胀区的焓降比例都有所增加。

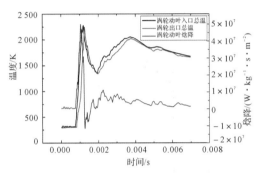

图6.41　涡轮动叶进出口总温和焓降

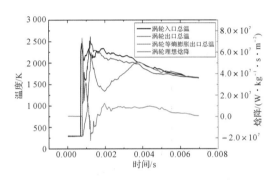

图6.42　涡轮进出口总温和理想焓降

图6.43是涡轮实际和理想焓降及功曲线随时间的变化规律,从图中可看出涡轮实际功的变化规律与理想膨胀功的规律相同。当爆震波冲击涡轮时,涡轮功突然升高,随后变化较缓慢,且在一小段时间内涡轮功略有下降,出现负功区,但负功区过后涡轮功再次快速上升。涡轮实际功和理想膨胀功的变化规律与二维数值模拟结果相同,但二维模拟结果表明涡轮理想功在整个周期内的涡轮功都大于涡轮实际功,但三维数值模拟结果显示涡轮理想功与实际功存在交点,这主要是由于爆震燃气在三维模型中的过度膨胀区较二维模型大,理想膨胀功涡轮所做负功占整个周期功的比例有所增加而造成的。图6.44为从涡轮动叶所受气动力的角度出发得到的涡轮功随时间的变化曲线,从图中可看出在填充阶段,涡轮动叶一直处于做负功状态,待爆震波冲击涡轮后,涡轮动叶功突然快速升高,爆震波过后在某一小段时间内涡轮功变化很小,然后涡轮功再逐渐缓慢升高。从涡轮动叶受力角度分析所得涡轮功与利用焓降法所得涡轮功随时间的变化规律略有不同,通过涡轮动叶力矩计算得到的涡轮功在爆震波过后不存在明显的负功区,仅存在一变化较小的涡轮功平台区,这主要是因为爆震波过后的过度膨胀区时间较短,而涡轮动叶由于阻尼及转动惯性等机械因素的影响,其在气动力作用下存在滞后作用,因此涡轮动叶在过度膨胀区还未来得及反应即又进入了低压膨胀区。

涡轮的热效率和绝热效率见表6.3。与二维数值模拟结果相比,三维模型运用周期积分法、周期平均法和气动力学法计算得到的涡轮绝热效率分别减小了9%,8%和5%,由于三维模型更符合爆震燃气在复杂涡轮通道内的流动变化特性,故其结果比二维模型更具有参考价值。

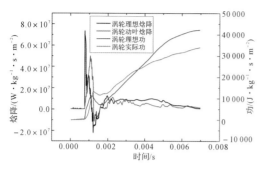
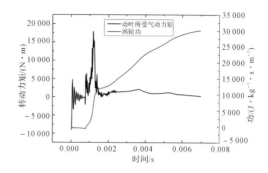

图 6.43　涡轮实际和理想焓降及功　　　　　图 6.44　涡轮气动力矩和功

表 6.3　涡轮效率

	周期积分法	周期平均法	气动力学方法
涡轮热效率	0.201 2	0.183 5	—
涡轮绝热效率	0.706 1	0.687 1	0.663 2

6.5　脉冲爆震燃烧室与轴流涡轮匹配试验

开展脉冲爆震燃烧室与轴流涡轮匹配试验研究的机构有 GE 全球研究中心、辛辛那提大学、杨百翰大学、普渡大学等,其中 GE 全球研究中心和辛辛那提大学的研究规模大、研究时间长。下面根据他们的研究成果对脉冲爆震燃烧室与轴流涡轮匹配试验进行简要介绍。

图 6.45 为 GE[5-10]全球研究中心建立的八管脉冲爆震燃烧室与大尺寸单级轴流涡轮相互作用综合试验系统。该试验系统中涡轮设计流量为 3.6 kg/s,工作转速 25 000 r/min,功率为 745.7 kW,爆震室内径 49.3 mm,采用乙烯-空气为燃料和氧化剂,八管沿周向均匀排列,中心距 292 mm。空气采用无阀供给,经共用进气道后部分空气进入单个爆震室参与爆震燃烧,另有部分沿爆震室管壁流入爆震室出口与爆震燃烧产物混合后进入涡轮。试验中爆震室最大工作频率为 30 Hz,工作模式有单管点火、八管同时点火及八管顺序点火。

图 6.45　GE 全球研究中心八管 PDCs 与轴流涡轮相互作用试验器

他们针对 PDC 冲击下涡轮结构强度问题、爆震波通过涡轮后声学噪声的衰减、多管 PDC 之间的相互影响以及 PDC 驱动轴流涡轮的性能等问题进行了研究。

试验数据表明，爆震波通过轴流涡轮后峰值噪声降低了 20 dB。PDC 与涡轮之间的相互作用会影响多管顺序点火的工作稳定性。共用进气道的无阀设计使得 PDC 的压力反传严重影响了多管共同工作，部分燃气也会进入共用进气道导致发动机性能的损失。性能试验数据表明，在涡轮输出功率 75～150 kW 范围内，涡轮效率在 0.6～0.8 之间，在测量误差范围内，PDC 驱动的涡轮效率与等压燃烧驱动下的涡轮效率几乎没有区别，而且 PDC 驱动下的整个系统的热效率要比等压燃烧驱动下的热效率高。轴流涡轮在经受一百多万次爆震波冲击后仍完好无损，认为爆震燃烧驱动轴流涡轮是安全可行的。

图 6.46 为辛辛那提大学 PDC 驱动轴流涡轮试验器[11]，试验器由 6 个爆震室和 1 个轴流涡轮(JFS-100-13A 动力涡轮)组成，PDC 直径 25.4 mm，长 635 mm，PDC 内无螺旋爆震强化结构，采用乙烯为燃料，氮气稀释的氧气为氧化剂(40%氮气＋60%氧气)。为了减小爆震波冲击静叶时产生的大量损失，试验中去掉了涡轮静叶，而由内外涵混合室代替，通过控制外涵气流方向带动内涵爆震燃气以满足涡轮动叶的攻角设计要求。涡轮转子与测功仪相连接以测量涡轮的输出功率。

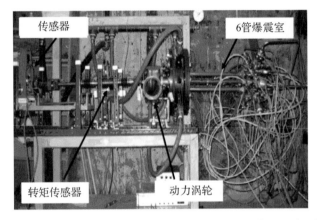

图 6.46　辛辛那提大学六管 PDCs 与轴流涡轮相互作用试验系统

试验结果表明涡轮单位功率和涡轮效率随 PDC 填充系数和燃油当量比的增加而增加。爆震波越弱其经涡轮后压力衰减越多，爆震波越强则压力衰减越小。

由于存在外涵气流与爆震燃气相互掺混的过程，降低了脉冲爆震燃气的脉动程度，试验结果不能反映强脉冲爆震燃气冲击下的涡轮性能。辛辛那提大学建立了新的吸气式六管 PDC 同轴流涡轮直连的组合试验系统并开展试验研究[12]。试验系统如图 6.47 所示。

他们首先进行了非稳态脉动冷气驱动下涡轮功率提取试验。试验中保持非稳态脉动冷气流量近似一致，改变冷气脉动频率，在冷气脉动频率在 5 Hz，10 Hz，20 Hz 三组试验中，涡轮单位功率基本不变，为 9.8 kW·s/kg。然后，他们初步开展了脉冲爆震燃气驱动下涡轮提取试验，试验中爆震室采用乙烯作为燃料，爆震室工作频率为 5 Hz，此时涡轮单位功率为 10.8 kW·s/kg，与冷态试验结果相差不大，但热态试验最大流量远小于冷态试验，仅为 0.16 kg/s，而冷态试验达 0.93 kg/s，他们计划，在今后的试验中逐步提高燃气流量，使涡轮功率水平更高。此外，他们通过试验对比研究了涡轮进出口参数采用面积平均和质量平均两种方法对脉冲爆震燃气驱动下涡轮性能计算的影响，结果表明采用质量平均的方法与实际更为相符，并指出涡轮在高频率低幅值脉动燃气冲击下效率较高，但高幅值脉动燃气能使涡轮输出更多的功。

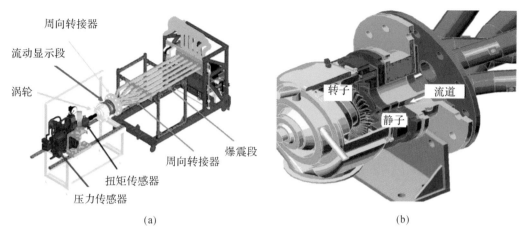

图 6.47　辛辛那提大学六管 PDCs 与轴流涡轮直连试验系统
(a)试验系统示意图；(b)涡轮与 PDC 连接结构

6.6　脉冲爆震燃烧室与径流涡轮匹配试验

国内外均开展了大量有关脉冲爆震燃烧室与径流涡轮匹配试验的研究，国外研究以美国为主，有美国空军研究实验室、NASA 格林研究中心、美国赖特-帕特森空军基地、德克萨斯州大学等；国内研究集中在西北工业大学。下面对国外研究成果进行简要介绍，同时根据西北工业大学研究成果，对脉冲爆震燃烧室与径流涡轮匹配试验进行详细分析。

图 6.48 为美国空军研究实验室[13-15]脉冲爆震燃烧室与涡轮增压器(Garrett T3)组合的试验原理图和试验系统。试验中采用氢气为燃料、空气为氧化剂，将 PDC 与涡轮增压器(Garrett T3)进行组合，PDC 头部采用通用汽车公司的 Quad 4 发动机进气气缸阀门结构，试验中爆震管填充隔离气体仍由试验室高压压缩机供给，涡轮增压器压气机出口与大气相通，末端安装有调节阀门以控制压气机的背压和流量。

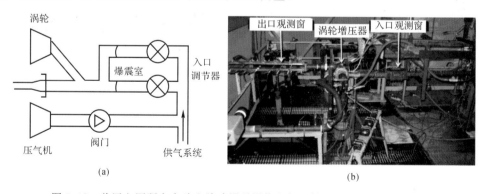

图 6.48　美国空军研究实验室脉冲爆震燃烧室与涡轮增压器组合试验系统图
(a)试验原理图；(b)试验器

他们对该类发动机的可行性和多种涡轮增压器工作状态(包括高流率、高压比和高转速)下的发动机热效率进行了研究，试验时涡轮转速最高达 80 000 r/min，爆震室工作频率最大达 15 Hz。

研究结果表明,涡轮增压器压气机出口流量高于爆震室入口流量,表明发动机可以在自吸气模式下工作;PDC 驱动径流涡轮热效率仅为 6.8%,绝热效率为 53.5%,说明爆震波在所采用的涡轮内膨胀损失很大。尽管爆震燃气驱动涡轮时的性能不好,但他们还是认为有理由乐观的,因为试验中所采用的涡轮并不是根据 PDC 出口的压力特性设计的,涡轮还存在较大的优化空间。

NASA 格林研究中心试验器如图 6.49 所示[14],试验采用汽油作为燃料,空气为氧化剂,将 PDC 出口连接涡轮增压器,PDC 头部安装有气动簧片阀,由高压气起动发动机,在涡轮进出口装有总温、总静压探针用于分析涡轮效率,并在发动机出口设有推力测试装置。

试验时燃烧室增压比为 1.04,加热比为 2.2,涡轮前温度 460℃,发动机共产生 26 N 推力,爆震燃气经涡轮后声压级可衰减 20 dB,且试验表明脉冲燃气驱动下的涡轮效率达 0.65,与稳态工作条件(0.68)相当。

美国赖特-帕特森空军基地试验系统如图 6.50 所示[16-18],他们同样利用涡轮增压器(GT2860RS)与 PDC 组合,在试验中采用背景导向纹影仪、光学高温测量仪、粒子条纹测速仪、激光转速仪、可变磁阻转速传感器等先进设备研究了 PDC 驱动下径向涡轮功率和进出口的流场参数随时间的变化情况。

他们的研究表明,与传统发动机相比,在燃烧室进口条件相同的条件下,PDC 驱动下的涡轮性能在比功率方面可提高 41.3%,耗油率可降低 28.7%。他们还发现,燃气在涡壳内膨胀过程中出现了瞬间反流情况,为此设计了 PDC 出口导流板和喷管等结构,但这些结构对爆震波具有反射作用,PDC 内出现回火现象。

图 6.49　NASA 格林研究中心试验器　　　　图 6.50　美国赖特-帕特森空军基地试验器

西北工业大学脉冲爆震燃烧室与径流涡轮匹配试验系统[19-27]如图 6.51 所示,其主要由脉冲爆震燃烧室、涡轮增压器(径向涡轮＋离心压气机)、供油系统、供气系统、点火系统及测量控制系统等组成。脉冲爆震燃烧室由进气段、点火段和爆震段组成。进气段主要完成发动机的供气、供油和雾化工作,采用无阀自适应的方式实现对发动机的供油和供气;点火采用普通汽车火花塞;爆震管内径为 60 mm,爆震室长度为 1.5 m,爆震室内安装 Shchelkin 螺旋结构,起到强化爆震缩短起爆距离的作用。在压气机出口处安装一压阻式压力传感器 P_1 和一热阻式温度传感器 T_1,以感知压气机出口气流参数,为衡量涡轮从爆震燃气中提取出多少功提供参考依据;在高压气入口后端安装一压阻式压力传感器 P_3 和一热阻式温度传感器 T_3,测量高压气的初始压力和温度;在爆震室进气段前部安装一压阻式压力传感器 P_4,获取爆震室产生爆震时爆震波压力回传峰值的大小;在爆震室尾部安装两个压电式压

力传感器 P_5 和 P_6,测量爆震波传出爆震室时的传播速度和压力大小,为判断是否产生爆震波提供参考依据;在涡轮入口处安装一压电式压力传感器 P_7 和一热电偶式温度传感器 T_7,在涡轮出口处安装两个压阻式压力传感器 P_8 和 P_{18};在压气机进气道内安装一电涡流位移传感器,用来测量涡轮增压器转子的转速;在压气机出口安装一涡轮流量计,用来测量压气机的实时流量;在燃油供应管路上安置一燃油流量计,测量燃油的流量大小。

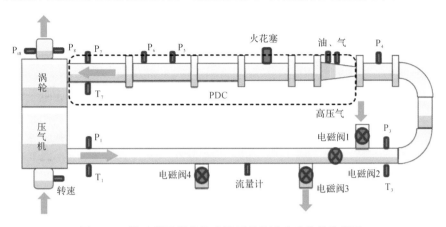

图 6.51　脉冲爆震涡轮发动机原理性试验系统结构简图

6.6.1　脉冲爆震气流对涡轮工作的影响规律

试验系统如图 6.51 所示,试验中通过控制电磁阀 1~3 的开/关来实现试验系统的工作模式切换。对于脉冲爆震燃烧室与径流涡轮匹配试验,电磁阀 1 和 3 开启,电磁阀 2 关闭,高压空气由高压气源从电磁阀 1 进入试验系统,由于电磁阀 2 关闭,空气经弯段后直接进入脉冲爆震燃烧室进气段,并与供油雾化系统喷出的燃油进行掺混,完成对脉冲爆震燃烧室填充过程,填充结束后高能点火器在火花塞处引爆可燃混气,火焰经过爆燃向爆震转变的DDT 距离后,形成爆震波并从爆震室出口切向喷入涡轮;燃气在涡轮内通过膨胀和冲击叶片的形式做功,涡轮输出轴功率带动压气机旋转,膨胀完的燃气经尾喷管向外排出;压气机作为涡轮的负载,不断压缩从外界吸入的空气,由于电磁阀 2 关闭,压气机出口压缩空气经开启的电磁阀 3 直接排出试验系统。

表 6.4 为 PDC 与径流涡轮匹配试验工况,图 6.52 为点火频率 $f=5$ Hz,10 Hz 时不同当量比下发动机的试验结果。从图中可以看出压气机流量和涡轮转速随当量比的变化趋势相同,在当量比略微比 1 高时,发动机涡轮转速最高,压气机出口流量最大,可见发动机在略富油条件下 PDC 与涡轮相互匹配最好。

表 6.4　PDC 与径流涡轮匹配试验工况

频率 Hz	序号	高压气/(kg · h⁻¹)	燃油/(mL · s⁻¹)	当量比
5	I	115.7	2.8	0.934 38
	II	121.5	3.2	1.016 89
	III	128	3.4	1.025 58
	IV	121.3	3.7	1.177 72

续 表

频率 Hz	序号	高压气/(kg·h^{-1})	燃油/(mL·s^{-1})	当量比
10	Ⅰ	247.2	6.5	1.015 23
	Ⅱ	234.5	6.5	1.070 21
	Ⅲ	208	6.2	1.150 88
	Ⅳ	187.2	6.3	1.299 38

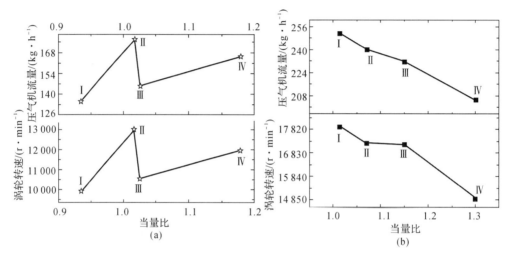

图 6.52 不同当量比下发动机试验结果对比

(a)5 Hz；(b)10 Hz

为进一步分析其原因,考虑到涡轮转速只与涡轮进出口条件有关,引入了三个物理量:涡轮进出口燃气单位面积动量差 ΔI、PDC 出口爆震波速度 v_6、涡轮入口爆震波速度 v_7,定义如下:

$$
\left.
\begin{aligned}
\Delta I &= \frac{\Delta F}{A} t = \int_0^t (p_7 - p_8)\,\mathrm{d}t \\
v_6 &= \frac{l_{56}}{t_{56}} \\
v_7 &= \frac{l_{67}}{t_{67}}
\end{aligned}
\right\}
\tag{6.21}
$$

其中动量差 ΔI 主要用来衡量燃气作用于涡轮叶片上气动力的大小,PDC 出口爆震波速度 v_6 主要用来衡量爆震波的强度,涡轮入口爆震波速度 v_7 主要用来表征涡轮入口爆震波的强度。式中 p_7 为涡轮进口处压力,p_8 为涡轮出口处压力,l_{56} 为爆震室出口压力传感器 P_5 与 P_6 间的距离,t_{56} 为爆震波从 P_5 传到 P_6 所用的时间,l_{67} 与 t_{67} 的定义方式同 l_{56} 与 t_{56}。

利用式(6.21),对发动机不同频率下试验数据进行分析,为便于对比,将涡轮进出口燃气单位面积动量差 ΔI 进行归一化处理,归一化基准为:5 Hz 时选取Ⅲ号试验的 ΔI,10 Hz 时选取Ⅱ号试验的 ΔI。计算结果见表 6.5、表 6.6,结果发现 5 Hz 时涡轮转速最高的Ⅱ号试验所对应的涡轮进出口燃气单位面积动量差 ΔI、PDC 出口爆震波速度 v_6 以及涡轮入口

爆震波速度 v_7 均为最大。10 Hz 时Ⅲ号试验涡轮进出口燃气单位面积动量差 ΔI 最大,但因其涡轮入口爆震波速度是四组试验中最低,导致发动机涡轮转速并不是最高。

表 6.5　$f=5$ Hz 不同当量比下发动机试验结果

序号 试验工况	当量比	压气机流量 $(kg \cdot h^{-1})$	涡轮转速 $(r \cdot min^{-1})$	动量差 $\Delta I / \Delta I_{Ⅲ}$	PDC 出口波速度 $v_6/(m \cdot s^{-1})$	涡轮入口波速度 $v_7/(m \cdot s^{-1})$
Ⅰ	0.934 38	135	9 918.3	0.995 636	1 609.3	957.5
Ⅱ	1.016 89	176.4	13 003.9	1.011 053	1 781.6	1 013.3
Ⅲ	1.025 58	145.5	10 560.9	1	1 592.3	956.0
Ⅳ	1.177 72	165	11 940.3	1.000 496	1 607.0	969.3

表 6.6　$f=10$ Hz 不同当量比下发动机试验结果

序号 试验工况	当量比	压气机流量 $(kg \cdot h^{-1})$	涡轮转速 $(r \cdot min^{-1})$	动量差 $\Delta I / \Delta I_{Ⅱ}$	PDC 出口波速度 $v_6/(m \cdot s^{-1})$	涡轮入口波速度 $v_7/(m \cdot s^{-1})$
Ⅰ	1.015 23	250.9	17 963.6	1.012 758 9	1 690.9	922.5
Ⅱ	1.070 21	239.8	17 283.7	1	1 654.7	923.3
Ⅲ	1.150 88	231.2	17 218.6	1.024 176 3	1 573.5	899.5
Ⅳ	1.299 38	205	14 928.1	0.973 920 2	1 626.6	932.1

图 6.53 为爆震波动量差和速度对涡轮转速的影响结果图,分析发现涡轮转速由涡轮进出口燃气单位面积动量差 ΔI、PDC 出口爆震波速度 v_6 以及涡轮入口爆震波速度 v_7 共同决定,v_7 随着 v_6 的增大而增大,减小而减小,其中 ΔI 对涡轮转速的影响起着决定性的作用,随着涡轮进出口燃气单位面积动量差 ΔI 的增加,涡轮转速不断升高。发动机工作在 5 Hz 时,从 Ⅰ 号试验状态转变为 Ⅲ 号试验状态时,虽然 v_6,v_7 有所下降,但由于 ΔI 增加较大,发动机涡轮转速呈上升趋势增加;发动机工作在 10 Hz 时,从Ⅳ号试验工况变化到Ⅲ号试验工况,虽然爆震波速度有所降低,但由于涡轮进出口燃气单位面积动量差 ΔI 增加较多,故最终导致涡轮转速从 14 928.2 r/min 增加到 17 218.6 r/min;而发动机从Ⅲ号试验工况变化到Ⅱ号试验工况,虽然涡轮进出口燃气单位面积动量差 ΔI 在减小,但由于 PDC 出口爆震波速度 v_6 以及涡轮入口爆震波速度 v_7 增加较多,涡轮转速最终略微增加。通过以上分析可以得知:发动机涡轮转速由涡轮进出口燃气单位面积动量差 ΔI、PDC 出口爆震波速度 v_6 以及涡轮入口爆震波速度 v_7 三者共同决定,其中 ΔI 对涡轮转速的影响起着决定性的作用,随着涡轮进出口燃气单位面积动量差 ΔI 的增加,涡轮转速不断升高。

图 6.54 为涡轮入口压力 p_7 数据的对比,从图中可以看出 5 Hz 时的 Ⅱ 号试验的 p_7 峰值并不是四组试验中最大的,但涡轮转速和压气机流量却是最大的,说明涡轮转速与涡轮入口 p_7 的峰值压力关系不大,关键取决于涡轮进出口燃气单位面积动量差 ΔI 的大小。

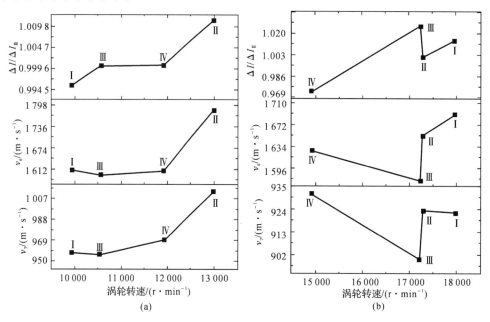

图 6.53　动量差和波传播速度对涡轮转速的影响

(a)5 Hz；(b)10 Hz

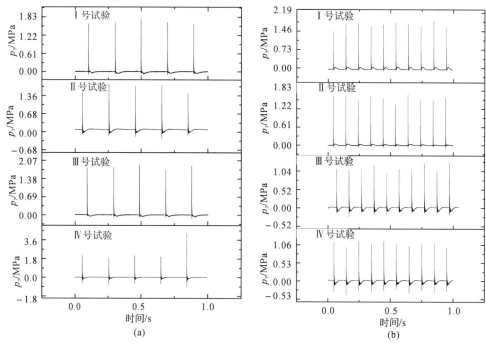

图 6.54　四组工况 p_7 压力数据对比

(a)5 Hz；(b)10 Hz

　　为进一步研究压力峰值差与压力面积差之间的关系，对试验结果进行了计算分析。表6.7、表 6.8 为发动机在 5 Hz 和 10 Hz 时不同工况下涡轮进出口压力峰值差和面积差的对比结果，通过对比压力峰值差与压力面积差发现，压力面积差并不随压力峰值差增加而增加,压力面积差最大值并不对应压力峰值差最大或最小值。

表 6.7 $f=5$ Hz 四组工况试验涡轮进出口压力峰值差和压力面积差对比

	I	II	III	IV
当量比	0.934 38	1.016 89	1.025 58	1.177 72
p_7 峰值平均/MPa	1.644 127	1.630 861	1.825 351	2.456 166
p_8 峰值平均/MPa	0.270 329 3	0.192 495 4	0.317 745 4	0.379 801 8
峰值平均差/MPa	1.373 797 7	1.438 365 6	1.507 605 6	2.076 364 2
动量差 $\Delta I/\Delta I_{III}$	0.995 636 4	1.011 053 4	1	1.000 495 5

表 6.8 $f=10$ Hz 四组工况试验涡轮进出口压力峰值差和压力面积差对比

	I	II	III	IV
当量比	1.015 23	1.070 21	1.150 88	1.299 38
p_7 峰值平均/MPa	1.699 609	1.578 914	1.119 217	1.084 031
p_8 峰值平均/MPa	0.173 338 1	0.157 418 8	0.133 199 2	0.103 014 1
峰值平均差/MPa	1.526 270 9	1.421 495 2	0.986 017 8	0.981 016 9
动量差 $\Delta I/\Delta I_{II}$	1.012 758 9	1	1.024 176 3	0.973 920 2

通过上述试验研究,发现直接影响发动机涡轮转速的因素有两个,一是涡轮进出口燃气单位面积动量差 ΔI,即涡轮进出口压力曲线所围面积差;一是涡轮入口燃气速度大小,涡轮转速与涡轮进出口压力峰值差无关。间接影响发动机涡轮转速的主要因素有发动机油气混合当量比和 PDC 与涡轮间的转接结构,当量比主要通过影响爆震室是否能产生稳定、可靠的强爆震波来影响发动机的涡轮转速,转接结构则是通过改变涡轮入口压力曲线所围面积来改变涡轮转速大小。

6.6.2　点火频率对发动机的影响

图 6.55 为发动机不同点火频率下试验结果图,从图中可以看出随着点火频率的增加,p_1 压力逐步升高,涡轮转速逐渐趋于平稳,$f=30.5$ Hz 时,涡轮转速在 35 000 r/min 上下波动,在每次爆震波的冲击过程,涡轮转速都未有明显变化,这与低频($f=5$ Hz)时发动机涡轮在受到爆震波冲击后将有明显的阶跃性变化不同,说明爆震频率的增加有利于涡轮转速的稳定。因此提高发动机的工作频率有利于发动机涡轮和压气机始终保持在一个较稳定的工作状态。从图 6.55 中可见 p_3 与 p_4 相比没有明显的下降趋势,这说明爆震波具有很强的回传能力,p_6 峰值压力都在 2 MPa 左右,说明爆震室已成功产生爆震波,对比分析涡轮进出口 p_7 和 p_8 可以看出,高温、高压、高速爆震燃气经过涡轮后压力峰值大幅下降,说明涡轮对爆震波具有极强的衰减作用,可在一定程度上降低爆震发动机的噪声辐射。

选取点火频率为 5 Hz,10 Hz,15 Hz 和 20 Hz 试验中发动机工作最佳状态的试验数据进行对比分析,主要研究压气机压比、压气机流量、涡轮转速、涡轮进出口燃气单位面积动量差 ΔI 等随发动机点火频率的变化规律,其中以 $f=5$ Hz 的涡轮进出口燃气单位面积动量差 ΔI 作为基准,将动量差进行归一化处理,计算结果见表 6.9。

表 6.9　点火频率对发动机各参数的影响

	点火频率 $f=5$ Hz	点火频率 $f=10$ Hz	点火频率 $f=15$ Hz	点火频率 $f=20$ Hz
当量比	1.016 89	1.015 23	1.015 47	1.016 05
高压气流量/(kg·h^{-1})	121.5	247.2	355	494.4
压气机流量/(kg·h^{-1})	176.4	250.9	368.1	518.4
涡轮转速/(r·min^{-1})	13 003.9	17 963.6	24 848.7	32 805.7
压气机压比 π_c	1.005 27	1.012 29	1.026 87	1.048 01
动量差 $\Delta I/\Delta I_{f=5\,Hz}$	1	1.023 27	1.040 37	1.112 94

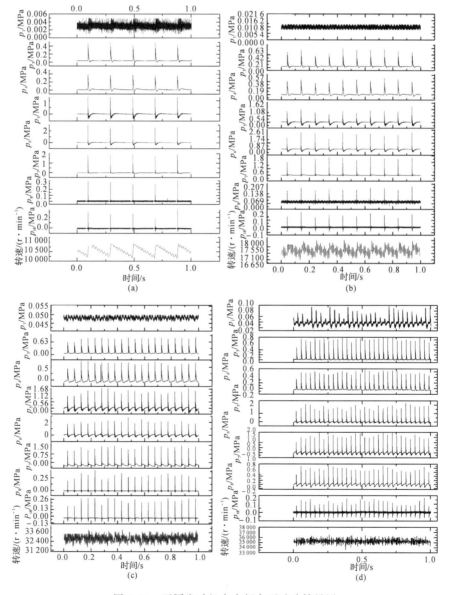

图 6.55　不同发动机点火频率下试验结果图

(a)5 Hz 发动机试验结果；(b)10 Hz 发动机试验结果；(c)20 Hz 发动机试验结果；(d)30.5 Hz 发动机试验结果

　　图 6.56 为发动机压气机流量大小随点火频率 f 的变化曲线图,结果表明随着发动机点火频率的增加,发动机压气机流量基本呈线性增加,且图中高压气流量曲线始终在压气机流量曲线下方,说明依靠爆震燃气驱动涡轮从而带动压气机产生的流量可满足发动机工作需求。因此,认为在整机匹配工作时,若能解决爆震波回传问题,则有望实现压气机-爆震室-涡轮三部件稳定匹配工作。

　　图 6.57 为发动机涡轮转速随点火频率的变化曲线图,图 6.58 为压气机压比随点火频率的变化曲线图,图 6.59 为发动机涡轮进出口燃气单位面积动量差随点火频率的变化曲线图,对比三图可发现,随着点火频率的增加,涡轮转速、压气机压比以及涡轮进出口燃气单位面积动量差都在增加,其中涡轮转速与点火频率基本呈线性增长,而压气机压比随点火频率的增长而增加得越来越快。

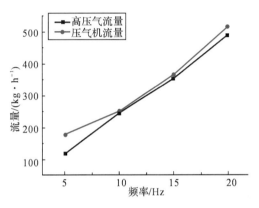

图 6.56　发动机压气机流量随频率变化图

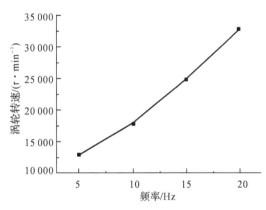

图 6.57　发动机涡轮转速随频率变化图

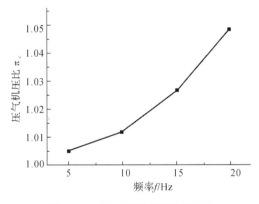

图 6.58　压气机压比随频率变化

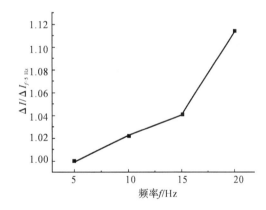

图 6.59　涡轮进出口燃气单位面积动量差随频率变化

参 考 文 献

[1]　李晓丰. 脉冲爆震涡轮发动机技术研究[D]. 西安:西北工业大学,2013.

[2]　XIA G P, LI D, MERKLE C L. Modeling of Pulsed Detonation Tubes in Turbine Systems[R]. Reno:AIAA,2005.

[3]　AYAKA N, KAZUAKI I, TAKAYUKI K, et al. Numerical Study on the Pulse

Detonation Combustor with Stator/Rotor Turbine System[R]. Reno：AIAA，2008.

[4]　AYAKA N，KAZUAKI I，TAKAYUKI K，et al. Numerical Study on Single – Stage Axial Turbine with Pulse Detonation Combustor[R]. Orlando：AIAA，2009.

[5]　RASHEED A，FURMAN A，DEAN A J. Experimental Investigations of an Axial Turbine Driven by a Multi – tube Pulsed Detonation Combustor System ［C］. Tucson：41st AIAA/ASME/SAE/ASEE Joint Propulsion Conference & Exhibit， Joint Propulsion Conferences，2005.

[6]　RASHEED A，FURMAN A，DEAN A J. Wave Attenuation and Interactions in a Pulsed Detonation Combustor – Turbine Hybrid System[C]. Reno：44th AIAA Aerospace Sciences Meeting and Exhibit，Aerospace Sciences Meetings，2006.

[7]　RASHEED A，FURMAN A，DEAN A J. Wave Interactions in a Multi – tube Pulsed Detonation Combustor – Turbine Hybrid System［C］. Sacramento：42nd AIAA/ ASME/SAE/ASEE Joint Propulsion Conference & Exhibit，2006.

[8]　BAPTISTA M，RASHEED A，BADDING B，et al. Mechanical Response in a Multi – tube Pulsed Detonation Combustor – Turbine Hybrid System[C]. Reno：44th AIAA Aerospace Sciences Meeting and Exhibit，Aerospace Sciences Meetings，2006.

[9]　RASHEED A，FURMAN A H，DEAN A J. Pressure Measurements and Attenuation in a Hybrid Multitube Pulse Detonation Turbine System[J]. Journal of Propulsion and Power，2009，25(1)：148 – 161.

[10]　Rasheed A，Furman A H，Dean A J. Experimental Investigations of the Performance of a Multitube Pulse Detonation Turbine System[J]. Journal of Propulsion and Power，2011，27(3)：586 – 596.

[11]　CALDWELL N，GLASER A，DIMICCO R，et al. Acoustic Measurements of an Integrated Pulse Detonation Engine with Gas Turbine System ［R］. Reno： AIAA，2005.

[12]　MUNDAY D，GEORGE A S，DRISCOLL R，et al. The Design and Validation of a Pulse Detonation Engine Facility with and without Axial Turbine Integration[R]. Grapevine：AIAA，2013.

[13]　HOKE J，BRADLEY R，STUTRUD J，et al. Integration of A Pulsed Detonation Engine With An Ejector Pump And With A Turbo – charger As Methods To Self – aspirate[R]. Reno：AIAA，2002.

[14]　SCHAUER F，BRADLEY R，HOKE J. Interaction of A Pulsed Detonation Engine With A Turbine[R]. Tucson：AIAA，2003.

[15]　PAXSON D E，DOUGHERTY K. Operability of an Ejector Enhanced Pulse Combustor in a Gas Turbine Environment[R]. Reno：AIAA，2008.

[16]　ROUSER K P，KING P I，SCHAUER F R，et al. Unsteady Performance of a Turbine Driven by a Pulse Detonation Engine[R]. Orlando：AIAA，2010.

[17]　ROUSER K P，KING P I，SCHAUER F R，et al. Time – Accurate Flow Field and Rotor Speed Measurements of a Pulsed Detonation Driven Turbine[R]. Orlando： AIAA，2011.

[18]　ROUSER K P，KING P I，SCHAUER F R，et al. Performance of A Turbine Driven By A Pulsed Detonation Combustor[R]. Denver：Proceedings of the ASME 2011 International Mechanical Engineering Congress & Exposition，2011.

[19]　DENG J X，ZHENG L X，YAN C J，et al. Experimental Investigations of a Pulse Detonation Combustor Integrated with a Turbine[J]. International Journal of Turbo and Jet Engines，2008，25(4)：247 – 258.

[20]　郑龙席，邓君香，严传俊，等. 混合式脉冲爆震发动机原理性试验系统设计、集成与调试[J]. 实验流体力学，2009，23(1)：74 – 78.

[21]　邓君香，郑龙席，严传俊，等. 脉冲爆震燃烧室与涡轮相互作用的试验[J]. 航空动力学报，2009，24(2)：307 – 312.

[22]　邓君香，郑龙席，严传俊，等. 脉冲爆震燃烧室与涡轮组合的性能试验研究[J]. 西北工业大学学报，2009，27(3)：300 – 304.

[23]　DENG J X，ZHENG L X，YAN C J，et al. Experimental Investigations of a Pulse Detonation Combustor – Turbine Hybrid System[R]. Orlando：AIAA，2009.

[24]　LI X F，ZHENG L X，QIU H，et al. Experimental Investigations on the Power Extraction of a Turbine Driven by a Pulse Detonation Combustor[J]. Chinese Journal of Aeronautics，2013，26(6)：1353 – 1359.

[25]　李晓丰，郑龙席，邱华，等. 两相脉冲爆震涡轮发动机原理性试验研究[J]. 航空动力学报，2013，28(12)：2731 – 2736.

[26]　李晓丰，郑龙席，邱华. 脉冲爆震涡轮发动机气动阀数值模拟研究[J]. 西北工业大学学报，2013，31(6)：935 – 939.

[27]　李晓丰，郑龙席，邱华，等. 脉冲爆震涡轮发动机原理性试验研究[J]. 实验流体力学，2013，27(6)：1 – 5.

第7章 尾 喷 管

7.1 引 言

由爆震波的特性可知,爆震波后的气体具有高温、高压、高速的特点,爆震波传到爆震管出口时,具有相当可观的膨胀能力,在没有经过膨胀的情况下直接排出发动机外,形成强大的球面激波,产生巨大噪声的同时浪费了很大一部分能量,因此必须设计和采用喷管来提高脉冲爆震类发动机(包括脉冲爆震冲压发动机和脉冲爆震涡轮发动机)推进效率。对于传统稳态发动机来说,喷管是根据管内压力与外界压力的压比来进行设计和优化的。但是对于脉冲爆震类发动机来说,由于其非稳态工作特性,特别是多循环爆震产生的复杂激波系,所以喷管的设计要复杂得多。针对如何提高脉冲爆震类发动机的推进效率,国内外很多研究人员基于脉冲爆震冲压发动机进行了大量的工作[1-9]。直喷管、收敛喷管、扩张喷管、拉瓦尔喷管、塞式喷管以及引射喷管都有研究,但结论却不尽相同,这些不同源于 PDE 的非稳态特性及其对工作条件的敏感性。因此,非常有必要进行系统的喷管设计与研究,以建立起适用于脉冲爆震类发动机的喷管设计原则,为脉冲爆震发动机提供喷管设计与应用基础。

无论是哪一类脉冲爆震发动机,其非稳态、自增压特性是类似的,所以其喷管设计原则和研究结论也具有通用性。本章将基于单管脉冲爆震冲压发动机,开展简单几何喷管(收敛、扩张及收扩喷管)、引射喷管的优化设计和直连试验,研究多循环条件下喷管面积比、长度以及引射喷管相对于爆震室的尺寸、轴向位置、长度等因素对 PDE 性能的影响;同时通过理论分析探索二次流喷管的增推性能。

7.2 简单几何喷管

7.2.1 简单几何喷管设计

脉冲爆震冲压发动机模型机包括进气段、脉冲爆震燃烧室(混合段、点火段和爆震段)和喷管等三大部分,采用无阀自适应控制油气填充,如图 7.1 所示。发动机内径 50 mm,进气段为亚声速进气段,长 160 mm,混合段 150 mm,点火段 200 mm,爆震段 900 mm[1-2]。

喷管面积比从 0.25 变化到 4.0,分别为 0.25,0.36,0.64,1.0,1.56,2.56 和 4.0。面积比(Area Ratio,AR)定义为喷管喉道面积与喷管入口面积之比。对收敛或扩张喷管而言,喉道面积即为喷管出口面积或喷管入口面积。图 7.2 为试验中使用的不同面积比喷管照片。每段喷管长度均为 100 mm(两倍直径),通过螺纹将对应的喷管连接起来可以组成 200 mm(四倍直径)和 300 mm(六倍直径)长的组合喷管,如图 7.3 所示,以研究喷管长度变化对 PDE 性能的影响。各种喷管结构参数详见表 7.1。空气经来流喷口整流后吹向进气段,来流喷口和进气段采用蓖齿密封。

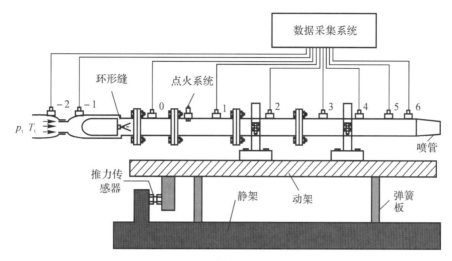

图 7.1　PDE 喷管试验系统示意图

图 7.2　喷管实物照片

图 7.3　变长度喷管安装照片

表 7.1　喷管结构参数表

类型	收敛			收敛		收敛	直	扩张	扩张		扩张		收扩
面积比	0.25			0.36		0.64	1.0	1.56	2.56		4.0		0.36
长度/mm	100	200	300	100	200	100	100	100	100	200	100	300	100

利用高能可调点火装置,点火模块能量输出范围为 $0\sim4.2$ J。点火频率由 $1\sim100$ Hz 范围内连续可调的频率控制系统控制。点火器位于测压孔 0,1 之间。点火室的作用是快速、可靠地点燃可爆混合物。爆震室装有 Shchelkin 螺旋增爆器。

利用 Kistler 高速采集系统并行采集 7 路压力信号($-2,-1,0,1,2,5,6$),其位置分布如图 7.1 所示,分别距离点火装置 500 mm,420 mm,210 mm,225 mm,525 mm,825 mm 和 925 mm,以确认是否生成爆震,并研究喷管对 DDT 转变、对进气段内流动和反流强度的影响,及其与推进性能的关系。压电传感器的响应时间为 2 μs,自振频率大于 200 kHz,测量误差±7.25 mV/bar。采样频率 100 kHz。采用 Kistler 动态推力传感器直接测量发动机的瞬态推力。对瞬时推力进行时间积分，即可得到平均推力。传感器与发动机动架采用螺纹连接。推力传感器采集到的瞬态推力信号，通过配套的电荷放大器调理转换为电压信号接到计算机数据采集系统。推力传感器的量程为 $\pm 10\,000$ N，灵敏度为 3.678 PC/N。试验系统如图 7.1 所示。传感器一端与固定在台架基础上的承力墩相连，另一端与动架相连。发动机通过连接件安装在动架上。

7.2.2　试验结果与分析

由于台架本身是一个比较复杂的弹簧振动系统，在受到冲击以后台架和发动机本身存在变形，推力传感器测量结果仅反映了动架的位移与时间的关系，没有考虑发动机及动架加速度项，因而测量曲线与实际瞬时推力不可能取得一致，而且推力测量值相对瞬时值存在必然的滞后。另外台架本身还存在多个共振频率和最高响应频率，推力峰值测量值的大小与工作频率有关，但力传感器能够正确地反映发动机平均推力的大小，其大小等于瞬态推力测量值的时间平均。

本试验中 PDE 工作频率包括 10 Hz，15 Hz，20 Hz，25 Hz 和 30 Hz。无论采用何种喷管，发动机每个工作频率下的油气量均保持恒定，填充比为 1（不填充喷管）。为了保证实验的可信度，在每一个工况点上，试验均重复至少四次，如果前后平均推力的测量误差较小，试验停止，取这四次的平均值作为最终的测量值；如果试验测量发现偏差比较大，就多做几组，去掉因为偶然误差引起的坏值，取稳定工作数据的平均值作为最终的测量值。

1. 喷管面积比对 PDE 性能的影响

图 7.4 为采用面积比 0.25 的收敛喷管时，模型机的瞬态推力和沿程压力时域变化曲线。图 7.5 为图 7.4 中第 18 次爆震的压力放大图。火花塞点火之后，生成前向（沿 2 号虚线）和后向（1 号虚线）两组压缩波。前向扰动由 p_1 沿虚线 2 次序传递到 p_6，而从位置 2 到位置 5 之前，压力缓慢增加，上升梯度较小，在位置 5 附近的某处，生成局部爆炸，压力急剧升高，达到弱爆震压力（一般在 1.5 MPa 左右），爆炸波也按前、后方向传播，前向传播激波继续加强，压力继续增加，最终在位置 6 处生成充分发展的爆震波。后向传播的爆炸波称为回传爆震，沿虚线 3 次序传递到位置 0，在各个位置生成压力尖峰，并引起各处的压力振荡，而在回传爆震抵达之前，位置 0～2 的压力缓慢、稳定上升，只有很小的压力振荡甚至基本上没有压力振荡。爆震波传到收敛喷管后，产生一道反射激波传回上游，反射波沿虚线 4 向上游传播，引起模型机内各处压力的再次上升。之后，爆震波传出爆震室，产生一系列的反射膨胀，传入爆震室，引起发动机内的压力降低，最终低于环境压力，燃料、空气便可以重新供入。

图 7.6 为采用面积比 4.0 的扩张喷管时，PDE 模型机的瞬态推力和沿程压力时域变化曲线。图 7.7 为图 7.6 中第 24 次爆震过程的沿程压力放大图。火花塞点火之后，PDE 内的沿程压力扰动时域变化特点与图 7.5 所示的采用面积比 0.25 喷管的模型机类似，不同之处在于，爆震波传到扩张喷管后，直接膨胀出去，没有像面积比 0.25 喷管一样产生一道反射激波传回上游。实际上，只要 PDE 采用收敛喷管，爆震波传到喷管后均会产生反射激波并传回上游，引起 PDE 内各处压力的上升；而采用扩张喷管或者直喷管时，一般不会出现这种反射激波。

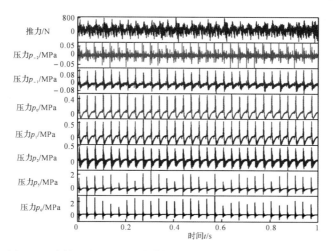

图 7.4　喷管面积比 0.25 时采集到的瞬时推力和沿程压力曲线

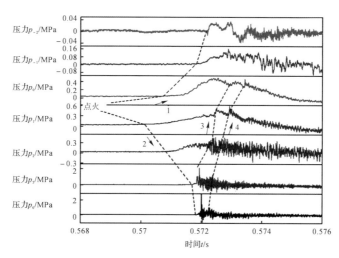

图 7.5　图 7.4 中第 18 次爆震的放大图

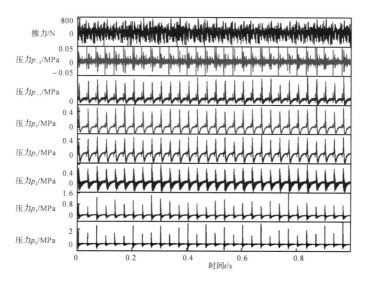

图 7.6　采用面积比 4.0 的扩张喷管时,PDE 模型机的瞬态推力和沿程压力时域变化曲线

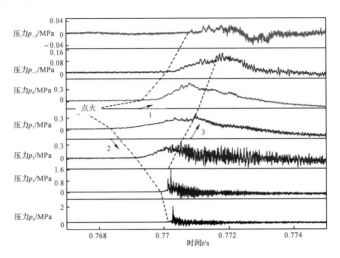

图 7.7　图 7.6 中第 24 次爆震过程的放大图

　　图 7.8 为安装面积比 0.25 收敛喷管与没有喷管时的 PDE 点火-起爆时间对比。安装喷管之后,PDE 的点火-起爆时间与无喷管的 PDE 基本没有差别,喷管的类型对点火-起爆时间的影响也很小。

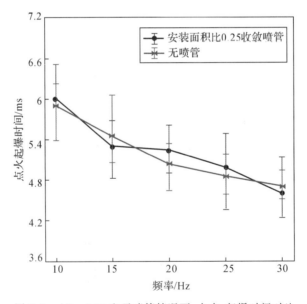

图 7.8　AR=0.25 和无喷管情况下,点火-起爆时间对比

　　图 7.9 为采用面积比 0.25～4.0 的 7 种喷管后,PDE 模型机在不同工作频率下产生的平均推力。可以看到,无论采用何种喷管,PDE 模型机的平均推力均随着工作频率的提高而增加。面积比从 0.25 变化到 1.0 时,各个工作频率下的平均推力均随着面积比的增加而减小,也就是说在目前的收敛比下收敛喷管均能增加推力,且面积比 0.25 的收敛喷管获得的平均推力最大。

　　而喷管面积比从 1.0 变化到 4.0 时,如图 7.10 所示,PDE 平均推力反而有所下降或者只有很小的推力增益,各个频率下的变化规律各不相同。平均推力最高的喷管面积比在不同的工作频率下也不同,也就是说不同面积比的扩张喷管有一个最佳工作频率,比如说低频时(比如 10 Hz 和 15 Hz),面积比 1.56 喷管的推力比直喷管推力稍高,当然也高于其他扩张喷管,但是随着频率的提高,20 Hz 时面积比 4.0 的喷管推力高于其他扩张喷管同时比直喷管稍低,25 Hz 和 30 Hz 时则是面积比 2.56 的喷管推力较高。总的来说,25 Hz 时扩张喷管的推力损失是最大的,尤其是面积比 4.0 的扩张喷管、面积比 2.56 的扩张喷管推力损失普遍较大。

为了更好和更直观地对比各喷管的优异,以面积比 1.0 的直喷管得到的平均推力作为 PDE 的基准推力,其他喷管在不同工作频率下获得的相对于基准推力的推力增益如图 7.11 所示,计算公式见式(7.1)。可以看到,无论发动机在何种工作频率下,面积比 0.25,0.36 和 0.64 的收敛喷管的推力增益均高于其他喷管,其中面积比 0.25 的收敛喷管增推效果最好,最高推力增益为 48.9%,其次是 AR=0.36 和 AR=0.64 的收敛喷管。而扩张喷管的增推效果普遍较差,一般都有推力损失或者只有很小的推力增益。面积比 2.56 的扩张喷管在模型机 30 Hz 可以获得 3.6% 的增推效果,其他均低于这一数值。总体来看,无论喷管面积比多大,其推力增益均与 PDE 的工作频率有关,不同频率下的推力增益有大有小。收敛喷管之所以可以普遍获得较大的推力增益,原因在于,爆震波传到收敛喷管时产生一道反射激波传回 PDE 头部,如图 7.12 所示,延长了模型机的膨胀排气时间,增加了推力。图 7.12 为 PDE 采用直喷管(或者说没有喷管)和面积比 0.25,4.0 的收敛和扩张喷管时得到的推力壁压力对比图,可以看到使用收敛喷管之后的膨胀排气时间比直喷管长,直喷管又长于扩张喷管。面积比大于 1 的扩张喷管产生推力增益的原因包括增加了推力壁面积和减小了爆震波传出爆震室所带走的大量能量。但是,扩张喷管的存在也可能引起爆震室内的过度膨胀,从而产生负推力。

$$\Phi = \frac{T_{AR} - T_{AR=1}}{T_{AR=1}} \times 100\% \tag{7.1}$$

式中:$T_{AR=1}$ 为直喷管模型机实测平均推力;T_{AR} 为安装不同面积比喷管后实测的模型机平均推力。

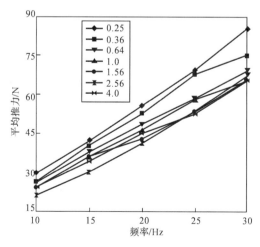

图 7.9　不同面积比喷管得到的平均
推力与工作频率关系曲线

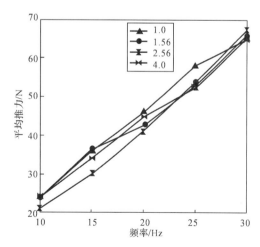

图 7.10　不同面积比扩张喷管得到的平均
推力与工作频率关系曲线

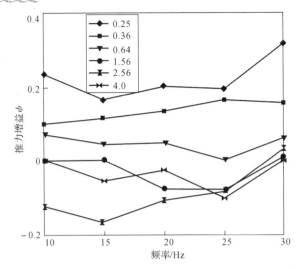

图 7.11　不同面积比喷管获得的推力增益与频率关系曲线

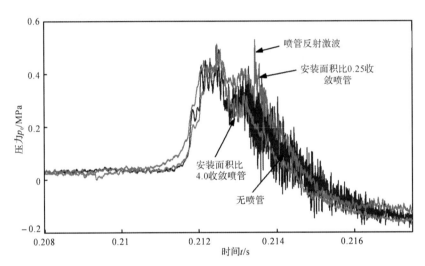

图 7.12　直喷管和 AR＝0.25,4.0 时的推力壁压力时域曲线对比

图 7.13 为采用面积比 0.36 的收敛和收敛扩张喷管以及对应的扩张喷管(面积比为 0.36 的倒数 2.56),工作频率从 10～30 Hz 时,PDE 模型机获得的平均推力。收敛喷管的平均推力最高,收敛扩张喷管次之,比不用喷管时高 8％～28％。随着工作频率的变化,使用收扩喷管得到的推力线性最好。收扩喷管获得的推力之所以低于收敛喷管,主要是设计的收扩喷管难以与非稳态模型机高效匹配。

2. 喷管长径比对 PDE 性能影响

为了研究喷管长度对 PDE 性能的影响,这里使用了三种长度的喷管,即 100 mm, 200 mm 和 300 mm。将喷管长度进行无量纲化,用长径比 l/D 来表征喷管的特征参数。其中,l 为喷管长度,D 为 PDE 内径。为了具有可比较性,不同长径比的喷管必须具有相同的面积比。图 7.14 为面积比 0.25、长径比不同的收敛喷管得到的各工作频率下的平均推力。三种长径比下,发动机获得的平均推力差别不大,最大相差 7.8％。l/D ＝2 时,喷管获得的平均推力最大。图 7.15 和图 7.16 为不同工作频率下,长径比 2 和 4 下面积比 0.36 和 2.56

的喷管得到的平均推力。图 7.17 为不同工作频率下，长径比 2 和 6 时面积比 4.0 的喷管得到的平均推力对比。综合图 7.14～图 7.17 可以看到，喷管面积比一定而长径比增加之后，PDE 的平均推力均有幅度较小的下降。

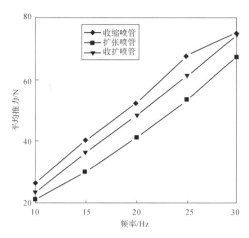

图 7.13　AR＝0.36 的收敛和收敛扩张喷管的推力对比

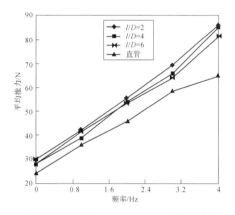

图 7.14　面积比 AR＝0.25,不同长径
比喷管推力对比

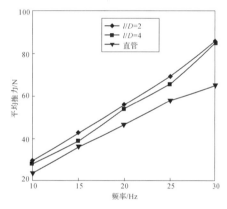

图 7.15　面积比 AR＝0.36,不同长径
比喷管推力对比

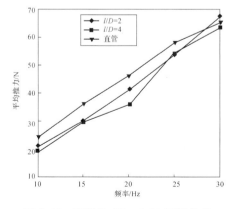

图 7.16　面积比 AR＝2.56,不同长径
比喷管推力对比

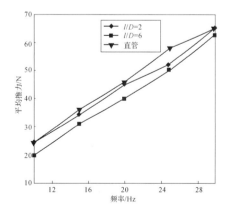

图 7.17　面积比 AR＝4.0,不同长径
比喷管推力对比

7.3 引射喷管

7.3.1 引射喷管设计

研究表明:脉冲爆震燃烧室主排气流与引射二股气流能否完全混合是影响引射喷管工作性能的一个重要因素。如果混合不完全,引射增推就会受到各种损失的影响,而混合效果则取决于引射喷管的结构尺寸。为了对 PDE 引射喷管的性能有一个全面的了解,这里针对内径为 60 mm 的脉冲爆震冲压发动机,设计了三种不同内径的圆柱形引射喷管,其内径分别为 120 mm,150 mm 和 170 mm[3]。

除了引射喷管的直径外,还考虑了圆形引射喷管进气口形状对发动机性能的影响。本节为每种内径的引射喷管设计了两种形状不同的进气口,具有不同进气口的进气段与引射喷管直管之间通过法兰连接,试验时,根据需要可直接更换,以便于研究进气口形状对引射喷管推力增益等性能的影响。将引射喷管直管也设计成为由长度相同的若干段通过法兰连接而成,以便于研究引射喷管长度对引射增推性能的影响。图 7.18～图 7.22 分别为不同结构形式引射喷管的设计图和实物图。

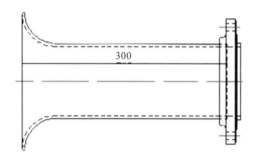

图 7.18 唇口为半圆形的进气口

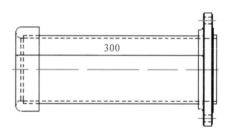

图 7.19 唇口为收敛形的进气口

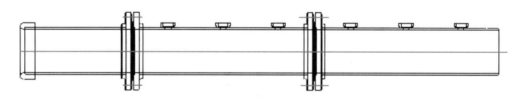

图 7.20 半圆形入口的引射喷管结构图

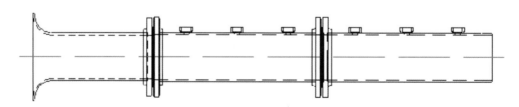

图 7.21 收敛形入口的引射喷管结构图

图 7.22　六组引射喷管实物图

7.3.2　试验系统及测试方法

试验模型及试验装置示意图如图 7.23 所示,由一个脉冲爆震冲压发动机模型机和一个引射喷管组成。试验系统还包括供油、供气系统,爆震点火及频率控制系统,压力测量系统以及数据采集系统等。模型机内径为 60 mm,总长 1.6 m。模型机和引射喷管分别通过各自的安装座固定在动架上,且确保发动机与引射喷管始终保持在同一条中心轴上。

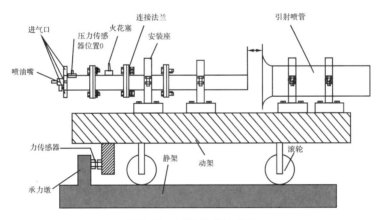

图 7.23　试验装置示意图

本节主要研究引射增推性能,因此不再测量发动机内的沿程压力,只在推力壁处(位置0)安装一个压力传感器,用于测量推力壁处的压力随时间的变化曲线,观察加引射喷管前后推力壁压力的变化情况。利用与 7.2 节类似的推力测量方法和系统,测量整个试验系统的瞬态推力,然后积分得出模型机的平均推力。

为了取得有用的、可比较的数据点,首先进行无引射喷管 PDE 独立工作的基准试验,测试不同频率、相同当量比下的推力壁压力波形以及瞬态推力波形,然后测试相同工况加引射喷管后的相应参数,最后比较得出加引射喷管后的推力增益。本节中引射喷管的推力增益计算公式为

$$\Psi = \frac{T_{\text{ejector}} - T_0}{T_0} \times 100\% \tag{7.2}$$

式中:T_0 为无引射喷管 PDE 的平均推力;T_{ejector} 为安装引射喷管后 PDE 的平均推力。

试验尝试了引射喷管相对于爆震管的不同重叠位置对发动机性能的影响。为了使这些

参数标准化，引入重叠位置参数 x/d，其中 x 是从爆震管出口到引射喷管进口的轴向距离，d 是爆震管内径。为了方便，对于参数 x/d，假设试验中发动机出口和引射喷管入口在一个平面时为"零"点，重叠时为"负"，而分离时为"正"。

在进行引射喷管长度对 PDE 模型机性能的影响试验时，引入无量纲参数 L/D，其中 L 为引射喷管的长度，D 为引射喷管的内径。

本节试验中，PDE 爆震频率包括 15 Hz，20 Hz，25 Hz，30 Hz 和 35 Hz，燃料/空气当量比约为 1.2。在进行引射喷管轴向位置、入口形状、直径以及引射喷管长度性能试验时，爆震频率均保持在 25 Hz 不变。为了保证试验的可信度，同样采用多次测量、去除偶然坏值的方法，取平均值作为最终的测量值。

7.3.3 试验结果与分析

1. 引射喷管轴向位置对增推性能的影响

试验测量了六组不同结构引射喷管在各个不同轴向位置的性能参数，分别如图 7.24～图 7.29 所示。在所有的这些实验中引射喷管的长度均保持不变：$L=950$，$L/D=7.92$，变量是引射喷管的进气口形状以及引射喷管相对于爆震管的重叠位置参数 x/d。

其中图 7.24 给出了 $D=120$ mm 时收敛形入口引射喷管实验测量的平均推力及推力增益。试验发现，引射喷管在 $x/d=0$ 的重叠位置表现出较高的性能，此时对应的推力增益为 57.6%。但是当引射喷管继续向下游移动（$x/d>0$）时，推力增益呈急剧下降趋势；当 $x/d<0$（重叠位置）时，推力先降后增，大概在 $x/d=-1$ 时降到最低，对应的推力增益为 47.5%，然后推力持续上升，最高值为 66.1%。图 7.25 给出的同直径圆形入口引射喷管试验测量的平均推力及推力增益与该收敛形入口引射喷管有类似的推力增益趋势，它在 $x/d=1/2$ 时推力性能较好，推力增益为 39.8%，然后推力增益随着 x/d 值的增大急剧下降；在 0 点上游位置，该引射喷管的增推性能也是先降后升，不过在最后又呈现下降趋势，在引射喷管的所有不同位置状态中，它的最低推力增益点出现在 $x/d=0$ 处，此时对应推力增益为 33.9%。

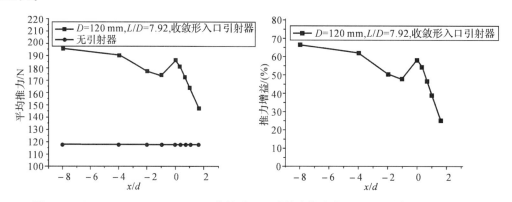

图 7.24　$D=120$ mm，$L=950$ mm，收敛形入口引射喷管试验测量的平均推力及推力增益

图 7.26 为 $D=150$ mm、收敛形入口引射喷管试验测量的平均推力及推力增益图。从图中可以看出它与图 7.24 一样，引射喷管在 x/d 值为 0 的位置表现出一个较高的性能，此时对应的推力增益为 64.4%，当引射喷管远离发动机（$x/d>0$）时，推力增益呈急剧下降趋势；当 $x/d<0$（重叠位置）时，推力变化趋势也是先降后增，而且也是在 $x/d=-1$ 时降到最

低,此时对应的推力增益为 64.4%,然后推力持续上升,最高值达到了 80.5%,这也是几组引射喷管中推力增益性能最好的一个工况点。另外,图 7.27 给出了同直径圆形入口引射喷管实验测量的平均推力及推力增益,它与对应图 7.25 所示引射喷管的性能非常相似,也是在 $x/d=1/2$ 时推力性能较好,对应推力增益为 53.4%,然后推力增益随着 x/d 值的增大急剧下降;在 0 点上游位置,该引射喷管的增推性能也是先降后升,然后在最后又呈现下降趋势,在引射喷管的重叠位置中间状态,它的最低推力增益点同样在 $x/d=0$ 处,不过此时对应推力增益为 50%。

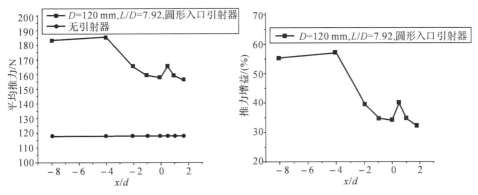

图 7.25　$D=120$ mm,$L=950$ mm,圆形入口引射喷管试验测量的平均推力及推力增益

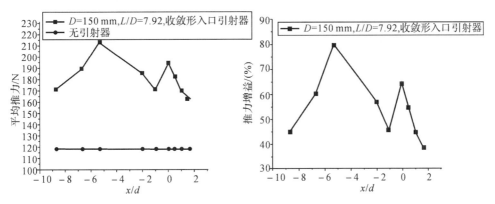

图 7.26　$D=150$ mm,$L=950$ mm,收敛形入口引射喷管试验测量的平均推力及推力增益

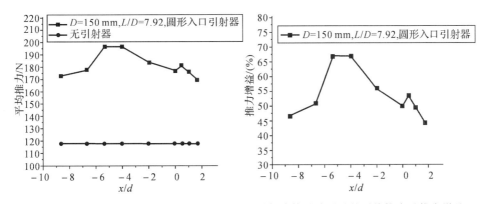

图 7.27　$D=150$ mm,$L=950$ mm,圆形入口引射喷管试验测量的平均推力及推力增益

图 7.28 给出的是 $D=170$ mm 时收敛形入口引射喷管实验测量的平均推力及推力增益。同样试验发现,引射喷管在 $x/d=0$ 的重叠位置表现出一个较高的性能,此点对应的推力增益为 67.8%。当引射喷管位置 $x/d>0$ 时,推力增益急剧下降,不过与其他引射喷管不同的是,它在 $x/d=1/2$ 与 $x/d=1$ 位置之间出现了一个小平台之后又持续下降;当引射喷管与爆震室的重叠位置继续增加时,推力先降后增再下降,大概在 $x/d=-1$ 时降到最低,对应的推力增益为 51.7%,然后推力持续上升,最高值为 75.4%。图 7.29 给出了同直径圆形入口引射喷管在不同轴向位置处的测量结果,这时它也是在 $x/d=0$ 时推力性能较好,推力增益为 56.8%,这一点与其他两组引射喷管的性能不一致。然后推力增益随着 x/d 值的增大急剧下降;在 0 点上游位置也有类似的增推性能变化趋势,它的最低推力增益点约在 $x/d=-1$ 处,此时对应推力增益为 49.2%;最大推力增益点出现在 $x/d=-2$ 处,此点对应的推力增益为 53.4%,然后持续下降。

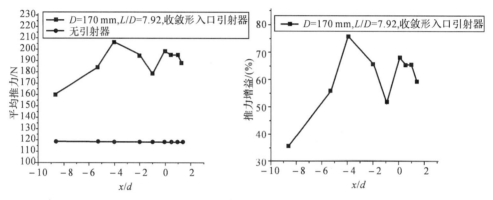

图 7.28　$D=170$ mm,$L=950$ mm,收敛形入口引射喷管试验测量的平均推力及推力增益

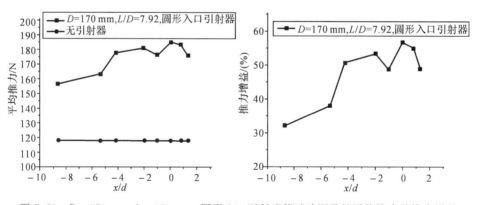

图 7.29　$D=170$ mm,$L=950$ mm,圆形入口引射喷管试验测量的平均推力及推力增益

　　总结上面六组不同引射喷管的轴向位置试验结果发现,无论是哪一种引射喷管,轴向位置对它的增推性能均有非常明显的影响。在 x/d 值为 0 或 1/2 时,引射喷管会出现一个至少高于 35% 的推力增益点。但是当 x/d 的值超过此点即引射喷管远离发动机出口位置时,推力将急剧地下降;当把引射喷管从 0 点逐渐向上游移动时,引射喷管的推力增益先呈下降趋势,但是当这个值下降到一个最小临界点后,再把引射喷管继续向上游移动时,引射喷管的推力增益又开始上升,同样此时也存在一个最大推力增益点,当 x/d 小于此值后推力增益又随着引射喷管与发动机的重叠长度的增大而稳步减小。至于这个最大、最小推力增益

点则取决于引射喷管的具体结构。但是无论它如何变化,都是正的推力增益,只是增推的大小不同罢了。

图 7.30 和图 7.31 分别给出了引射喷管位于发动机出口下游和上游某一位置时试验所拍到的火焰图片。爆震波可以被视为从爆震室出口平面冲出,然而以球形方式在外面膨胀。从图 7.30 可以看出,当引射喷管位于下游位置时,爆震波将碰撞在引射喷管入口壁上,此碰撞在这部分循环中将导致负推力,所以在此处引射喷管的增推性能比 0 点时要小。随着引射喷管继续向下游移动,以球形方式向各个方向传播的爆炸波,如同旋流在下游处传播,它在轴向和径向方向上的尺寸变大了,由于没有反应物爆震波将变为无化学反应的激波,此时在引射喷管入口处,激波在这部分循环中会完全堵住二次流,于是引射的二次流量减小,导致较低的推力增益。当引射喷管从 0 点向上游移动时,推力增益先有一个下降,估计是由引射喷管入口的影响导致所成;引射喷管再继续上移时,从爆震管出口传出并向上游传播的爆震波碰撞在引射喷管的内壁面上会产生一部分正推力,另外当引射喷管向上游移动时,PDE第一次反流期间滞止点生成的起始位置更远离 PDE 的喷口,这可能是由于当引射喷管向上游移动时,气流所需要的旋压增大的原因,这也会导致较小的推力损失[3]。从图 7.31 可以发现,此时引射喷管入口处回火现象减弱,这也从另一方面说明此位置处增推效果更好。但是当推力增益达到最大临界点后,呈下降趋势,估计这主要是因为引射喷管外露在爆震管下游部分变短,此时相当于减小了引射喷管与主气流间的混合段,使主气流与二次流之间没有完全混合就排出了引射喷管,所以导致推力增益的下降。

图 7.30　引射喷管位于发动机下游时的爆震试验照片　　图 7.31　引射喷管位于发动机上游时的爆震试验照片

2. 引射喷管入口形状对增推性能的影响

从上节的试验结果发现,除了引射喷管相对于模型机的轴向位置之外,引射喷管的进气口形状对引射喷管的性能也有非常重要的影响。图 7.32～图 7.34 分别给出了三组不同直径引射喷管在两种不同进气口形状下的推力增益测量结果[5]。

对比三组测量结果发现,无论对哪一种直径的引射喷管,虽然采用收敛形进气口和圆形钝体形状进气口的引射喷管增推性能变化趋势类似,即在 $x/d=0$ 或 0.5 处推力增益发生转折,在此点之后,推力急剧下降,在上游推力增益基本是先降后升再下降。但是从图中不难看出在引射喷管直径相同即长径比一定的情况下,采用收敛形进气口的引射喷管普遍比采用圆形进气口结构的引射喷管增推效果明显,比如对于 $D=120$ mm 引射喷管,在 $x/d=$

0 附近,收敛形的推力增益峰值为 57.6%,而对应圆形入口的峰值只有 39.8%;收敛形入口的最低临界点也达到了将近 50%,对应的圆形进气口的峰值只有 33.9%。同样对于直径 $D=150$ mm,170 mm 的引射喷管,收敛形进气口的最高推力增益点分别为 80.5%,75.4%,而与这些点对应的圆形进气口引射喷管的推力增益值分别为 66.9%,53.4%。根据以上数据可知,采用收敛形进气口显然比圆形进气口具有更好的增推效果。这是因为收敛形引射喷管比圆形钝体型进气口具有更大的气动表面,它可以使更多的空气被卷吸到引射喷管中,即增大了二次引射空气量,使得增推效果更好。相反在圆形入口表面,会使一部分气体发生分离,导致推力增益相对小一些[5]。

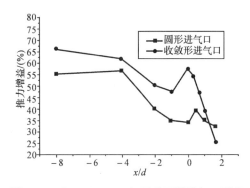

图 7.32　$D=120$ mm 时,两种不同进气口形状对引射喷管增推性能的影响

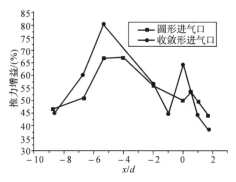

图 7.33　$D=150$ mm 时,两种不同进气口形状对引射喷管增推性能的影响

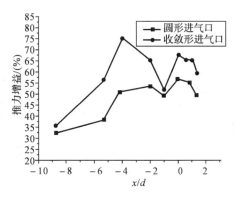

图 7.34　$D=170$ mm 时,两种不同进气口形状对引射喷管增推性能的影响

　　另外试验还发现,采用收敛形进气口引射喷管的峰值点比圆形进气口的峰值点偏"左",即更接近上游。比如在图 7.33 和图 7.34 中,收敛形进气口均是在 $x/d=0$ 点出现"拐点",圆形进气口则是在 $x/d=0.5$ 处出现峰值点;相应地,当引射喷管位于上游时,收敛形进气口的最低值出现在 $x/d=-1$ 处,而圆形进气口则是出现在 $x/d=0$ 点;在已测的工况点中,对于 $D=120$ mm 引射喷管,收敛形进气口的最高峰值点出现在 $x/d=-8$ 处,而圆形进气口的最高峰值点则出现在 $x/d=-4$ 处(当然由于受台架安装的限制,此时在 $x/d=-8$ 点之后引射喷管的推力增益不一定是下降还是上升,但最起码可以说明在已测点中它是最大的);同样对于 $D=150$ mm 引射喷管结论也是一样,收敛形进气口的最大峰值点为 $x/d=-5.33$,而圆形进气口对应的点其实出现在 $x/d=-4$ 处。对于直径为 170 mm 的引射喷管,当它与发动机处于重叠状态时,它的峰值点也有同样的结论,不同的是,它的最小极

值点与 0 点附近的"拐点"均重合到了一起,即最小极值点均为 $x/d=-1$,均在 0 点出现"拐点"。这是因为收敛形引射喷管它的收敛段占引射喷管总长的比例相对圆形引射喷管的大,尤其是当引射喷管位于上游位置时,因为当爆震波从 PDE 排出之后,引射喷管入口处有一个起始的反向流,此时引射喷管收敛入口对反流来说相当于一个扩压器,它可以使前传激波提前发生膨胀,也就是说对相同长度的引射喷管来说,它的前传"路径"变短了,若要达到临界值必须让引射喷管再向上游移动来"弥补"引射喷管入口收敛段所造成的影响,所以收敛形入口引射喷管比圆形引射喷管出现临界点要更靠前一些。

3. 引射喷管直径对增推性能的影响

图 7.35 和图 7.36 分别给出了三组不同直径引射喷管在两种进气口形状下的性能参数测量结果,它们的直径与发动机的直径比分别为 2,2.5,2.8。从图中可以看出,无论采用哪一种进气口结构,对比三种直径比的引射喷管,直径为 150 mm 即引射喷管与发动机的直径比 $D/d=2.5$ 时性能较其他两种好,尤其当引射喷管与发动机处于重叠状态时,它的优越性更加明显。

当引射喷管位于发动机的下游时,对比三种直径比的引射喷管测量结果发现,无论采用哪一种结构的进气口,直径比为 2.8 时的引射喷管性能最好,接着是 2.5,而后是直径比为 2 的引射喷管。也就是说在 0 点以后,大管径的引射喷管性能较好,而小管径的引射喷管增推性能较差,但变化趋势基本一样,都下降得非常快。前面分析表明:从爆震管排出的爆震波是以球形方式向各个方向传播的,在出口以后爆震波变为无化学反应的激波,它在轴向和径向方向上的尺寸逐渐变大,所以要想引射更多的二次流,显然是管径较大的引射喷管更有优势,也就是说直径比较大的引射喷管增推性能较好。

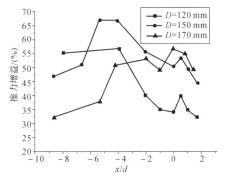

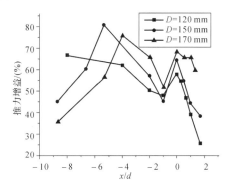

图 7.35　进气口均为圆形钝体形状的三种
不同直径引射喷管增推性能与
引射喷管位置关系曲线

图 7.36　进气口均为收敛形的三种不同
直径引射喷管增推性能与
引射喷管位置关系曲线

值得注意的是对于同一种结构的进气口,比如收敛形,三种直径比的引射喷管均在 0 点出现一个极值点,而且都在 $x/d=-1$ 处出现另一个低的极值点;而对于圆形钝体进气口结构的引射喷管,除了直径 $D=170$ mm 的引射喷管以外,其他两种直径的引射喷管均是在 $x/d=0.5$ 处出现一个大的推力峰值,在 $x/d=0$ 处出现一个推力峰值的最低点。这说明当发动机的进气口结构一定时,引射喷管在 0 点附近均会出现推力增益峰值点,而这与引射喷管的直径无关,只与引射喷管的进气口形状有关。这进一步说明了引射喷管进气口形状对其性能的影响。

当引射喷管位于发动机上游时,对于收敛形进气口的引射喷管,起初管径较大的引射喷管性能较好,但是当重叠距离大于 4 时,直径比为 2.5 引射喷管的增推优越性凸现了出来,即相对其他两种引射喷管,它的推力增益最大,最高可达 80.5%;而对于圆形进气口的引射喷管,当引射喷管处于与发动机重叠位置时,直径比为 2.5 引射喷管始终都比其他直径比的引射喷管性能好,它的最大推力增益为 66.9%。这是因为管径较大的引射喷管虽然会引射更多的二次流,但是当引射喷管出现反流期间它也会推出更多的二次流,而引射喷管的总引射量则取决于这两者之间的权重。对圆形入口的引射喷管,它的进气口形状对其性能的影响程度不大,此时主要受引射喷管管径的影响。当引射喷管处于上游时,管径比为 2.5 的引射喷管可能在这两者之间达到了最佳状态,所以此时它的增推性能较好。而对于收敛形引射喷管,此时进气口形状的影响程度不可忽视,所以它的结论也有所不同。

4. 引射喷管长径比对增推性能的影响

图 7.37 给出了当引射喷管直径和进气口结构不变时,五种不同长径比引射喷管的增推性能。图中引射喷管的长度分别为 350 mm,450 mm,550 mm,750 mm,950 mm,对应的长径比分别为 2.92,3.75,4.58,6.25,7.92。从图 7.37 可以看出,当引射喷管的长径比小于 4.58 时,引射喷管的推力增益随着引射喷管长度的增加而增加,但是当引射喷管的长径比增到 4.58 以后,引射喷管的推力增益幅度不大,即基本保持在 57% 左右。这说明当引射喷管的直径一定时,存在着一个最佳长度,当引射喷管的长度低于这个长度时,它的推力增益会下降,但是当引射喷管的长度大于这个值时,它的增推性能不会再有大的提高,相反会增加引射喷管系统的质量。这些结果说明主流为非稳态的 PDE 引射喷管有望在保证高性能的情况下缩短长度。

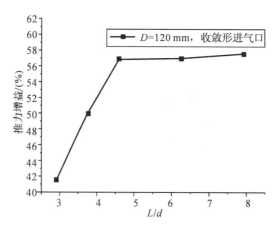

图 7.37　$D=120$ mm 时,收敛形进气口时五种不同长度引射喷管的增推性能

5. 爆震频率对增推性能的影响

上面研究了爆震频率不变时,各种引射喷管对脉冲爆震发动机性能的影响。本节研究不同爆震频率对引射喷管性能的影响,在爆震频率分别为 15 Hz,20 Hz,25 Hz,30 Hz 和 35 Hz 时,测量安装引射喷管前后的性能数据。表 7.2 给出了不同频率下安装引射喷管前后的平均推力以及推力增益。在本试验中,所有的试验均是在当量比为 1.2,填充度为 1 的情况下完成的。试验时采用引射喷管直径 $D=150$ mm,进气口为收敛形,而且引射喷管的位置保持不变,始终处于 0 位置。图 7.38 给出了其中一组引射喷管工作时的照片。

表 7.2　不同频率下的平均推力、引射比和推力增益

爆震频率 性能参数	15 Hz	20 Hz	25 Hz	30 Hz	35 Hz
未加引射喷管平均推力 $\bar{F}/\mathrm{N}$	67	107	118	154	184
加引射喷管后平均推力 $\bar{F}'/\mathrm{N}$	85	139	194	250	295
推力增益/(%)	26.9	29.9	64.4	62.6	60.3

图 7.38　引射喷管工作时的照片

试验结果发现,模型机工作在 15 Hz 以下时,引射量很小,且反复震荡不稳定,发动机引射喷管入口有回火现象。工作频率上升到 20 Hz 时,引射喷管开始稳定工作,不再回火,引射量随频率的上升而上升。尤其模型机工作在 30 Hz,35 Hz 高频时,发动机的工作接近准稳态,此时引射量稳定,引射效果也相当明显。当爆震频率过低时,单次爆震时间较长,回流现象比较明显;当爆震频率较高时,回流来不及达到引射喷管入口,引射喷管就进入第二个阶段即稳定引射,反映在试验中就是,频率较高时引射稳定,且增推效果明显。试验结果说明脉冲爆震发动机引射喷管可以产生引射,而且可以产生推力增益。图 7.39 给出了加引射喷管前后平均推力随爆震频率的变化趋势。从图中可以看出,无论是加引射喷管还是不加引射喷管,发动机的平均推力均随着工作频率的提高接近线性增大,但是增大的速率不同。当爆震频率较低时,虽然可以实现推力增益,但是幅度较小,比如在爆震频率 $f=15$ Hz,20 Hz 时,它的推力增益只有 30% 左右;可是随着爆震频率的增大,它的引射增推效果更加明显,当频率达到 30 Hz 时引射喷管的推力增益趋于稳定,基本都在 60%~65% 之间[6]。

6. 不同爆震频率下的引射量

研究引射喷管性能的一个重要意义在于实现自吸气,利用二次流中有用的氧气,在引射喷管中喷注燃油,组织二次爆震,形成一个较大直径的二次爆震室,为发动机提供更高的推力。但是需要测量试验中引射喷管到底能吸收多少空气,只有确定了引射喷管能引射的空

气量,才能按照一定的比例来供应燃油。所以说引射空气量的确定对二次爆震的组织有非常重要的意义。

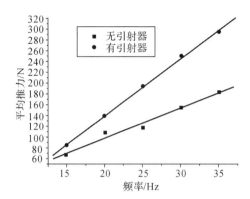

图 7.39　不同爆震频率下安装引射喷管前后的平均推力

因为 PDE 是一个非稳态的循环过程,这就决定它的引射过程也是一个非稳态的,它的引射空气量也随时间变化,试验要测量它的瞬态值比较困难,所以这里只测量它的平均值,对引射空气量做一个定性的研究。其中,引射喷管的直径 $D=170$ mm,引射喷管与发动机的相对位置为 $x/d=-8$,即重叠距离为 960 mm,引射喷管的进气口为收敛形。考虑到引射喷管附面层以及进气口气流的影响,为使试验结果更加真实,试验测点位于引射喷管入口约 500 mm 处,然后在引射喷管环腔中选取靠近引射喷管内壁面、发动机外壁面以及中心位置三点,然后测取这三个点的总、静压差,应用伯努利方程算出引射气流的速度 v,然后算出引射气流流量:

$$\dot{m}=\rho v A_{\mathrm{T}} \tag{7.3}$$

式中:$\dot{m}$ 为引射气流流量;A_{T} 为引射喷管与脉冲爆震发动机之间环腔通道面积;ρ 表示引射空气密度;v 为引射气流的平均速度。

采用皮托管和 U 形水排测量引射量。图 7.40 为皮托管测气流速度的原理图。在皮托管前端 A 开口,气流在 A 处被滞止,速度降为零,因此 A 点测量的是气流的总压。在驻点 A 后面适当距离 B 处的外壁上沿圆周开有小孔,即静压孔。静压孔的开口方向与气流流动方向垂直,测量的是气流的静压。将总压与静压测量孔的通路分别连接在 U 形水排的两端,那么 U 形水排内液柱的高度差就反映了总压和静压的差值。应用伯努利方程与 A,B 两点压差,有

$$p_{B}/\gamma+v_{B}^{2}/2g+z_{B}=p_{A}/\gamma+v_{A}^{2}/2g+z_{B} \tag{7.4}$$

由于 A 是驻点,所以 $v_{A}=0$,A,B 处于同一水平线,因此 $z_{A}=z_{B}$;另外 $p_{A}-p_{B}=hg(\rho'-\rho)$,所以有

$$v_{B}=\sqrt{\frac{2g}{\gamma}(p_{A}-p_{B})} \tag{7.5}$$

即

$$v_{B}=\sqrt{\frac{2gh(\rho'-\rho)}{\rho}} \tag{7.6}$$

式中:ρ' 是 U 形水排中液体的密度即水的密度;h 是 U 形水排中液体的高度差,于是

$$\dot{m}=\rho v_{B}A_{\mathrm{T}} \tag{7.7}$$

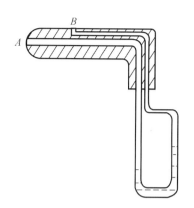

图 7.40　皮托管测气流速度的原理图

表 7.3 给出了恰当比汽油/空气混气在不同爆震频率时所产生的引射量及其速度。表中冷态表示没有爆震燃烧只有填充过程时的引射空气量和速度,热态表示 PDE 模型机点火起爆工作时所产生的引射空气量和速度。

表 7.3　各种工作频率下引射喷管在热态和冷态下的引射量

性能参数 频率/Hz	气流速度/(m·s⁻¹)		气流流量/(kg·s⁻¹)		引射比	
	热态	冷态	热态	冷态	热态	冷态
20	11.3	3.2	0.271	0.09	2.97	1.01
25	12.3	3.2	0.3	0.09	3.07	1.01
30	23.5	5.1	0.58	0.14	4.1	1.12
35	27.5	5.95	0.62	0.16	4.62	1.21

从表中可以看出,引射量和推力增益具有一样的增长规律,即在低频时,引射比比较小,但是随着爆震频率的增加,它呈增长趋势,而且,最后趋于稳定。它的最大引射比可达 4.62。

7.4　二次流喷管

脉冲爆震燃烧室与传统等压燃烧室一个重要的不同体现在燃烧室内压力的变化率上。等压燃烧室内的压力变化较慢,燃烧室内变化在(1%)/s量级。燃烧室后尾喷管的工作环境比较稳定,根据发动机燃烧室的设计工作状态,很容易设计出参数合适的尾喷管,使燃气在喷管出口处于理想流动状态。即使发动机不在设计状态工作,也可以通过机械方法调节尾喷管的面积比,使发动机始终处于比较理想的工作状态。

而对于脉冲爆震燃烧室,其工作过程具有强非稳态特性,爆震室内的压力在短时间内剧烈变化,爆震室内压力变化率在 $10/(10^{-3}\text{s})$ 量级,是普通航空发动机的 10^6 倍。在一个爆震循环内,固定构型的收敛-扩张(C-D)喷管的出口状态仅在某一特定时刻完全膨胀,在其他时刻总是伴随着损失。爆震周期一般在 $10^{-1}\sim10^{-2}$ s量级,爆震室内压力从几十个大气压下降到填充压力,例如填充压力 2 atm,爆震波压力 20 atm,若要使气体完全膨胀,在一个周期内,收敛-扩张喷管面积比(扩张比)要在 1.1~3.2 之间变化,可见,靠机械方法调节喷管几何面积比使喷管出口气体完全膨胀是不现实的。因此,亟需一种新型的尾喷管来提高脉冲爆震发动机的推进性能。利用二次流喷管(Fluidic nozzle)作为 PDE 尾喷管是国外某些学者解决这个问题的一种思路。

二次流喷管一般是在收敛-扩张喷管的扩张段注入少量二次流以改变喷管流通面积,如果二次流不对称注入,还可以得到矢量推力,如激波二次流(Shock vector control)[10-11]、偏移喉道二次流(Fluidic throat skewing)[12-13]、双喉道二次流(Dual-throat fluidic thrust vectoring)[14-15]等。国内外有大量关于二次流喷管的研究工作,但基本都是关注其在定常流动中的矢量推力;二次流的增推能力以及在非稳态流动(如 PDE 循环)中的表现等方面的研究工作则很少有人涉及,其基础机理研究、数值计算以及相关试验都不完善。Brophy 和 Dausen[16-17]在 PDE 收敛-扩张喷管的扩张段注入二次流,成功地把激波二次流喷管技术嫁接到 PDE 上,证明了二次流喷管在爆震循环中可以自行调节实际流通面积,说明二次流喷管有提高 PDE 推进性能的潜质。

本节首先基于变截面加质流动模型建立数学模型以模拟稳态流动中的二次流喷管,分析二次流的流量比、喷注位置等参数在稳态流动中对喷管性能的影响;然后结合等容循环模型建立对应的数学模型以模拟带二次流喷管的爆震循环,得到不同二次流注入方案在爆震循环中对喷管性能的影响,从理论上论证二次流喷管作为 PDE 增推装置的可行性。

7.4.1　定常流动中二次流对喷管性能的影响

1. 变截面加质流动模型

变截面加质流动模型即广义一维流动模型,是处理有摩擦、加热、加质效应的经典模型,该模型只考虑加质的影响结果而不考虑加质对流场影响的具体现象。一维模型计算量小,但无法考虑湍流、黏性等因素的影响,多维模型得出的结果更真实可靠,但计算量增加。采用广义一维流动模型,则是考虑了本方法可用于快速评估加质效应对喷管的影响。图 7.41 为本文二次流喷管的物理模型,二次流注入位置为收敛-扩张喷管的扩张段;注入处主流为超声速,二次流为声速注入;注入方向与水平方向夹角为 α,喷管在二次流注入处的扩张角为 β,注入位置前主流马赫数为 Ma_1,注入后马赫数 Ma_2,喷管喉部面积为 A_t,喷管出口截面面积为 A_e,喷管面积比 $AR = A_e/A_t$。

取二次流注入区域一个微元(图 7.41 虚线方框)为控制体,其对应的控制方程为

连续方程:

$$\frac{\mathrm{d}\dot{m}}{\dot{m}} = \frac{\mathrm{d}A}{A} + \frac{\mathrm{d}u}{u} + \frac{\mathrm{d}\rho}{\rho} \tag{7.8}$$

动量方程:

$$\mathrm{d}p + \frac{\mathrm{d}A}{A}p(1-\overline{p_i}) + \rho u\,\mathrm{d}u + \rho u^2(1-\overline{u_{ix}}) = 0 \tag{7.9}$$

能量方程:

$$c_p\mathrm{d}T + u\,\mathrm{d}u = \frac{\mathrm{d}\dot{m}}{\dot{m}}(e_i - e) \tag{7.10}$$

式中:ρ,u,p,e,A 分别代表密度、速度、压力、总能、横截面面积;$\overline{u_{ix}} = \dfrac{u_{ix}}{u}$,$u_{ix}$ 为注入流质在

主流方向上的分速度；$\bar{p}_i = \dfrac{p_i}{p}$，$p_i$ 为注入流质在注入处的压力；e_i 代表了注入流质总能，总能定义为

$$e = \frac{\gamma}{\gamma - 1} RT + \frac{1}{2} u^2 \tag{7.11}$$

式中：γ 为比热比；温度 T 由理想气体状态方程给出：

$$T = p / R\rho \tag{7.12}$$

利用全区间积分的定步长欧拉方法求解上面的常微分方程组。

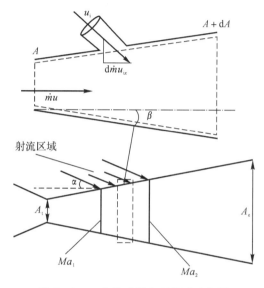

图 7.41　二次流喷管物理模型示意图

2. 计算结果分析

根据变截面加质模型的流动特性，注入二次流有使流动状态向声速移动的趋势[18]，收敛-扩张喷管的扩张段主流为超声速，注入二次流会使马赫数降低，压力升高。当喷管出口处于不完全膨胀状态时，出口压力增大加剧不完全膨胀状态，恶化喷管流场，当喷管处于过膨胀状态时，出口压力增大会改善喷管的流场。根据喷管理论，当无总压损失时，出口压力越接近环境压力喷管性能越好，若不考虑掺混造成的总压损失，当喷管处于过膨胀状态，注入二次流一般可以提高喷管性能。然而在实际情况中，虽然过膨胀状态注入二次流会改善喷管内的流场，但同时也会由于掺混损失一部分推力，因此不可以简单地把喷管出口压力与环境压力的关系作为喷管性能的评判标准。

推力系数 C_{fg} 为实际推力与理想推力之比，是表征喷管性能的重要参数，对于二次流喷管，理想推力为主流与二次流理想推力之和[19]：

$$C_{fg} = F / (F_{ip} + F_{is}) \tag{7.13}$$

式中：下标 i，p，s 分别代表理想情况、主流、二次流。

一个二次流喷管，若无二次流喷注，称此时的流动状态为基准状态。图 7.42 为不同扩张比的喷管注入二次流前后推力系数随膨胀比（Nozzle Pressure Ratio，NPR）的变化，图中给出了激波边界，NPR 只能在激波边界右端取值，否则会在喷管内出现激波，二次流喷管的推力系数随 NPR 的增大先增大后减小，与其基准状态推力系数的变化趋势一致；对应某一

条推力系数曲线,存在一个临界落压比 NPR_{cr},当 $NPR < NPR_{cr}$ 时注入二次流会提高喷管推力系数,$NPR > NPR_{cr}$ 时,注入二次流则会减小喷管的推力系数,例如 $AR = 2.5$ 对应的推力曲线,$NPR = 2.7$ 时注入二次流会提高喷管 9.7% 的推力系数;$NPR = 50$ 时注入二次流会降低喷管 2.3% 的推力系数。NPR_{cr} 不仅与喷管扩张比有关,还与注入二次流的参数有关,它小于最佳膨胀比,但无法给出解析解,只能对应实际情况通过数值方法找到。

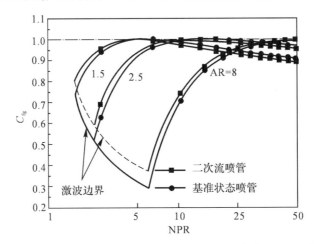

图 7.42　注入二次流前后推力系数 C_{fg} 随 NPR(膨胀比)的变化,$\omega = 8.2\%$,$Ma_1 = 1.5$

为了更清晰地比较注入二次流前后喷管性能的变化,定义相对推力系数 $C_{f,r}$ 为二次流喷管与基准状态的推力系数之比:

$$C_{f,r} = C_{fg,\text{fluidic}} / C_{fg,\text{baseline}} \tag{7.14}$$

若 $C_{f,r} > 1$,代表注入二次流喷管性能提高,若 $C_{f,r} < 1$ 则代表注入二次流后喷管性能下降,当 NPR 刚好等于 NPR_{cr} 时,二者性能不变,$C_{f,r} = 1$。$C_{f,r}$ 的变化直接表征了注入二次流后喷管性能的变化。图 7.43 为二次流对相对推力系数的影响,喷管的扩张比 $AR = 2.5$,基准状态下 $NPR = 14.1$ 时,推力系数最大。

从图 7.43(a)中可以看出,较小的 Ma_1 会带来较大的相对推力系数,且 $C_{f,r} > 1$ 的范围较广,这是由于注入处马赫数越小,二次流与主流的掺混造成的总压损失越小,喷管性能越好,这也与文献[19]中数值模拟的结论一致。

从图 7.43(b)中可以看出,流量比对喷管推力系数影响较为复杂,相同条件下,流量比越大,$C_{f,r} > 1$ 时对喷管性能的提高幅度越大,$C_{f,r} < 1$ 时对喷管性能降低幅度也越大。

从图 7.43(a)中可以看到二次流喷注位置处主流的马赫数越小,对喷管性能的提升效果越好,二次流会使注入位置后的马赫数小于注入处主流马赫数,$Ma_2 < Ma_1$,若注入处主流马赫数过小,会使 $Ma_2 < 1$,由超声速减小到亚声速,产生激波,造成极大的损失。若流量比不变,会有一对应注入位置刚好使 $Ma_2 = 1$,此处为临界注入位置,若注入位置向喉部移动,会产生激波,远离喉部则会造成较大的掺混损失,因此,临界注入位置即为最佳注入位置,此处马赫数即为最佳注入马赫数 $Ma_{1,\text{opt}}$。

图 7.44 为二次流流量比与最佳注入马赫数 $Ma_{1,\text{opt}}$ 之间的关系,从图中可以知道,$Ma_{1,\text{opt}}$ 随流量比的增大而增大,相同流量比下,二次流注入处扩张角 β 越大,对应的 $Ma_{1,\text{opt}}$ 越小。因此,在满足喷管设计基本要求的前提下,二次流注入位置处的扩张角应尽量大一些。由图 7.43(b)可知,$NPR < NPR_{cr}$ 时,流量比越大,对喷管的提升效果越好,然而从图

7.44 与图 7.43(a)中我们知道流量比越大,最佳注入马赫数越大,喷管性能反而降低,所以,在需要二次流注入的情况下,并不是二次流的流量比越大越好,应综合考量加质对过膨胀流动的增推效果和掺混损失两方面的结果,根据喷管的几何构型,计算不同流量比在其最佳注入位置处对喷管推力系数的提升效果,来确定二次流注入的最佳方案。

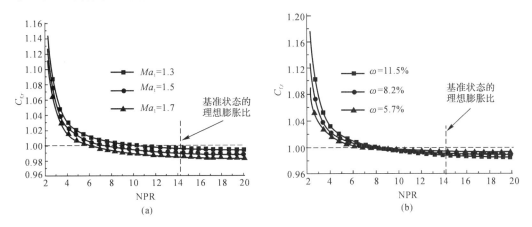

图 7.43　二次喷注对相对推力系数 $C_{f,r}$ 的影响

(a) $\omega = 8.2\%$ 时,不同 Ma_1 下 $C_{f,r}$ 与 NPR 的关系曲线;(b) $Ma_1 = 1.5$ 时,不同 ω 下 $C_{f,r}$ 与 NPR 的关系曲线

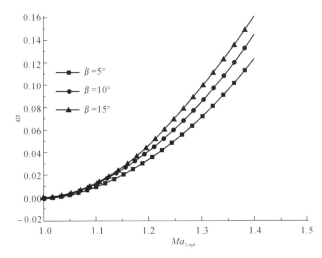

图 7.44　二次流流量比与最佳注入马赫数 $Ma_{1,\text{opt}}$ 之间关系

7.4.2　爆震循环中二次流对喷管性能的影响

1. 带二次流喷管的 PDE 的等容循环模型

爆震波的传播速度非常快,在爆震波传播过程中从爆震管排出的气体可以忽略不计,可以采用等容燃烧模型代替爆震燃烧模型,Tlley 和 Coy[20]提出了等容循环(Constant Volume Cycle,CVC)模型来计算 PDE 在不同飞行条件下的性能,等容循环模型假设 PDE 过程由等压填充、等容燃烧、绝热等熵膨胀(Constant Volume blow down,CV blow down)过程组成,绝热等熵膨胀过程假设爆震室内的气动参数仅随时间变化[21]。带二次流喷管的 PDE,发动机的性能仍可以由等容循环模型计算,二次流产生的影响则可由变截面加质流动

模型进行分析。

图 7.45 为 PDE 二次流喷管的物理模型和爆震室内压力变化示意图。二次流从爆震室引入喷管扩张段,并假设二次流的滞止参数时刻与爆震室内的滞止参数相等;从喷管进口到二次流注入处无总压损失;不考虑流体的流动时间,二次流的滞止参数时刻与注入位置前主流的滞止参数相等。等压填充过程结束后等容燃烧,等容燃烧瞬间完成,进入绝热等熵膨胀阶段,当爆震室内压力下降到填充压力时,开始等压填充。定义等容燃烧增压比为

$$\pi_{cv} = p_0 / p_f \tag{7.15}$$

式中,p_0 为燃烧后爆震室内压力(initial uniform combustion pressure);p_f 为填充压力。

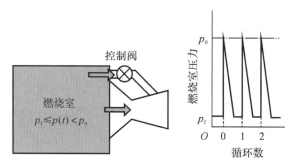

图 7.45　PDE 二次流喷管物理模型和爆震室内压力变化的示意图

2. 等容循环模型与变截面加质流动模型的结合

若喷管内不出现激波,那么马赫线在喷管内的分布只与喷管几何构型有关[18],不随喷管进口总压变化;采用从爆震室引气的方案,二次流与主流滞止参数时刻相等,流量比等于二次流注入面积与喷管喉道面积之比,和喷管进口总压无关。尽管在等容循环中爆震室压力随时间变化,但是只要保证在整个循环中喷管内不出现激波,那么在稳态流动中得到的有关二次流注入位置和流量比对喷管性能影响的相关结论在等容循环模型中仍然适用。

对于 PDE 来说,二次流可以连续注入,也可以间断注入(二次流可以在一个周期内激活/关闭),采取的两种二次流间断注入方案为:

(1)二次流在等压填充阶段激活,等容燃烧和绝热等熵膨胀阶段关闭。

(2)假设某一压力,若爆震室内压力小于这一压力,开启二次流,否则关闭二次流。在本节计算中,设定这一压力恰能使喷管出口达到环境压力。

不考虑气体在喷管内流动时间,喷管出口瞬时流量即为二次流与主流的瞬时流量之和。根据动量方程,PDE 在绝热等熵膨胀过程和等压填充过程中产生的瞬时推力 $F(t)$ 为

$$F(t) = (\dot{m} + \mathrm{d}\dot{m})v_e + (p_e - p_\infty)A_e \tag{7.16}$$

式中:$\dot{m}$ 为主流瞬时流量;$\mathrm{d}\dot{m}$ 为二次流瞬时流量;v_e,p_e 分别为喷管出口速度、压力;p_∞ 为环境压力,若无二次流注入,$\mathrm{d}\dot{m} = 0$。

平均推力 F_{avg} 为

$$F_{avg} = \frac{\int_0^T F(t)\,\mathrm{d}t}{T} \tag{7.17}$$

式中:T 为爆震周期。

在爆震循环中,喷管推力系数是时刻变化的,为真实考量喷管的性能,定义一个周期内

PDE 尾喷管的平均推力系数：

$$\bar{C}_f = \frac{F_{\text{avg}} \dfrac{\dot{m}_p}{\dot{m}_s + \dot{m}_p}}{p_0 A_t}$$　　　(7.18)

式中：$\dot{m}_p$ 为主流平均流量；$\dot{m}_s$ 为二次流平均流量。若无二次流喷注入，$\dot{m}_s$ 为 0,事实上有

$$\bar{C}_f = \frac{\int_0^T F(t)\,\mathrm{d}t}{T(\dot{m}_s + \dot{m}_p)} \frac{\dot{m}_p}{p_0 A_t} = I_{\text{sp}} \frac{\dot{m}_p}{p_0 A_t} g$$　　　(7.19)

式中：g 为当地重力加速度。若不改变其他条件,喷管平均推力系数与其比冲为线性关系,$\bar{C}_f$ 的变化则直接表征注入二次流后比冲／发动机性能的变化。

3. 计算结果分析

图 7.46 为二次流连续注入,$\omega = 5.7\%$,$Ma_1 = 1.5$。NP_0R 为等容燃烧后压力与环境压力之比,对于普通的 PDE 来说,填充压力在环境压力上下浮动,因而等容燃烧增压比和 NP_0R 差别不大,但为了全面了解二次流不同对绝热等熵膨胀过程的影响以深入研究其对 PDE 的增推效果,研究范围介于普通爆震发动机的排气过程和火箭发动机的排气过程（火箭发动机是爆震发动机的极限情况,填充压力等于燃烧后压力,填充压力极高）之间,填充压力大于环境压力。从图 7.46 中可知,若燃烧后压力 p_0 不变,随喷管扩张比的增大,二次流注入前后的平均推力系数都是先增大后减小,存在一个最大平均推力系数和其对应的最佳扩张比；p_0 越大,最大平均推力系数越大,最佳扩张比也越大。喷管的扩张比应在激波边界左端取值,否则喷管内将产生激波；存在一个临界扩张比 AR_{cr},若 $AR > AR_{cr}$,注入二次流会提高平均推力系数,$AR < AR_{cr}$ 时注入二次流会降低平均推力系数,临界扩张比不仅与 p_0 有关,还随注入二次流的参数变化,AR_{cr} 大于最佳扩张比,但无法给出解析解,只能根据实际情况通过数值方法找到。

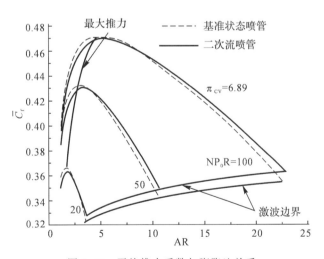

图 7.46　平均推力系数与膨胀比关系

图 7.47 为不同二次流注入方案对喷管的影响。二次流注入处马赫数 $Ma_1 = 1.5$；对于间断注入方案,若有二次流注入,瞬时流量比为 5.7%。

从图 7.47(a) 中可以看出,方案 A 在各种扩张比下基本都可以提高喷管性能,而且提高

了喷管的最大平均推力系数;对于方案 B,扩张比较小时,喷管在整个循环都处于不完全膨胀状态,爆震室内压力始终高于二次流激活压力,此时方案 B 二次流全程没激活,平均推力系数曲线与不注入二次流时的曲线重合,如图 7.47(a)中的区域 1;若扩张比较大,喷管在整个循环内都处于过膨胀状态,爆震室内压力始终低于二次流激活压力,全程注入二次流,此时方案 B 变为连续注入,平均推力系数曲线与连续注入时重合,如图 7.47(a)中的区域 3;当扩张比位于上述两种情况之间时,在绝热等熵膨胀过程中,喷管既有不完全膨胀状态也有过膨胀状态,如图 7.47(a)中的区域 2,在此区域中,方案 B 优于连续注入;在最佳扩张比附近,方案 B 还优于方案 A,随着扩张比增大,方案 B 的平均推力系数逐渐小于方案 A[22]。

定义最大增推率(Augment ratio)为

$$R_{\mathrm{aug}} = \frac{\overline{C}_{\mathrm{f,max,fluidic}} - \overline{C}_{\mathrm{f,max,baseline}}}{\overline{C}_{\mathrm{f,max,baseline}}} \tag{7.20}$$

它表征了二次流对其基准喷管最大平均推力系数的提升率。

由图 7.47(b)和图 7.47(c)中可以看出:连续喷注无法提高最大平均推力系数;方案 A 和方案 B 均能提高最大平均推力系数;若 π_{CV} 不变,两种方案的最大增推率基本不随 p_0 变化;若燃烧后压力不变,当 π_{CV} 较小时,两种间断注入方案的最大增推率差别很小,两种注入方案的最大增推率都随 π_{CV} 的增大而增大,且方案 B 的增长速度大于方案 A;事实上,燃烧后压力不变,π_{CV} 越大代表非稳态性越强,可见,爆震循环非稳态性越强,间断喷注二次流对喷管性能的提高越明显,而且在强非定常循环中,方案 B 优于方案 A。

本节建立的模型从理论上论证了二次流在 PDE 中的增推效果,可以指导后续的数值模拟和试验工作。但是变截面加质流动模型为广义一维流动模型,等容循环模型属于零维模型,需要通过二维或三维数值模拟以及试验研究对本模型进行修正。

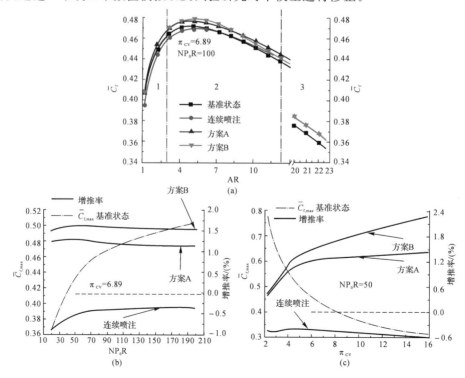

图 7.47 不同二次流注入方案对喷管的影响

(a) $\pi_{\mathrm{CV}}=6.89$,$\mathrm{NP_0R}=100$ 时,平均推力系数与膨胀比的关系;

(b) $\pi_{\mathrm{CV}}=6.89$ 时,最大平均推力系数与 $\mathrm{NP_0R}$ 的关系;(c) $\mathrm{NP_0R}=50$ 时,膨胀比与 π_{CV} 的关系

参 考 文 献

[1]　王治武，严传俊，黄希桥,等.吸气式脉冲爆震发动机喷管试验研究[J].工程热物理学报，2008，29(12)：2011－2014.

[2]　王治武.吸气式脉冲爆震发动机试验研究[D].西安:西北工业大学,2007.

[3]　黄希桥，严传俊，邓君香,等.引射喷管轴向位置对 PDE 的性能影响实验[J].推进技术，2009，30(2)：219－223.

[4]　黄希桥，严传俊，范玮,等.脉冲爆震发动机引射喷管的实验研究[J].机械科学与技术，2005，24(8)：999－1001.

[5]　黄希桥，严传俊，邓君香,等.引射喷管入口形状对 PDE 的性能影响实验[C].绍兴:热机气动热力学学术会议，2007.

[6]　黄希桥，严传俊，王治武,等.爆震频率对脉冲爆震发动机引射性能影响的实验[J].航空动力学报，2008，23(3):401－405.

[7]　李牧，严传俊，郑龙席,等.脉冲爆震发动机喷管实验研究[J].实验流体力学，2006，20(3)：13－17.

[8]　OWENS Z, HANSON R. Unsteady Nozzle Design for Pulse Detonation Engines[C]. Tucson：Aiaa/asme/sae/asee Joint Propulsion Conference & Exhibit，2006.

[9]　KAEMMING T, DYER R. The Thermodynamic and Fluid Dynamic Functions of a Pulsed Detonation Engine Nozzle[C]. Fort Lauderdale：Aiaa/asme/sae/asee Joint Propulsion Conference and Exhibit，2013.

[10]　MANGIN B, CHPOUN A. Experimental and numerical study of the fluidic thrust vectoring of a two－dimensional supersonic nozzle[C]. San Francisco：Aiaa Applied Aerodynamics Conference，2013.

[11]　ZOU X H, WANG Q. The comparative analysis of two typical fluidic thrust vectoring exhaust nozzles on aerodynamic characteristics[J]. World Academy of Science Engineering & Technology，2013(76)：827－833.

[12]　MILLER D, YAGLE P, HAMSTRA J. Fluidic throat skewing for thrust vectoring in fixed-geometry nozzles ［C］. Reno：Aerospace Sciences Meeting and Exhibit，2013.

[13]　YAGLE P J, MILLER D N, GINN K B, et al. Demonstration of Fluidic Throat Skewing for Thrust Vectoring in Structurally Fixed Nozzles[J]. Journal of Engineering for Gas Turbines & Power，2000，123(3)：502－507.

[14]　DEERE K, BERRIER B, FLAMM J, et al. Computational Study of Fluidic Thrust Vectoring Using Separation Control in a Nozzle[C]. Orlando：21st Applied Aerodynamics Conference，2003.

[15]　DEERE K, BERRIER B, FLAMM J, et al. A Computational Study of a Dual Throat Fluidic Thrust Vectoring Nozzle Concept[J]. Canadian Geographer，2005，51(3)：339－359.

[16]　BROPHY C, DAUSEN D, SMITH L, et al. Fluidic Nozzles for Pulse Detonation

Combustors[C]. Nashville：Aiaa Aerospace Sciences Meeting Including the New Horizons Forum and Aerospace Exposition，2013.

[17] SMITH L R. Fluidically Augmented Nozzles for Pulse Detonation Engine Applications[D]. Monterey：Naval Postgraduate School，2011.

[18] 王新月. 气体动力学基础[M]. 西安：西北工业大学出版社，2010.

[19] 李志杰，王占学，蔡元虎. 二次流喷射位置对流体推力矢量喷管气动性能影响的数值模拟[J]. 航空动力学报，2008，23(9)：1603 - 1608.

[20] TALLEY D G，COY E B. Constant Volume Limit of Pulsed Propulsion for a Constant：Ideal Gas[J]. Journal of Propulsion & Power，2002，18(2)：400 - 406.

[21] 李建玲. 多模态爆震组合发动机关键模态的研究[D]. 西安：西北工业大学，2011.

[22] 郑华雷，邱华，熊姹，等. 带二次流增推喷管的脉冲爆震发动机推进性能分析[J]. 推进技术，2014，35(7)：1002 - 1008.

第8章　试验系统及测试技术

8.1　引　言

在两相多循环脉冲爆震涡轮发动机的研制过程中,试验测试是必不可少的研究手段。通过试验测试可以对脉冲爆震涡轮发动机中的爆震室工作参数(如油气比、压力、温度、传播速度、组分、壁温等)、发动机转速及性能参数(如推力、比冲、耗油率等)进行测量和计算分析,从而为验证各种设计方案的有效性,探索脉冲爆震涡轮发动机的工作规律提供可靠的试验数据支撑。

8.2　脉冲爆震涡轮发动机原理性试验系统

脉冲爆震涡轮发动机原理性试验系统示意图如图8.1所示,其主要由脉冲爆震燃烧室、涡轮增压器(径向涡轮、离心压气机)、进气道、尾喷管、供油系统、供气系统、爆震点火及频率控制系统、润滑系统、测量系统、数据采集和控制系统等组成。

其中脉冲爆震燃烧室由进气段、点火段和爆震燃烧段组成。进气段主要完成发动机的供气、供油及其雾化,采用无阀、自适应的方式实现对发动机的供油和供气,即当爆震点火后,爆震室压力高于供油、供气压力,此时爆震室自动停止供油、供气,当爆震燃烧产物排出爆震燃烧室后,爆震室内压力低于供油、供气压力,从而开始新一轮的填充循环。点火系统为一般磁控高能无触点电子点火器,点火频率用自行研制的PDC与涡轮相互匹配的原理性模型试验装置PLC(Programmable Logic Controller)测控系统来控制。其中点火用涡孔结构中的火花塞点火,涡孔高度可调,从而保证不同来流速度下燃烧室内的最佳点火效果,同时也可避免对主气流的干扰。在发动机爆震燃烧段内安装湍流增强结构,起到强化爆震缩短起爆距离的作用。

在PDC进口设计有一个三通,一端与实验室高压气源相连,一端与压气机相通,通过电磁阀1和2可瞬间切换PDC的供气压缩气源。PDC出口和增压器涡轮相连,高速、高温、高压爆震燃气从涡轮径向流入,在涡轮内通过膨胀和冲击叶片的形式做功,涡轮输出轴功率带动压气机旋转,膨胀完的燃气经尾喷管向外排出,同时产生一定的推力。压气机作为涡轮的负载,不断压缩从外界吸入的空气,压缩后的高压空气有两种不同的去向:①在开展PDC与涡轮二者匹配基础试验时,其可直接通过电磁阀3排出;②在开展PDC与涡轮及压气机三者匹配试验时,在发动机启动状态,其仍从电磁阀3排出,在发动机联调状态其通过电磁阀2直接进入爆震室,取代实验室高压气源,从而实现脉冲爆震涡轮发动机在自吸气模式下长时间稳定工作[1]。试验系统中有关压力、温度、转速传感器及燃油/空气流量计安装情况参见6.6节。

原理性试验系统中需要用到PLC测控系统和数据采集仪。PLC测控系统是以PLC为控制器,触摸屏为操作命令输入及测量参数输出的测量控制系统,可对脉冲爆震涡轮发动机的试验过程进行实时控制、参数测量、数据处理和显示。PLC 测控系统具有以下功能:压力、温度等气动参数的监测、流量和转速等状态参数的监测、阀门控制、点火频率的设定以及点火驱动的控制等功能。试验中所用到的数据采集仪可同时实现 16 路并行采集,最高采集频率可达 200 kHz。

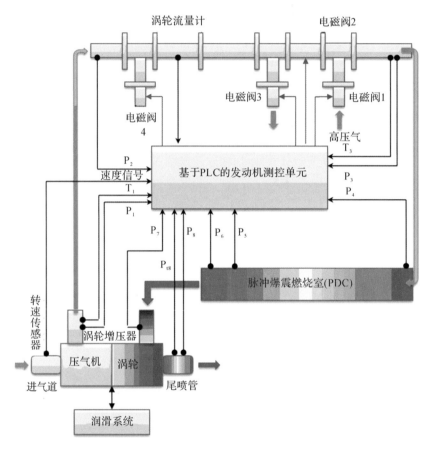

图 8.1　脉冲爆震涡轮发动机原理性试验系统示意图

图 8.2 是脉冲爆震涡轮发动机原理性试验系统中所用到润滑系统,主要由带泵电机、油箱、油滤、加热器及散热器组成。润滑系统工作时油压可根据需要实时可调,压力设计范围为 0.2~0.4 MPa,润滑油流量为 15 L/min;为防止环境温度过低时润滑油变浓稠,在油箱中设计了电加热器,在热电阻温度传感器和 PID 温度调节器的控制下,对油箱中的润滑油进行加温,温度控制偏差为±2℃;考虑到发动机工作后,涡轮增压器外壳温度将明显升高,因此润滑系统中的滑油将在较高的温度(70~100℃)下工作,为防止润滑油温度过高,在润滑系统内设计了滑油散热器结构,通过冷却水和滑油在散热器内换热使油温降低;为保证润滑油满足涡轮增压器清洁度的要求,润滑系统中所采用的油滤过滤精度为 10 μm,并在油滤前和油滤后安装有两个压力表,因为当油滤工作时间过长时,油滤可能产生堵塞,则可通过两个压力表的差值判断滑油的污染程度及油滤的工作情况,为及时更换润滑油及油滤提供参考依据。

图 8.2 润滑系统

脉冲爆震涡轮发动机试验系统的启动与稳定运转工作流程如下:根据图 8.1 可知,首先由基于 PLC 的发动机测控系统发出指令,将电磁阀 1、电磁阀 3 打开,电磁阀 2、电磁阀 4 关闭,高压空气由高压气源从电磁阀 1 进入发动机,经弯段后直接进入脉冲爆震燃烧室进气段,并与供油雾化系统喷出的燃油进行掺混,完成 PDC 填充过程,填充结束后高能点火器在火花塞处引爆可燃混气,火焰经过爆燃向爆震转变的 DDT 距离后,形成爆震波并从爆震燃烧室出口切向喷入涡轮,高温、高压燃气在涡轮内通过膨胀和冲击叶片的形式做功,涡轮输出轴功率带动压气机旋转,膨胀完的燃气经尾喷管向外排出,同时产生一定的推力。压气机作为涡轮的负载,不断压缩从外界吸入的空气,当发动机在启动状态时,从压气机出来的空气仍从电磁阀 3 排出;在爆震燃烧室工作稳定后,即从压气机出来的空气压力和流量显示比较稳定时,此时关闭电磁阀 1 和 3,同时打开电磁阀 2,发动机切换到自吸气稳定工作状态(联调状态),从压气机出来的压缩空气通过电磁阀 2 直接进入爆震室,取代实验室高压气源,从而实现脉冲爆震涡轮发动机在自吸气模式下长时间稳定工作。

下面首先就脉冲爆震涡轮发动机测试系统的供油、供气子系统的构成、工作原理及性能参数分别进行描述,然后就脉冲爆震涡轮发动机非稳态工作参数(爆震波压力、爆震波速、爆震室出口温度、爆震燃烧过程中已燃气体温度和组分、爆震室喷雾特性以及进气道流阻系数)的测量原理、测量方法进行逐个介绍。

8.3 脉冲爆震涡轮发动机供给系统

8.3.1 启动过程的供气系统

试验中,当脉冲爆震涡轮发动机处于启动状态时,需要供气系统供应一定流量、一定品质的氧化剂(空气)。由于两相多循环脉冲爆震涡轮发动机试验时所需空气量随发动机尺寸、发动机工作频率的变化而在较大范围内变化。因此,要求供气系统能实现对空气流量进行快速、准确的调节与测量,同时还要求在需要时能及时开启和停止供气。

一般实验室所用供气系统由起动控制箱、空气压缩机、过滤器、干燥机、储气罐、供气管路、空气流量调节阀、空气流量计及必需的手动和电磁阀门构成。

试验时,空气压缩机可以是多台同时使用,也可以单台使用,主要取决于试验中用气量的多少。每一台空气压缩机由一个启动控制箱控制压缩机的启动与停止。从空压机供出的高压气体首先经过空气过滤器过滤,然后送入干燥机,去除压缩空气中的部分水分,以减少高压储气罐中的积水,同时也可以保护涡轮式空气流量计。最后,高压空气被送入高压储气罐组备用,从高压储气罐供出的空气经供气管道送入试验室内各个供气点。每一气路上都配有一定口径的空气过滤器、一定量程的空气流量计和一定口径的电动调节阀与电磁阀。试验时,通过电动调节阀调节供气流量,从空气流量计获得空气流量值,由电磁阀控制供气管路的开关。其中电动调节阀与电磁阀既可以手动控制也可以通过计算机控制,流量计输出的流量信号既可送二次仪表直接显示,也可以送计算机测控系统显示、记录。这样,整个供气系统不但能满足脉冲爆震涡轮发动机探索性研究的需要,也可用于发动机自动调节规律的摸索。另外,为了进一步提高供气系统的工作可靠性,一般在每个气路的气量调节部分设置了手动控制并联旁路,以备在必要时采用手动调节控制供气量。

另外需要说明的一个问题是,一般实验室所采用空气流量计反映的是通过其中气体介质在一定工况下的体积流量,并非标准体积流量或质量流量,加之不同试验时刻流量测量点压力、温度的变化,要想获得一定工况下的标准体积流量或质量流量,就必须对涡轮流量计测得的工况流量进行压力、温度补偿。

比如对于涡轮流量计来说,当其工作时,其内部的涡轮转子转动,每当涡轮叶片扫过传感元件时产生一个脉冲信号,该信号经调理后,变成方波频率信号,流过涡轮叶片的工况体积流量与频率信号成正比。而要想获得实际流过涡轮叶片介质的质量流量就要考虑当地介质温度与压力的影响,具体计算公式如下:

$$M = \frac{3.6}{K}\rho_{20}\frac{(T_0+20)(p+p_A)}{p_0(T+T_0)}f \tag{8.1}$$

式中:M 为质量流量(kg/h);ρ_{20} 为工业标准状况(大气压力为 0.101 33 MPa,温度为 20℃)下,被测量介质的密度(kg/m³);$T_0 = 273.15$ K;T 为测量点介质温度(℃);p 为压力补偿输入(MPa);p_A 为仪表工作点大气压力(MPa);$p_0 = 0.101 33$ MPa;f 为涡轮流量计的频率输出信号(Hz);K 为涡轮流量计的流量系数(脉冲数/升)。

对采用涡轮空气流量计测得的工况体积流量进行压力、温度补偿,一般采用在涡轮流量计前后分别安装一定量程和精度的压力传感器和温度传感器来实现(见图 8.3)。试验时,分别将压力、温度和频率输出信号送入流量积算仪或计算机测控系统,根据式(8.1)就可求出实际流过涡轮叶片介质的质量流量。

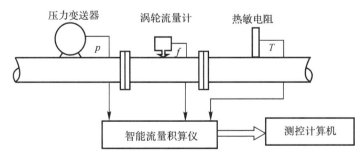

图 8.3 带压力、温度补偿的供气流量测量系统

8.3.2　稳定工作阶段的供气系统

当脉冲爆震涡轮发动机进入自吸气稳定工作状态(联调状态)时,此时爆震燃烧室是以自吸气模式工作,爆震燃烧室自动吸入由压气机压缩过的具有一定初压的空气,后经与供油系统和点火系统的协调工作,实现爆震燃烧。

但是当爆震燃烧室以自吸气模式工作时,如果脉冲爆震涡轮发动机处于无阀自适应供气模式,那么进气段处于半敞开状态,所以爆震室点火起爆所产生的爆震波势必会前传影响进气段的正常工作,严重时影响压气机的工作,进而影响爆震燃烧室的进气量,反过来影响发动机的实际工作频率。以美国海军研究生院[2]的吸气式脉冲爆震发动机为例(见图8.4),其起爆管采用乙烯/氧气可爆混合物,爆震频率达到 100 Hz,而主爆震室最高工作频率只达到 30 Hz,这说明不同进气形式对脉冲爆震发动机的工作特性有很大的影响。

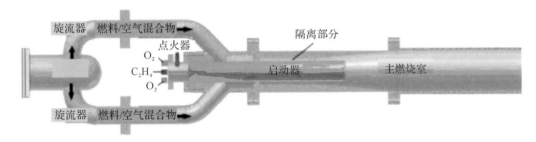

图 8.4　美国海军研究生院的吸气式脉冲爆震发动机

虽然机械阀可以实现脉冲爆震发动机的高频工作,但这依赖于精确控制进气时序、供油时序及点火时序间的相互匹配,同时对于多管脉冲爆震发动机,其多管的点火策略调节也比较困难。相比而言,无阀式或气动阀脉冲爆震燃烧室因其简单的结构更具优势,国内外研究机构都对此进行了大量的研究[3],同时出现了各种气动阀设计结构:如超声速隔离型气动阀、中心锥型气动阀[4](见图8.5)、双轴向旋流加直流气动阀[5](见图8.6)、迷宫型气动阀[6](见图8.7)。

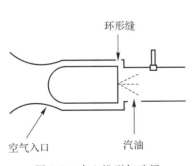

图 8.5　中心锥型气动阀

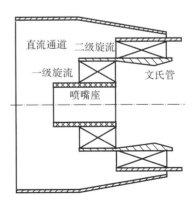

图 8.6　双轴向旋流加直流气动阀

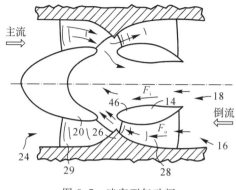

图 8.7　迷宫型气动阀

然而需要指出的是,当前气动阀进气形式仍不成熟,当发动机采用气动阀进气形式时,压力波回传对进气道影响要远远高于预期,以图 8.4 所示的海军研究生院吸气式脉冲爆震发动机为例,Ma 等人[7]对其做了全尺寸数值模拟,其超声速隔离段气流速度达到 350 m/s,计算发现,发动机起爆后压力波向上游回传,最终破坏稳态进气时上游建立的正激波;法国 Piton 等人[8]对其单管吸气式 PDE 试验件进行了试验研究,其采用纹影系统观测了发动机进口气流变化,试验发现当点火起爆后,压力波会从发动机进口传出,如何有效解决单管 PDE 这一问题,从公开文献看,国内外在这方面开展的工作均比较少。从第 18 届国际吸气式发动机大会(ISABE)上与 GE 公司的 Tangirala 等人交流获悉,无阀或气动阀结构是 PDE 发展的趋势,有关 PDC 气动阀的具体结构,各研究机构的文献及专利都有提及,但具体分析都存在各种限制条件和相关技术保密,而如何设计评估气动阀结构、确定其适用范围是当前这一领域必须解决的问题[9]。

8.3.3　供油系统

供油系统用于给脉冲爆震涡轮发动机燃烧室供应一定流量、一定品质的燃料。由于两相多循环脉冲爆震涡轮发动机试验时所需燃料量随发动机供气量的变化而变化,因此,要求供油系统能实现燃料流量的快速、准确调节与测量,同时还要求在需要时能及时开启和停止供油。

供油系统可以采用燃油泵供油,也可以采用挤压式供油。燃油泵供油的优点是供油压力大,但是缺点是需要额外的驱动电机,且对燃油输送管路的耐压要求比较高。所以实验室普遍采用挤压式供油方案,一般由高压惰性气体瓶、减压阀、高压油箱、供油管路、燃油过滤器、燃油流量调节阀、燃油流量计及必需的手动或电磁阀门构成。

使用时,手动调节减压阀把供油压力调节至需要压力,高压惰性气体(比如氮气)进入高压油箱,燃油从油箱出油口供出,通过供油管路到达每个试验台用油点。每个供油管路上都安装有相应的燃油过滤器、燃油流量计、燃油流量调节阀及开关电磁阀。试验时开启电磁阀门,通过燃油流量调节阀调节油量至所需值,即可点火试验。

除此之外,脉冲爆震涡轮发动机的正常工作还有赖于燃油供给与进气的匹配,对于燃油控制,国外研究机构一般采用高压供油阀门控制方式,因其受爆震室压力影响较小,故相关研究文献主要集中在燃油阀门设计方面;当燃油控制采用自适应方式时,其燃油的供给及停止受控于燃烧室内的压力振荡,这种控制方式大大简化了发动机燃油供给系统的复杂性,但另一方面须深入了解此时燃油供给系统(油路、喷嘴等)与燃烧室内压力耦合的动态特性,国内外在这一关键问题上基本为空白。

8.4　爆震室工作参数测量方法

8.4.1　爆震波压力测量方法

通常测量的爆震波压力是爆震波波阵面压力或波后压力,即 C-J 平面压力。压力传感器仍是测试压力的主要手段,一般压力传感器分为压阻式和压电式传感器。固态压阻式压力传感器的核心部分是一个圆形的硅膜片,在膜片上面通过集成电路的方法扩散了四个阻值相等的电阻,构成平衡电桥。膜片周围用一个圆形(硅杯)固定。当膜片两边压力不一样时,在应力作用下,电阻值发生变化,电桥失去平衡,输出相应电压,该电压和膜片的压力差形成正比。这样,由输出电压可以求得膜片所受的压力。压阻式压力传感器的不重复性和迟滞很小,精度在 0.5% 以上。但因为此类传感器抗过载能力不强,动态测量时需要认真估算脉冲的过冲量,量程可按过冲量的 90% 选取。在经常使用的区域,应仔细标定。如果被测环境温度变化过大,而测量精度又要求较高时,注意在测量线路上采取补偿或者校正措施。

有些晶体沿一定方向拉伸或者压缩时,内部会极化,从而在其表面产生束缚电荷。外力去除后,又恢复到不带电的状态。这种将机械能转化为电能的现象称为正压电效应。如果在晶体极化方向施加电场,晶体会产生变形;去掉外加电场后,变形会随之消失。这种将电能转换为机械能的现象称为逆压电效应。压电式传感器就是基于压电效应的传感器,是一种自发电式和机电转换式传感器(见图 8.8)。它的敏感元件由压电材料制成。压电材料受力后表面产生电荷。此电荷经电荷放大器、测量电路放大以及变换阻抗后就成为正比于所受外力的电量输出。压电式传感器用于测量力和能变换为力的非电物理量,如压力、加速度等。它的优点是频带宽、灵敏度高、信噪比高、结构简单、工作可靠和

图 8.8　压电传感器实物图

质量轻等。缺点是某些压电材料需要防潮措施,而且输出的直流响应差,需要采用高输入阻抗电路或电荷放大器来克服这一缺陷。配套仪表和低噪声、小电容、高绝缘电阻电缆的出现,使压电传感器的使用更为方便。压电式压力传感器不能用作静态测量,一般用于测量脉动压力,不能测量静压力。图 8.9 给出了一组当爆震频率为 25 Hz 时用压电式传感器所测得的爆震室不同位置处的爆震压力图。

正是由于 PDE 的非稳态工作特性,需要选用压电式压力传感器测量多循环爆震波的压力。最常用的是压电晶体式传感器,其输入电荷量为 ±105 pC/max,频率范围为 1 Hz~200 kHz。一般沿爆震室轴向设置若干个测点,测量爆震波压力沿轴向的分布,了解爆震波形成的情况,例如爆震波转变的距离。在推力壁设置压力测点,测量推力壁压力随时间的变化。在使用压电晶体式传感器时,需要注意清洁、绝缘、冷却、防振等。

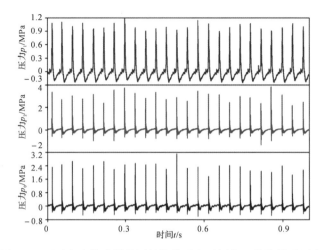

图 8.9　用压电式传感器所测得的爆震室不同位置处的爆震压力图

8.4.2　爆震波速度测量方法

目前国内外通常用压电式压力传感器测量爆震波的速度。沿爆震室长度设置若干个测点，已知测点之间的距离，只要测量爆震波通过每个测点的时间，就可以计算爆震波速度沿爆震室长度的分布。两测点之间爆震波的平均速度由下式计算：

$$U_D = \frac{\Delta x}{\Delta t} \tag{8.2}$$

式中：Δx 为位置 1 与位置 2 之间的距离；Δt 为同一爆震波在位置 1 与位置 2 的压力达到峰值之间的时间差，即爆震波从位置 1 传播到位置 2 所经过的时间。很明显，这里所"测得"的速度 U_D 是位置 1,2 间的平均速度。图 8.10 给出了试验测得的两个测点位置爆震波压力曲线，其中 p_1 为位置 1 处的压力，p_2 为位置 2 处的压力。

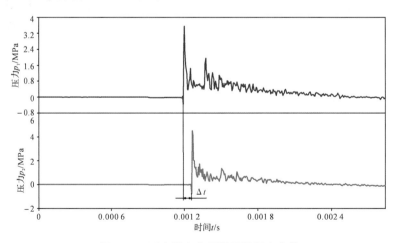

图 8.10　两个测点位置爆震波压力曲线

此外，还可采用离子探针测量爆震波的速度。离子探针的工作原理如下：碳氢燃料与空气混合物燃烧时，燃烧火焰除了发出光和热外，还显现出强烈的离子化。这些离子在火焰中的形成都是由于化学电离反应，如

$$CH + O \longrightarrow CHO + e^-$$ (8.3)

在大气压下,离子浓度高达 $10^{10} \sim 10^{13}$ 个/cm^3。燃气中的高离子浓度区域仅局限于火焰带这个狭窄的反应区域内。

在碳氢燃烧火焰中发生的化学电离反应(如式 8.3)将在超平衡状态形成离子浓度。离子浓度的净转化率与燃烧产物的形成及再化合反应速率都不相同。因为再化合反应有两个分子数,其反应速率取决于压力的二次方。一个典型的再化合反应如

$$\left. \begin{aligned} H_2O^+ + e^- &\longrightarrow H_2O + H \\ &\longrightarrow OH + 2H \end{aligned} \right\}$$ (8.4)

通过测量离子浓度随着时间的变化,就有可能得到压力值。这种测量方法非常简单,只要离子穿过化学反应形成的锋面有明显的延迟,所以只需要考虑再化合反应速率。

根据 ZND 模型可知,爆震波是由一个以爆震波速度运动的激波和跟在其后面的厚度比激波厚得多的化学反应区组成,如图 8.11 所示,T,p,ρ 分别表示温度、压力和密度。位置 1 是前导激波,紧靠激波的后缘,位置 $1'$ 为 von Neumann 峰值点,其压力、温度和密度的值与气体混合物中已发生化学反应的体积分数有关。

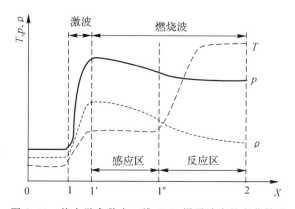

图 8.11　热力学参数在一维 ZND 爆震波内的变化情况

在火焰前锋即感应区,燃气与氧气发生作用生成 CH_3^+,CHO^+,H_3O^+,NO^+ 等离子以及自由电子,其中,反应式主要为

$$CH + O \xrightarrow{k_1} CHO^+ + e^-$$ (8.5)

$$CHO^+ + H_2O \xrightarrow{k_2} H_3O^+ + e^-$$ (8.6)

$$H_3O^+ + e^- \xrightarrow{k_3} H_2O + H$$ (8.7)

其中,产生 CHO^+ 的反应式(8.5)是放热反应,所释放的能量使得 CHO^+ 继续电离,产生 H_3O^+,在火焰区后即反应区,生成 H_3O^+ 的快速放热反应基本完成,且大量 H_3O^+ 离子已经遵循反应式(8.7)直接结合,这样,H_3O^+ 在等离子体中的支配作用逐渐消失,离子浓度也迅速衰减,化学电离过程结束,这时的燃气温度可能在 1 500 ℃ 以上。在 PDE 的研究当中,焰后高温期的存在时间极短,管内压力比较低,离子浓度的变化主要集中在焰前反应期。试验中,在探针和管道间加偏置电压,电极两极附近的离子和自由电子在偏置电压的作用下发生平移而产生离子电流,电流的大小取决于探针附近的离子浓度和偏置电压大小,通过一定试验装置可以捕获到这种离子电流,它的衰减速度反映了爆震燃烧压力的大小。通过两

个压力脉冲相隔的时间及距离,就能计算出爆震波的速度。采用离子探针测量爆震波速度的方法更加准确。

8.4.3 爆震室出口温度测量方法

燃烧温度是表征燃烧过程的一个重要参量。研究不同类型、不同配比燃料燃烧以及发动机内燃烧流场的特性,就必须了解火焰温度及其分布。通常,燃烧温度指的是火焰气体处于热平衡状态时的温度。但在某些情况下,火焰气体处于不平衡状态,例如在火焰的反应区对温度就没有严格的定义,有部分能量变成了分子中电子能级或分子振动和转动能级的变化,这对了解气体中能量转换过程是很必要的。研究分子间能量的分布或各种形式的有效温度很有价值,因为它可解释燃烧过程中燃烧中间产物和离子的形成,并实现对火焰传播机理的进一步了解。

测量火焰温度的方法可以分为接触式和非接触式两大类[9]。热电偶测温法是最早使用的火焰温度测量方法,适合测量温度低于 2 800 K、变化不太大的稳态火焰;光纤传感器测温法虽然具有灵敏度高、抗电磁干扰强以及体积小等优点,但其时间响应慢,测温上限低。

在非接触式测温法中,声学测温法基于声波在气体介质中的传播速度是气体组分和绝对温度的函数关系来测量温度,但实际的气体并非严格遵守由理想气体导出测温公式,而且燃烧产生的噪声也大大降低了其测量的可靠性。利用光谱法来测量火焰温度是最常用的非接触式测温法,主要见表8.1中所示的几种[10]。

表 8.1　光谱法测量

光谱法	光学发射和吸收	辐射计法	谱线反转法
			辐射吸收法
			色温法
		分光辐射计法	绝对温度法
			相对温度法
		原子谐振吸收光谱法	测组分浓度,远紫外区
	光散射	一阶弹性散射	米氏散射
			瑞利散射
		二阶弹性散射	自发拉曼散射
			激光诱导荧光(LIF)
		三阶非线性散射过程	相干反斯托克斯(CARS)
			简并四波混合技术(DFWM)
			受激拉曼散射(SRS),反向拉曼散射(IRS)
	质谱法		测组分相对浓度

其中辐射计法对应"不涉及气体分子中能量发射与吸收以及能量分布的微观机理",分光辐射计法对应"需测量窄波长中的辐射能,与辐射机理有关"。

1. 谱线反转法[11]

谱线反转法的测量原理如图 8.12 所示,设参考光源的亮度温度为 T_0,火焰温度为 T_F,当 $T_0 < T_F$ 时,在谱镜上观察到的是亮线光谱,当 $T_0 > T_F$ 时,在谱镜上观察到的是暗线光谱。调整 T_0,使得观察到的光谱线由亮变暗或者由暗变亮(这种现象称为谱线的反转)时,$T_0 = T_F$。通过这样的方法可以得到火焰的温度 T_F。在实际应用中,常在火焰中加入钠盐,利用钠的 D 谱线(583 nm)作为工作谱线。该方法需要反复调节参考光源的亮度温度,因此不适应瞬态火焰温度的测量。

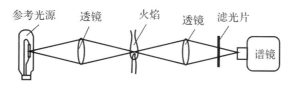

参考光源　透镜　火焰　透镜　滤光片　谱镜

图 8.12　谱线反转测温法

2. 辐射吸收法

辐射吸收法主要采用红外热成像仪,但是由于火焰辐射的复杂性,使得辐射测温的精度受到很大的影响。火焰的发射率取决于辐射体的材料性质、表面状况、温度、波长等因素,在复杂的燃烧产物中确定发射率本身就是一件非常具有挑战性的工作。

3. 色温法

色温法中比较常见的是双色温法,它是通过两个不同波长 λ_1 和 λ_2 的辐射亮度之比来得到火焰的温度 T_F。由普朗克定律可知,物体的辐射亮度为

$$I(\lambda) = \varepsilon(\lambda, T_F) \frac{C_1}{\lambda^5 (e^{C_2/\lambda T_F} - 1)} \tag{8.8}$$

式中:C_1 和 C_2 为第一和第二辐射常数;$\varepsilon(\lambda, T_F)$ 是燃气的光谱发射率。根据测量火焰的特性,光谱发射率的表达式有不同的形式。通过测量两个波长辐射亮度的比值可以计算得到火焰的温度。利用双色法测量火焰温度的最大优点是无须参考光源,从而有利于简化实用中的光路布置。这种方法的缺点是测量的精度取决于假定的 $\varepsilon(\lambda, T_F)$ 表达式的准确度。

绝对温度法仅对单一的谱线或谱带进行绝对辐射量测量。采用该法的前提是被测火焰处于热平衡状态,而无自吸收作用,即一些原子的辐射通过火焰时不被同一元素的另一些原子所吸收,这样摄谱法测得的谱线强度才能达到真实强度。同时,还需要知道各原子常数,计算粒子密度,还要保证测温时所用的乳剂种类、显影条件与标定时完全一样。这在实际应用中是比较难实现的。

相对强度测温法是基于若干谱线和谱带的相对辐射进行测量,由此可确定分子内部能级的总体分布以及相应的转动、振动或电子温度。若测量同原子的两条谱线,则有[10]

$$\frac{\varepsilon_{\lambda 1}}{\varepsilon_{\lambda 2}} = \frac{A_1 \lambda_2 g_1}{A_2 \lambda_1 g_2} \exp\left(-\frac{E_1 - E_2}{kT}\right) \tag{8.9}$$

式中:$\varepsilon_{\lambda 1}$,$\varepsilon_{\lambda 2}$ 为两个波长下的光谱辐射的发射率;A_1,A_2 是处于能级 m 的原子在单位时间内跃迁到低能级 n 的概率,称为跃迁概率(1/s),可查表得;g_1,g_2 是统计权重,表征处于某个能级上的粒子微观数量,可查表得;E_1,E_2 是原子具有的能量,可查表得;k 是玻尔兹曼常数,等于 $1.380\ 6 \times 10^{-23}$ J/K;将式(8.9)改写为

$$T = \frac{E_1 - E_2}{k} \left(\ln \frac{A_1 g_1}{A_2 g_2} \frac{\lambda_2}{\lambda_1} \frac{\varepsilon_{\lambda_2}}{\varepsilon_{\lambda_1}} \right)^{-1} \tag{8.10}$$

以此只要测得两条谱线的相对强度,就可以测得温度。摄谱时,在感光板上总可以找到谱线 λ_1 在一阶(其透过率为 α_k)的黑度恰好等于谱线 λ_2 在另一阶(透过率为 α_r)的黑度,则有

$$\lg \frac{I_{\lambda_1}}{I_{\lambda_2}} = \lg \alpha_r - \lg \alpha_k \tag{8.11}$$

于是,无须标定,只要知道两个透过率即可以求得两条谱线的相对强度。这提高了测量的准确性。图 8.13 为双色调制吸收/发射测温仪的结构示意图。

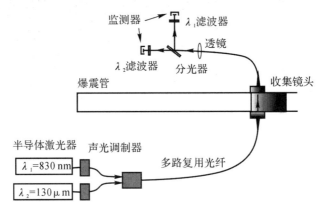

图 8.13　双色调制吸收/发射测温仪

4. 激光诱导荧光法

激光诱导荧光法(Laser Induced Fluorescence, LIF)是检测待定量子状态下分子和原子布局密度的光谱技术,用频率可调的激光器照射则可以产生激光诱导荧光。它可实时测量燃气一维空间(空间点)或二维空间(平面)的组分浓度(或摩尔浓度)、温度、压力和速度,并具有空间分辨力。因荧光的散射横截面较拉曼散射的大许多数量级,因而其灵敏度高,最适合测量燃烧产物中以微量或示踪量出现的自由基浓度($<10^{-3}$)。但是它不适合测量波长位于真空紫外的闭壳层分子,如 CH_4,H_2,N_2O,CO_2,H_2O 和 N_2,它们可用拉曼散射测量。但是其测量用的激光器极其昂贵并且光路复杂。如图 8.14 所示为一台激光诱导荧光仪器。

图 8.14　激光诱导荧光仪器

5. 自发拉曼散射光谱法和相干反斯托克斯拉曼散射光谱法

自发拉曼散射光谱(Spontaneous Raman Spectroscopy,SRS),是最早用于燃烧测量的激光光谱方法之一,是研究燃烧过程的一个很有吸引力的技术,可以远距离、非接触地测量燃烧体系的温度分布。SRS 技术相对于其他激光光谱技术来说,要求的装置较简单,但是由于分子的拉曼散射截面非常小,导致 SRS 信号十分微弱,限制了在燃烧测量中应用。

与 SRS 一样,相干反斯托克斯拉曼散射光谱(Coherent Anti – Stockes Raman Spectroscopy,CARS)的轮廓含有火焰介质的温度信息,从而可以根据由试验获取 CARS 的轮廓得到火焰的温度。应用单脉冲宽带 CARS 技术,可以获得相当高时间分辨率(可以达到毫微秒或微微秒)的整幅瞬态 CARS 谱图;应用激光交叉入射的 BOXCARS 可以满足高空间分辨率的微区探测的需要。因此,近年来 CARS 光谱技术在热物理测量中得到了高度重视和发展,尤其在燃烧测量中,这项技术正获得实际应用。但是,火焰温度的 CARS 测量也存在如下的缺点:第一,不适合吸收性太大的火焰;第二,整套试验装置的价格昂贵;第三,CARS 的效率随激光功率的增大而迅速增加,但大功率的入射激光对光学元件有破坏的危险。

6. 可调谐半导体激光吸收技术

近几年发展出来的基于可调谐近红外(NIR)连续波(CW)二极管激光器的光学吸收法。可调谐二极管激光器(TDL)可覆盖 750 nm～2 μm,经济耐用,信号强度高,数据处理相对简单,又能和光纤耦合使用,TDL 吸收法发展非常迅速。它是一种视线法,可快速、连续地测量流场的温度与浓度。由 Beer – Lambert 关系可知[12]:

$$\Gamma_\nu = \frac{I(\nu)}{I_0(\nu)} = \exp(-k_\nu L) \tag{8.12}$$

$$k_\nu = S(T)\varphi(T,p,X_i)p_i \tag{8.13}$$

式中:ν 是激光频率;$I(\nu)$ 是透射激光强度;$I_0(\nu)$ 是入射激光强度;k_ν 是光谱吸收系数;L 是吸收光程;$S(T)$ 是谱线强度;$\varphi(T,p,X_i)$ 是线型函数;T 为燃气温度;p 为燃气总压;X_i 为组分 i 的摩尔分数;p_i 为组分 i 的分压。谱线强度可以由如下表达式计算得到:

$$S(T) = S(T_0) \frac{T}{T_0} \frac{Q(T_0)}{Q(T)} \frac{1 - \exp\left(-\frac{hc\nu_0}{kT}\right)}{1 - \exp\left(-\frac{hc\nu_0}{kT_0}\right)} \exp\left[-\frac{hcE''}{k}\left(\frac{1}{T} - \frac{1}{T_0}\right)\right] \tag{8.14}$$

式中:T_0 为参考温度;Q 为与温度有关的吸收分子的分配函数;h 为普朗克常数;c 为光速;k 为玻尔兹曼常数;E'' 为较低能级的能量。线型函数 $\varphi(T,p,X_i)$ 反映的是单一阶跃时光谱吸收系数与阶跃频率的关系,线型函数随频率的改变主要由压力增宽和多普勒增宽机理造成,它满足:

$$\int_{-\infty}^{+\infty} \varphi(\nu)\mathrm{d}\nu = 1 \tag{8.15}$$

在扫描波长内,线型函数积分变成了 1,所以对两个波长的积分吸收之比 R 变成了温度的函数:

$$R = \frac{k_{\nu2}L}{k_{\nu1}L} = \frac{S_2 p_i L}{S_1 p_i L} = \frac{S_2}{S_1} \tag{8.16}$$

综合式(8.15)和式(8.16),可以得到温度的表达式:

$$T = \frac{\dfrac{hc}{k}(E_2'' - E_1'')}{\ln(R) + \ln\left[\dfrac{S_2(T_0)}{S_1(T_0)} + \dfrac{hc}{k}\dfrac{(E_2'' - E_1'')}{T_0}\right]} \tag{8.17}$$

在可调谐二极管激光器吸收光谱技术上还可以测得组分 i 的摩尔分数 X_i。

图 8.15 为采用可调谐二极管激光器吸收光谱测量 PDE 内爆震波温度以及燃烧产物中水蒸气浓度的变化。该测量方法中采用了两路激光用于扫描烟灰,两个波段邻近 H_2O 的两个非扫描特征吸收波段,用于扣除广谱吸收,使得连续广谱吸收不存在陡变,扫描波段用于补足固定波长不扫描无法获取水蒸气吸收的不足。

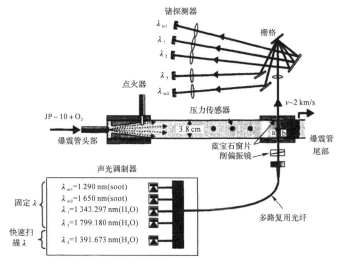

图 8.15　复合波长可调二极管激光器测量仪器装置

7. 基于红外吸收-辐射法

采用一种新的快速红外阵列光谱仪(Fast Infrared Array Spectrometer,FIAS)获得波段在 $1.1 \sim 4.8~\mu m$ 的红外辐射信号,如图 8.16 所示的装置中,两列错开含有 160 的线型阵列 PbSe 探测器组成了 FIAS 系统,安装在距离爆震管出口 12.7 mm 远的地方,与其同水平轴线的是一个黑体,黑体温度设定为 1 000 K,是用于测量系统标定的。FIAS 系统利用黑体进行八个点的二阶回归法计算,最终得到了火焰的发射强度。

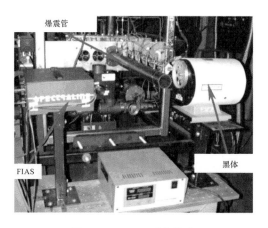

图 8.16　FIAS 系统构成

另外,可以基于经典辐射吸收法的火焰温度红外光谱测量原理(见图 8.17)测量 PDE 尾焰温度。测量系统包含一个发射单元和两个接收单元,参考光源和火焰辐射被 1 号接收单元接收,1 号接收单元内部放置了红外透镜和滤光片。红外透镜的作用是将入射的平行辐射聚焦于透镜焦平面处的红外探测器上,红外滤光片作用时将辐射单色化,得到测量所需的波段信号,红外探测器将辐射信号转换为电压信号,然后经前置直流放大器放大输出。2 号接收单元结构与 1 号接收单元相同,但是它只接收火焰的辐射信号。为了使问题简化,又不影响测量的基本原则,故作如下假设:①火焰为纯吸收介质,即当参考辐射源的辐射通过火焰时,只产生吸收损失,而没有散射损失;②火焰处于局部热平衡状态。

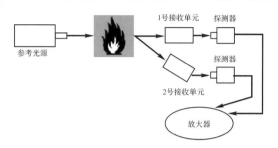

图 8.17　火焰温度的红外光谱测量原理示意图

根据传统的发射吸收高温测量是基于完全吸收介质的辐射输运方程:

$$\frac{\mathrm{d}I_\lambda}{\mathrm{d}\tau_\lambda} + I_\lambda = I_{\lambda,B} \tag{8.18}$$

$$\tau_\lambda \equiv \int_0^z \alpha_\lambda \mathrm{d}z \tag{8.19}$$

式中:τ_λ 为光学厚度(也称吸光度);α_λ 是气体的吸收系数;z 是从探测器到介质边缘的距离。

设灯丝温度为 T_s,灯亮度温度为 T_L,燃气厚度为 d,燃气温度为 T_G,探测器的输出电压正比于入射辐射,如要测得温度必须得到三个信号:参考光源关闭时的发射信号 S_G,没有气体存在时的参考信号 S_L 以及灯光照射气体时的信号 S_{G+L}。将式(8.18)进行积分,得到探测器测量参考光透过气体时的辐射强度:

$$I_\lambda(d) = I_{\lambda,B}(T_L)\exp(-\Gamma_\lambda) + I_{\lambda,B}(T_G)[1-\exp(\Gamma_\lambda)] \tag{8.20}$$

式中:$\Gamma_\lambda \equiv \alpha_\lambda d$,等式左边第一项是参考光源的辐射强度,第二项是气体的发射强度。参考光源的辐射温度(即亮度温度)T_L 与灯丝温度有关:

$$I_{\lambda,B}(T_L) = \varepsilon_\lambda(T_s)t_\lambda I_{\lambda,B}(T_s) \tag{8.21}$$

式中:ε_λ 为灯丝的光谱发射率;t_λ 是其中所有光学镜头的透射比。通过简单的算法可以将气体温度表达式写为

$$T_G = \frac{T_L}{1-(\lambda T_L/C_2)\ln[S_G/(S_G+S_L-S_{G+L})]} \tag{8.22}$$

式(8.22)即为经典辐射吸收法火焰温度红外测量原理公式。它对所有波长均适用。该测量方法为改进的传统辐射-吸收法,克服了遮光器工作频率低而导致的采样率低的缺点,可满足高频率工作状态下 PDE 尾焰温度测量的需求。而且结构简单,成本低廉,易于实现,但测得的火焰温度将有些偏高。

8.4.4　爆震燃烧过程中已燃气体速度测量方法

关于爆震燃烧已燃气体传播速度的测量方法,目前资料显示比较成功的是可调二极管

激光吸收法,在这方面斯坦福大学进行了大量的工作,他们应用紫外光、可见光或者红外光源,在激光吸收的基础上做出了很多成绩,特别是近 10 年中利用近红外光源发展可调激光吸收(可调二极管激光器,TDL)诊断技术得到了突飞猛进的成就。

比如,Mattison[13]利用多波长复合二极管激光器的光学方法测量了已燃气体的传播速度。该试验在一个内径为 38 mm 的 PDE 试验器(见图 8.18)的出口处安装了一个很小的约 150 μm 的不锈钢针体,并且将饱和的 CsCl 盐水溶液通过针体注入火焰中;而在针体的下游,一束二极管激光光束被分为间隔仅为 2 mm 的两束激光光束,激光的波长调节在 852 nm左右,正好位于 Cs 原子的 D_2 谱线上。CsCl 分子在高温中分解形成了 Cs 原子,当激光调节到 Cs 原子的共振跃迁的时候,在透射信号中就会出现高频调制。通过计算两个激光束的波峰间隔,就可以得到已燃气体的传播速度了。

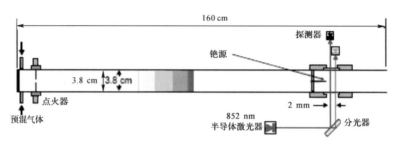

图 8.18　安装测量已燃气体速度的装置图

8.4.5　爆震燃烧过程中组分浓度测量方法

Sanders[14]利用多路复合二极管激光方法测量燃烧组分浓度。该方法基于激光吸收原理,He - Ne 激光器的输出波长为 3.39 μm,用来测量 C_2H_4 的浓度;垂直腔体表面发光激光器(VSCEL)在氧的 A 波段进行注入电子扫描,用于检测 O_2 的浓度。这样根据测点记录的 C_2H_4 和 O_2 的组分浓度变化开始的时间,推算出混合物的流动速度,并且还可以确定填充的位置以及当量比。其测试结构如图 8.19 所示。

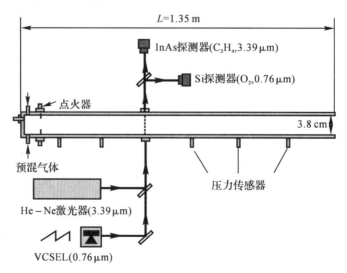

图 8.19　PDE 上用于测量燃料蒸汽和 O_2 浓度的装置

3.39 μm 的 He‑Ne 激光器之所以常常被用来测量燃料 C_2H_4 的摩尔浓度,是因为 C‑H 的拉伸的基本频率在 3 000 cm^{-1},大多数碳氢燃料强烈的吸收谱线都在这个范围内。但是 He‑Ne 激光器的波长不可调,所以不能选择吸收最强的特征谱线,而且 He‑Ne 激光器的波长接近于很多分子团如—CH_2,—CH_3 和—CH_2—的共振频率,这样 He‑Ne 激光器就不可以用于大分子燃料的组分测量。Ma[15]采用图 8.20 中的测量装置,用 1.62 μm 的二极管激光器来扫描 6 145～6 151 cm^{-1} 的 Q‑分支区,拓宽了吸收谱线范围,增强了乙烯的吸收信号,得到了阀门开启和关闭后随着时间变化的当量比,为冷态供油供气系统的控制提供了有效的数据。

只是以上对 C_2H_4 浓度的测量是基于冷态试验,而中红外激光器却因为体积较大、噪声强、对环境状况敏感,而且十分贵重和易坏,所以一直得不到广泛的应用。一个和光纤耦合的 He‑Ne 激光器在这种考虑下出现了,Klingbeil[16]和 Hinckley[17]在文中详细描述了测量装置和如何测量吸收系数,可得到起爆器下游随着时间改变的燃料分压曲线,真正做到了实时的燃料浓度测量。

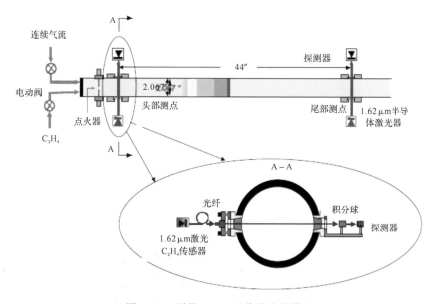

图 8.20　测量 C_2H_4 组分浓度的装置

8.4.6　爆震室喷雾特性测量方法

目前,多数 PDE 都是以液体燃料工作的,如煤油、汽油或者 JP10 等。由于液体燃料的沸点比着火温度低得多,在着火前燃料已经蒸发汽化,因此液体燃料的燃烧速率决定于蒸发速率。然而,提高蒸发速率的关键又在于扩大单位质量燃料的蒸发表面积。雾化颗粒越细,单位质量燃料的蒸发表面积越大,燃烧速率也越大,因而雾化好坏对燃烧过程起着决定性的作用。

液体燃料雾化是为了加强单位质量燃料的表面积,以加快蒸发速率;并使雾化流朝适当方向分散,加速与周围空气的混合,从而提高燃烧室的容积热强度和燃烧的完全程度。目前,PDE 头部进气速度为几十米/秒,甚至高达 300 m/s,而爆震室内燃烧时间不足 0.001 s,故要求燃油和空气能很快掺混,这对燃油的雾化提出了很高的要求。了解雾化分布是研究油珠汽化及燃烧所不可缺少的[9]。

爆震室内燃油的雾化分布情况可以用试验方法求得,20 世纪 50 年代常用的方法有凝固法、绝对法、印痕法、比色法和光学法。

凝固法是根据某些物质受热熔化后,其密度、黏性及表面张力与常温下的燃料相同来测量的;缺点在于很难找到这样的物质,在它熔化后,其所有物理参数能相当接近于所研究的燃料在所需条件下的物理参数。绝对法是将液珠放入黏性液层中,它们相互不混合也不溶解。进入黏性液层中的液珠保持圆球形状,用显微镜来测量其大小;缺点是工作很繁重,得到的样品不能保存很长时间。印痕法是使液珠在某种物质上留下明显的痕迹,用显微镜来测量;缺点也是工作繁重。比色法的根据是供油压力不变及喷射角很小时,液珠由水平喷嘴喷出后,大的液珠比小液珠飞得远些。上述各种方法都不适用于挥发性的液体在加热到接近沸点的时候,因为液珠在被利用以前,就有一部分液体已经蒸发了。对于这种情况,可以采用光学法。

光学法使用短焦距镜头的照相机将运动油珠拍摄下来,其基于激光颗粒前向散射原理,当一束激光束照射到被测液滴时,受液滴的散射作用,激光会向四面八方散射,其中大部分散射光能量处于前向方向。散射光能的分布与被测液滴的大小有关,采用专门设计的扇形多元光电探测器测出前向散射光能的分布,根据光散射理论及反演算法对测得的散射光能分布数据进行处理,就可以得到被测液滴的粒度分布。通常采用激光多普勒测速原理测量粒子速度,图 8.21 是激光颗粒测量的原理图。由激光器发出的平行单色光照射到被测颗粒时会产生衍射或散射现象,衍射或散射光的强度分布与被测颗粒的粒径有关,可以用夫琅和费衍射理论或 Mie's 散射理论来描述。

如果用一多环光电探测元件测得衍射光能的分布,并求解方程组,就可得到被测颗粒的粒径分布和平均粒径值。

上海理工大学研制的 LS-1000 分体式激光喷雾分析仪也是基于该原理来测量燃油的粒度分布,由激光发射箱、激光接收箱、USB 信号电缆和计算机、操作软件等组成,如图 8.22 所示。

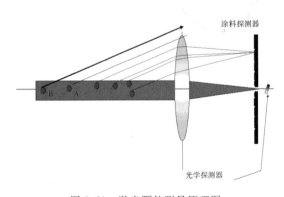

图 8.21　激光颗粒测量原理图

图 8.22　燃油雾化测量的试验装置

8.4.7　爆震室壁温测量方法

脉冲爆震燃烧室的壁面承受爆震波产生的周期性热负荷作用,壁面温度随爆震频率提高而提高,且沿轴向分布不均匀。因此准确测量爆震燃烧室的壁面温度,对进一步了解PDE 的工作情况,爆震燃烧室结构强度的分析,爆震燃烧室结构参数的设计和材料的选择,都具有一定的意义。壁温测量方法可分为接触式(利用热电偶)和非接触式(利用热成像仪)两种[18]。采用接触式测量时,需将热电偶安装在发动机外侧位置壁面处,试验时利用数据采集系统就可以获得发动机壁面若干测量点的温度变化情况,但不能获得发动机整体壁面温度分布情况。前人多采用热电偶法测量过脉冲爆震燃烧室的壁温,但是它的频响较低,准确度不高,后来改用红外热成像仪测量壁温。

红外热成像仪是利用红外扫描原理来测量物体的表面温度分布,可用于测量燃烧室的壁温。它主要由光学会聚系统、光机扫描系统、红外探测器、信号处理系统及视频显示器等组成。被测物体的热辐射图形经过光学系统的会聚和滤光,聚焦于安置了红外探测元件的焦平面上。在光学会聚系统与探测器之间有一个光学机械扫描装置,由两个扫描发射镜组成,分别用作水平和垂直扫描。由于扫描装置的作用,从目标入射到探测器上的红外辐射会随着扫描镜的转动而移动,因此可以使被测空间的整个视场得到有序的扫描。入射的红外辐射在探测器上产生与红外辐射能量成正比的电压信号,扫描过程使二维的物体辐射图转化成一维的模拟电压信号序列,经过放大、处理后,得到目标温度场的热像结果,该结果可以进行存储或由视频系统显示为热像图。这种热像图与物体表面的热分布场相对应,实质上是被测物体各部分红外辐射的热像分布图。其关键技术是探测器由单片集成电路组成,被测目标的整个视野都聚焦在上面,并且图像更清晰,使用更方便,仪器非常小巧轻便,同时具有自动调焦、图像冻结、连续放大、点温、线温、等温和语音注释图像等功能,仪器采用 PC卡,存储容量高达 500 幅图像。热成像仪作为一种红外测温仪器,除了具有非接触、快速、能对运动目标和微小目标测温以外,还具有以下优点:

(1)温度分辨率高,最小温度分辨率可达 0.01℃;

(2)空间分辨率高,热成像仪的像素点一般都在一百万以上,可以实现对目标物体全场的细致测量;

(3)方便直观地以图像形式显示物体表面的温度场;

(4)可方便地进行数据存储和计算机处理。

当然,热成像仪也存在一些不足之处,如在室温下,其响应速度较慢,灵敏度较低。同时,热成像仪结构复杂,价格昂贵,也限制了它的使用。如图 8.23 所示是使用的美国 FLIR Systems 的 A40M 型号的热成像仪,其采样率为 50 Hz,像素为 640×480。

图 8.23　A40M 热成像仪

8.4.8　爆震室流阻及进气道正/反流压力测量方法

当爆震涡轮发动机从启动状态过渡到联调状态,即脉冲爆震涡轮发动机进入自吸气模式下长时间稳定工作时,爆震燃烧室产生的爆震波会向进气段前传,如果在进气段内,前传的爆震波没有得到有效的控制,则会出现较高的反压,那么势必会影响上游压气机系统的工作,最终影响整机的正常工作。所以如何检测进气段反流压力是控制爆震波前传的必要手段。

试验中主要通过在进气段内布置高频响压阻式传感器来检测。试验布局示意图如图8.24所示,比如可以在进气道内同一位置布有两个压阻式传感器,其中压力传感器1对准来流,用来测来流总压,压力传感器2对准反流,用来测反流总压,在爆震形成过程中,压力传感器1可以测试反流静压。

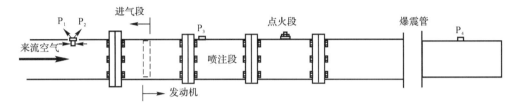

图8.24 试验结构示意图

当然如果在爆震室进出口处,布置同样的压阻式传感器,则可以测试不同爆震室结构的进出口总压,从而得到发动机爆震室的总压损失,获得爆震室的流阻参数。

8.5 脉冲爆震涡轮发动机转速及推力测量方法

8.5.1 转速测量方法

为了研究由于涡轮进口爆震燃气产生的震动对涡轮转速造成的非定常性,通常在涡轮增压器的压气机进口采用光电式转速传感器测量压气机的转速,即涡轮转速。该方法的原理是在压气机转子上贴上一片感光材料,转速传感器探头插进压气机机壳,正对压气机转子。当感光材料转动到正对转速传感器探头的位置时,转速传感器探头就感应一次,发出一个脉冲信号,经示波器由数据采集系统采集,然后读取每两个相邻脉冲信号之间的时间差值,再换算成转速。表8.2是冷态、爆震两种工况下的转速对比。图8.25是不同点火频率下压气机转速随时间的变化,其转速测量是在各点火频率下爆震稳定之后开始测量的。

表8.2 冷态和爆震的压气机转速

点火频率/Hz	燃油流量 mL·s^{-1}	爆震室进口空气流量 kg·h^{-1}	充填系数	当量比	转速 r·min^{-1}
0(冷态)	0	245	—	—	350
10(爆震)	7.2	245.2	1.135	1.355	23 340

由表8.2可见,在冷态时由于涡轮压气机转子惯性大,摩擦阻尼大,在爆震室进口空气流量为245 kg/h的冲击下,转子转速只有350 r/min,而在点火频率为10 Hz时,在相同的爆震室进口空气流量情况下,转速上升到23 340 r/min,说明爆震燃烧产生的燃气冲击涡轮做了功。图8.25说明各频率下的转子转速基本稳定,后面的压气机性能测量是在转速达到稳定之后进行的,所以测量的数据可以用来计算压气机和系统的性能。从图8.25中也可以

发现,随着点火频率的增大,涡轮压气机转子转速上升。这是因为随着频率增大,燃油流量增大,单位时间内释放的能量和冲击涡轮做功的次数增多,两次爆震燃气冲击涡轮做功的时间间隔减小,转子保持转动的能力加强,所以转子转速随点火频率增大而增大。

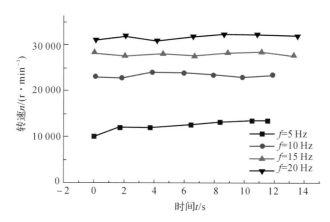

图 8.25　不同点火频率下压气机转速随时间的变化[19]

8.5.2　推力测量方法

推力作为航空发动机的主要性能指标之一,一直是航空推进领域研究者的重点关注对象,因此准确、真实地测量发动机推力具有非常重要的研究意义。PDE 是利用间歇式或脉冲式爆震波产生的高温、高压燃气作用在推力壁上来产生推力的,其燃烧过程近似于等容燃烧过程,整个过程是间歇式的、周期性的,因而产生的推力是脉动的。其工作特点决定了它的推力测量方法不同于传统发动机现有的测量方法。目前 PDE 推力测量方法包括体积比冲估算法、推力壁压力曲线积分法、力传感器直接测量法、弹簧-质量-阻尼系统法及抛物摆法等。

1. PDE 现有推力测量方法[20]

(1)体积比冲估算法。单次循环 PDE 的单位体积比冲为

$$I_V = \frac{I}{V} \tag{8.23}$$

式中:I 为 PDE 单次爆震循环所产生的冲量;V 为爆震发动机爆震室体积。

故当 PDE 在多循环状态下工作时,其平均推力可用下式计算:

$$F = I_V V f = I_V \frac{\pi d^2 L}{4} f \tag{8.24}$$

式中:L 为爆震室的长度;d 为爆震室的内径;f 为爆震循环频率。对于以汽油/空气为工质的 PDE,其 $I_V = 1\,363.45\ \text{N} \cdot \text{s/m}^3$。因此只要确定了脉冲爆震发动机爆震室的几何尺寸以及爆震循环频率,就可以利用公式估算出 PDE 的平均推力。

(2)推力壁压力曲线积分法。对于不加喷管的脉冲爆震火箭发动机,其工作时所受到的力包括发动机内部气流作用在推力壁、增强爆震结构、发动机内表面上的力和发动机出口气流压力作用在发动机横截面上的力,受力情况如图 8.26 所示。

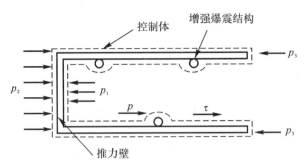

图 8.26　脉冲爆震受力示意图

其中：p_1 为推力壁压力；p_2 为环境压力；p_3 为发动机出口截面压力；p 为内部气流压力；τ 为发动机内部气流与内表面单位面积之间的摩擦力。

按图 8.26 中虚线所示取控制体，发动机工作时的瞬时推力可按下式计算：

$$F = (p_1 - p_2)A_1 + \sum \left(\int p\,\mathrm{d}A \right) + \int \tau\,\mathrm{d}S + (p_3 - p_2)A_3 \qquad (8.25)$$

式中：右边第 1 项为推力壁面积乘以内外压力之差，第 2 项为发动机内流作用在增强爆震结构上的力，第 3 项为发动机内流与发动机内表面的摩擦力对推力的贡献，第 4 项为发动机出口气流压力与环境压力之差乘以发动机横截面积。当忽略第 2,3,4 项对推力的影响时，发动机的瞬时推力为

$$F = (p_1 - p_2)A_1 \qquad (8.26)$$

则发动机的平均推力为

$$F = \frac{\int_0^T [p_t(t) - p_2] A\,\mathrm{d}t}{T} \qquad (8.27)$$

式中：$p_t(t)$ 为推力壁压力瞬时值；A 为推力壁有效面积，为一定工作时间。在发动机工作时，只要测得推力壁内表面处的压力变化曲线和环境压力，就可以计算出发动机的瞬时推力和平均推力。

（3）弹簧-质量-阻尼系统法。弹簧-质量-阻尼系统法就是通过弹簧将发动机及其安装动架与推力测试台静架连接在一起，使其形成一个弹簧-质量-阻尼系统，如图 8.27 所示。图中：F 为发动机推力；$m_d + m_e$ 为动架与发动机质量之和；C 为阻尼系数；K 为弹簧刚度系数；$(x, \dot{x}, \ddot{x})$ 为质量块振动响应。

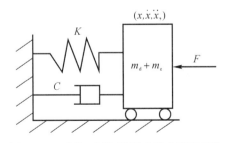

图 8.27　弹簧-质量-阻尼法推力测量系统

由牛顿运动定律有

$$(m_{\mathrm{d}} + m_{\mathrm{e}})\ddot{x}(t) + C\dot{x}(t) + Kx(t) = F(t) \tag{8.28}$$

$$令 \quad P^2 = \frac{K}{m_{\mathrm{d}} + m_{\mathrm{e}}}, \quad \varepsilon = \frac{C}{2P(m_{\mathrm{d}} + m_{\mathrm{e}})}$$

式中：P 为该振动系统的角频率；ε 为阻尼比。这两个特性参数可以通过系统识别的方法获得。

由于 PDE 所产生的推力具有间歇性、周期性又不失一般性的特点，因此可以假设：

$$F(t) = f_0 + \sum_{n=1}^{\infty} f_n \cos(nw_0 t + \varphi_n) \tag{8.29}$$

由式（8.29）可知，脉冲爆震发动机所产生的间歇性、周期性推力可以表示为一个静态推力 f_0 和无限个简谐力（力幅为 f_n，相位为 φ_n）的和。上式中 $w_0 = 2\pi f$（f 为脉冲爆震发动机工作频率）。根据线性系统振动原理，PDE 的振动响应可以表示为

$$x(t) = x_0 + \sum_{n=1}^{\infty} f_n \cos(nw_0 t + \varphi_n + \beta_n) \tag{8.30}$$

β_n 为由系统阻尼引起的相位滞后，则

$$\dot{x}(t) = -\sum_{n=1}^{\infty} x_n nw_0 \sin(nw_0 t + \varphi_n + \beta_n) \tag{8.31}$$

$$\ddot{x}(t) = -\sum_{n=1}^{\infty} x_n (nw_0)^2 \cos(nw_0 t + \varphi_n + \beta_n) \tag{8.32}$$

显然 $E(\dot{x}) = 0, E(\ddot{x}) = 0$，则

$$E[f(t)] = f_0 = E[(m_{\mathrm{d}} + m_{\mathrm{e}})\ddot{x}(t) + C\dot{x}(t) + Kx(t)] = E[Kx(t)] = KE(x) \tag{8.33}$$

由此可见，PDE 的平均推力可通过求取弹簧-质量-阻尼系统振动位移的平均值，再乘以该振动系统的弹簧刚度系数来获得。

从原理上分析，弹簧-质量-阻尼系统法可以较精确地获得 PDE 模型机的平均推力。由于测力弹簧能够对发动机工作时每次爆震循环的实际情况做出反应，该方法间接测量了发动机产生的实际推力。因此，通过该方法获得的 PDE 模型机的平均推力接近发动机的真实推力。但由于测力台架动架与静架之间存在的摩擦力，所以采用该方法获得的推力较之发动机的实际推力偏小。

图 8.28 是采用弹簧-质量-阻尼系统法的试验系统示意图。弹簧两端分别与推力挡板及安装动架连接在一起。

试验中弹簧的位移通过电涡流位移传感器测得。该位移测量系统包括探头、延伸电缆和前置器。前置器中高频振荡电流通过延伸电缆流入探头线圈，在探头头部的线圈中产生交变的磁场。当被测金属靠近这一磁场，则在此金属表面产生感应电流，即电涡流。与此同时，该电涡流也产生一个方向与头部线圈方向相反的交变磁场，由于其反作用，使头部线圈高频电流的幅度和相位得到改变，即线圈的有效阻抗发生改变。一般来说，线圈的有效阻抗与金属体磁导率、电导率、线圈的几何形状、几何尺寸、电流频率以及头部线圈到金属导体表面的距离等参数有关。当控制上述几个参数在一定范围内不变，使得线圈的特征阻抗成为距离的单值函数，并选取该函数近似线性的一段，通过前置器电子线路的变化，将特征阻抗的变化及距离的变化转换成电压的变化，即可获得弹簧位移的变化，从而获得发动机推力。

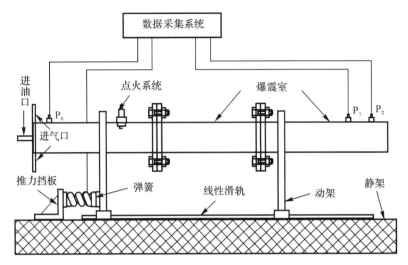

图 8.28 采用弹簧-质量-阻尼系统法试验系统示意图

(4)抛物摆法。抛物摆法是一种可用于 PDE 平均推力测量的简便方法。试验时,用两根钢丝将爆震发动机水平悬挂起来,形成一个抛物摆,如图 8.29 所示。

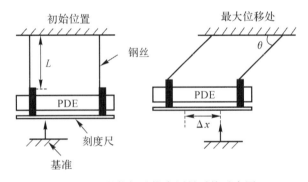

图 8.29 抛物摆法推力测量系统示意图

发动机工作时,在推力的作用下,摆产生摆动。发动机在水平方向的位移由固定在试验台上的基准和固定在发动机上的刻度尺来指示,并通过固定在试验台上高速照相机记录整个摆动过程。

在单次爆震作用下,可以利用能量守恒方程来求得单次爆震所产生的平均推力,即

$$\frac{1}{2}mv^2 = mgh \tag{8.34}$$

式中:m 为发动机质量;v 为发动机在单次爆震作用下获得的平均速度;h 为发动机摆动到最大位移处时其重心在垂直方向升高的距离。则

$$v = \sqrt{2gh} \tag{8.35}$$

发动机在单次爆震作用下所获得的冲量为

$$I = \overline{F}t_c = mv = m\sqrt{2gh} \tag{8.36}$$

式中:$\overline{F}$ 为单次爆震所产生的平均推力;t_c 为单次爆震的循环时间。

由图 8.29 可知:

$$h = L(1 - \sin\theta) = L\left[1 - \sqrt{1 - \left(\frac{\Delta x}{L}\right)^2}\right] \qquad (8.37)$$

则单次爆震所产生的平均推力为

$$\overline{F} = \frac{m\sqrt{2gL\left[1 - \sqrt{1 - \left(\frac{\Delta x}{L}\right)^2}\right]}}{t_c} \qquad (8.38)$$

当发动机在多循环状态下工作时,由于爆震频率远大于抛物摆的固有频率,抛物摆在发动机平均推力的作用下将会摆动到一个平衡位置,由于爆震发动机瞬时推力的脉动性,发动机将在该平衡位置附近发生摆动。在平衡点,发动机的受力情况如图 8.30 所示。

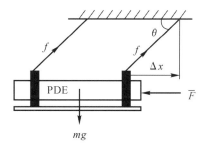

图 8.30　多循环状态下摆在平衡位置处的受力情况示意图

发动机受力平衡时,水平和垂直方向的力平衡方程为

$$\left.\begin{array}{l} 2f \cdot \sin\theta = mg \\ 2f \cdot \cos\theta = \overline{F} \end{array}\right\} \qquad (8.39)$$

解得

$$\overline{F} = \frac{mg}{\sqrt{\left(\dfrac{L}{\Delta x}\right)^2 - 1}} \qquad (8.40)$$

由式(8.40)可知,试验时,只要准确测定出抛物摆平衡位置在水平方向的位移,即可求出发动机在多循环工作状态下的平均推力。无论对于以火箭模式还是自吸气模式工作的 PDE,抛物摆法都是适用的。但该方法只能获得发动机的平均推力,无法得到发动机的瞬时推力值。

(5)力传感器直接测量法。力传感器直接测量法通过测量发动机的瞬时推力,将瞬时推力对时间积分即可得到 PDE 的平均推力。试验中采用动态推力传感器直接测量发动机的瞬态推力。推力传感器一端与固定在台架基础上的挡板相连,另一端与动架相连,发动机通过连接件安装在动架上,推力传感器采集到的瞬态推力信号,通过配套的电荷放大器调理转换为电压信号接到计算机数据采集系统。

图 8.31 是采用力传感器直接测量法的试验系统示意图。在西北工业大学爆震试验中,采用的是 Kistler 动态推力传感器,该传感器具有零漂功能,即可以测到静态推力,该推力传感器的型号为 9331B,固有频率为 45 kHz,刚度为 1 kN/μm。

比较以上五种推力测量方法,每种方法都具有各自的优、缺点。抛物摆法是利用爆震频率远大于发动机摆动频率而衍生的平均推力测量方法,而对同一工作频率,采用体积比冲估算法得到的 PDE 模型机的平均推力偏大,因为体积比冲估算法是基于以下假设来计算

PDE 平均推力的：

  (1)爆震波在推力壁处生成,向后传播；

  (2)体积比冲的求取是以单次爆震循环为基础得到的；

  (3)爆震发动机工作时,整个发动机内部都充满可燃混气。

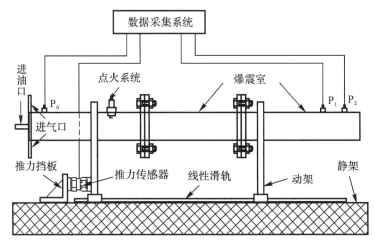

图 8.31 采用力传感器直接测量法试验系统示意图

  在发动机工作过程,以上三点假设与实际情况都存在一定偏差。首先,实际的爆震发动机工作时,爆震波并未在推力壁处生成,而需要一段爆燃向爆震转化的时间与距离；其次,当PDE 模型机以多循环工作状态工作时,把理想单循环状态下的单位体积比冲作为多循环工作 PDE 的每个循环过程的单位体积比冲与实际情况存在一定偏差,因为当发动机在多循环状态工作时,并非每个爆震循环都是一样的；最后,对于试验采用的 PDE 模型机,由于进油、进气均采用无阀自适应控制方法,油、气量的供给虽然可以进行调节,但要让每次爆震循环过程中的爆震室内都填充满可燃混气在实际工作中很难做到。鉴于以上原因,不难看出,体积比冲估算法是一种理想化的,不考虑任何对发动机推力产生不良影响因素的 PDE 平均推力估算方法。因此,按该方法求出的 PDE 模型机的平均推力自然是最大的。

  推力壁压力曲线积分法能够将多循环工作状态下每次爆震循环实际过程对推力壁压力分布的影响考虑进去,但如在其方法原理分析中所指出的,该方法忽略了发动机内流作用在增强爆震结构上的力、发动机内流与发动机内表面的摩擦力以及发动机出口气流压力与环境压力之差乘以发动机横截面积所产生的力等对发动机推力的贡献。所以推力壁压力曲线积分法只适用于不加喷管的脉冲爆震火箭发动机,且爆震室没有任何增强装置,否则用此方法所测得的推力必须进行校准。

  从原理上分析,采用弹簧-质量-阻尼系统法是可以较精确地获得 PDE 模型机的平均推力的。由于该方法间接测量了发动机产生的实际推力,测力弹簧能够对发动机工作时每次爆震循环的实际情况做出反应,因此,通过该方法获得的 PDE 模型机的平均推力接近发动机的真实推力。但由于测力台架动架与静架之间存在的摩擦力以及系统振动时进气、进油管路的牵扯作用很难精确考虑,从能量守恒的角度看,测力弹簧测得的力不可能大于发动机产生的实际推力,而只能比其小。因此,采用该方法获得的推力较之发动机的实际推力偏小。而且,这种方法的缺陷是在进行每次试验前必须对测试系统进行校准。

  除此之外,上面提到的任何一种推力测量方法,一个共同的限制是因为系统受到工质供应管路、电源线、及传感器信号线等连接测试架外部设备的管道和线路的严重影响而导致一定的系统误差。而且这些方法均适用于冲压式脉冲爆震发动机的推力测量,但是对于脉冲爆震组合发动机这种复杂系统的推力测量具有一定的局限性。所以要获得准确的脉冲爆震涡轮发动机的推力,必须探索新的推力测量方法。

2. 脉冲爆震涡轮发动机整机推力测试方法

(1)非接触推力测量法。非接触推力测量方法,作为新型推力测量方法的一条支线,由于其有进行测量时可以不接触发动机的特点,在近些年来成了国内外研究的一个重点。在2009年,H. Böhrk 等人发表了关于使用挡板测量发动机气动推力的文章[21],他们将平板加装于气动喷口之后,通过测量平板推力来获得试验器产生的推力,并且研究了这种方法在原理上的可行性。

中国科学院的 K. Cheng 等人[22]研究了非接触稳态推力测量的气动性能。他们使用的方法与 H. Böhrk 等人的相同,是将承接平板安装在发动机尾部之后,通过承接平板的受力来估算发动机的实际推力的,这种方法也叫冲击法推力测量。他们总结了非接触推力测量方法的原理,并试验研究了承接平板安装位置对推力大小的影响规律。

由此可见,非接触推力测量方法在国内外均作了一定的研究,但现有非接触推力测试方法的研究主要集中在稳态气流排放的发动机上,对于非稳态情况,比如像 PDE 的推力测量,国内外尚未出现相关非接触推力测试的研究报道。本书尝试把这种非接触式推力测量方法引入到脉冲爆震涡轮发动机的测试环节,探索其影响因素,尝试为组合式脉冲爆震发动机探索一种有效的推力测量系统。其测量原理如图 8.32 所示。

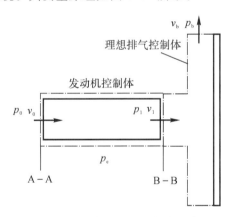

图 8.32　非接触方法测量推力示意图

对于传统发动机的地面试车情况,进气速度为 0,进气压力为环境大气压,在图 8.32 所示的控制体中,对通过发动机的内流根据动量定理可以得到如下关系式:

$$p_0 A + F_i - p_1 A = v_1 m - v_0 m \tag{8.41}$$

式中:m 为发动机进气和排气的质量流量;v_0 为进气的轴向速度;v_1 为排气的轴向速度;p_0,p_1 为发动机前后截面的压力;A 为发动机控制体的截面面积;F_i 为发动机对内部气流的作用力。

由于发动机对内部气流的作用力与气流对发动机的作用力是一对作用力与反作用力,因此发动机的实际受力为

$$F_t = m v_1 - m v_0 + (p_1 - p_0) A \tag{8.42}$$

同理,当气流冲击到承接平板上且气流方向完全偏转到径向方向时,使气流产生偏转的力与气流对承接平板的推力为一对作用力与反作用力,因此,在轴线方向上列动量定理可得,承接平板的受力为

$$F_b = mv_1 + (p_1 - p_e)A \tag{8.43}$$

式中:p_e 为环境压力。

在上述平板受力的公式,是在一个假设前提下进行的,即平板距离发动机尾部足够近,发动机的排出气流能够按照图 8.32 中理想排气控制体进行排放,不考虑压力和质量向控制体外的扩散损失。只有在该假设条件下,承接平板的受力才能够用上述公式进行描述。

上述情况中要使 $F_t = F_b$,要求发动机轴向进气速度 $v_0 = 0$,进气压力 p_0 等于环境大气压 p_e,而试验中由于采用的是外部供气形式,v_0 与 p_0 均存在初始值,因此试验中发动机头部采取径向进气的方式,以此来验证非接触测量方法的可靠性。图 8.33 给出了非接触测量法试验系统示意图。

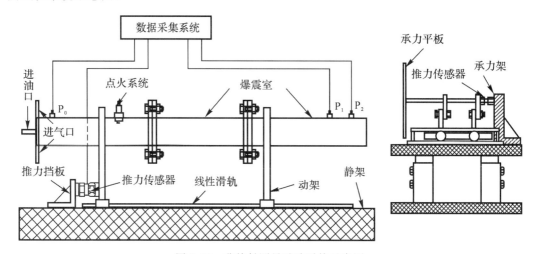

图 8.33 非接触测量试验系统示意图

该推力测量方法主要是通过测量发动机排气的冲量来获得发动机的推力。其推力测量系统主要有两部分组成,分别为底部支撑台架和测量系统本身。

底部支撑台架又分为嵌套在一起由螺栓连接的上下两个分架(见图 8.34),目的是可以粗调台架的高度和左右位置,以满足不同型号发动机的排气流中心线和推力测试系统的中心线一致。其中上分架全高 600 mm,四条连接腿上在距离其底部每 50 mm 处加工一个通孔,目的是为了和下架能够利用螺栓连接起来。下分架全高 600 mm。除此之外,下分架在其中上部 450 mm 高度的位置还焊接了厚度为 20 mm 的环矩形的加强板,目的是为了加强其架构本身的刚度以及稳定性。下分架底部为了移动方便安装了 4 个滚轮,同时为了能够固定位置在四角处安装了 4 个螺纹千斤顶式的支架,支架可调节高度为 15~20 mm。上下分架安装时为了保证强度一般在每条腿上至少安装两个固定螺栓,因此,此底部台架可以做到的高度粗调的范围为 600~1 050 mm。

测量系统(见图 8.35)主要由两部分体系组成,分别为动架和静架体系,动架体系由连接架、可动架、轴承、封闭的槽形轨道组成。

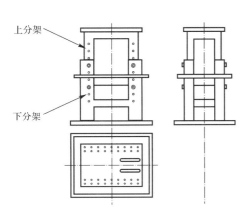

图 8.34　测量系统底部支撑台架示意图

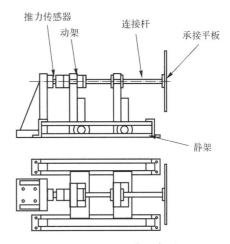

图 8.35　测量系统示意图图

静架体系则包括连接架和静止架两部分组成。连接架的设计考虑到了实际承接板承受高温气流时,温度会通过连接体传递到传感器上,因此连接板采用的是多段隔离式的设计。动架的轨道槽设计为封闭式,主要是考虑到安装本身若是更换了较大型号的承接板后,系统本身是否存在静态平衡;脉冲冲击峰值的高推力是否会将测量系统安装的稳定性打破等情况。连接架与可动架的固接和连接架与静止架的固接都是采用螺栓连接槽道的形式来进行的,这样便可以进行测量系统高度的微量调节。在槽道至少安装两个螺栓的情况下,整体测量系统中心高的细调范围为 170~220 mm。除了高度可以进行调节之外,在轴向上测量系统还能进行前后的调节,测量台架面板上连接静架的是 150 mm 的长槽道,与此对应的动架轨道槽也存在多组可安装点。因此轴向上不移动整个台架的情况下系统本身便可以进行 150 mm 的轴向调节,从而满足不同承接板轴向位置的试验,获得不同轴向位置对推力测量值的影响规律。所以该推力测试系统可实现三维的粗调和细调,以满足不同尺寸以及不同安装位置发动机的推力测量。除此之外,承接板与连接杆的连接方式也是采用螺纹连接方式,目的是在试验中可以随意更改不同直径的承接板,进行不同直径承接板对推力测量影响的试验。

　　(2)接触推力测量方法。根据该脉冲爆震涡轮发动机的工作特点,这里提出了一种新型的接触式推力测量方法。接触式推力测量台架示意图如图 8.36 所示。

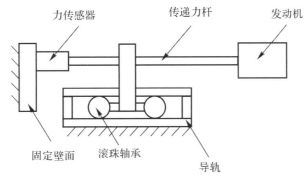

图 8.36　组合发动机推力台架示意图

其主要由动架、静架和推力传感器三部分组成,动架主要由滚珠轴承和传递力杆构成,静架主要由导轨和固定台架组成。推力测量时,将发动机与推力台架通过法兰进行固接,当发动机工作产生推力时,将通过法兰传递给推力动架,动架再将力传递给推力传感器,力传感器在动架与静架的共同作用下变形产生微小位移,并以电荷形式输出到推力测量系统,经过转换后换算成实时推力。

参 考 文 献

[1] 李晓丰. 脉冲爆震涡轮发动机的数值模拟与试验研究[D]. 西安:西北工业大学,2014.

[2] MA F, CHOI J Y, YANG V. Numerical Modeling of Valveless Airbreathing Pulse Detonation Engine [C]. Reno:American Institute of Aeronautics and Astronautics,2005.

[3] ROY G D, FROLOR S M, BORISOV A A, et al. Pulse Detonation Propulsion:Challenges,Current States, and Future Perspective[J]. Proceeding in Energy and Combustion Science, 2004, 30:545-672.

[4] WANG Z W, YAN C J, LI M, et al. Experimental Investigation on a Two-phase Valveless Air-breathing Pulse Detonation Engine[C]. Sacramento:American Institute of Aeronautics and Astronautics,2006.

[5] 李建中,王家骅,范育新,等. 煤油/空气气动阀式脉冲爆震发动机试验[J]. 航空动力学报,2005,20(5):802-806.

[6] WIEDENHOEFER J F. Naturally Aspirated Fluidic Control for Diverting Strong Pressure Waves:United States Patent,0015099A1[P]. 2010-11-09.

[7] MA F, CHOI J Y, YANG V. Internal Flow Dynamics in a Valveless Airbreathing Pulse Detonation Combustor Facility[C]. Reno:American Institute of Aeronautics and Astronautics,2007.

[8] PITON D, PRIGENT A, SERRE L, et al. Performance of a Valveless Air Breathing Pulse Detonation Engine[C]. Fort Lauderdale:American Institute of Aeronautics and Astronautics,2004.

[9] 熊姹. PDE 光学诊断及进排气系统研究[D]. 西安:西北工业大学,2009.

[10] 汪亮. 燃烧实验诊断学[M]. 北京:国防工业出版社,2005.

[11] 熊姹,范玮. 应用燃烧诊断学[M]. 西安:西北工业大学出版社,2014.

[12] MATTISON D W. Development and Application of Laser-Based Sensors for Harsh Combustion Environments[D]. California:Stanford University,2006.

[13] MATTISON D W, SANDERS S, HINCKLEY K, et al. Diode-Laser Sensor for Pulse Detonation Engine Applications[C]. Reno:American Institute of Aeronautics & Astronautics,2002.

[14] SANDERS S T, MATTISON D, MURUGANANDAM T, et al. Multiplexed Diode-Laser Absorption Sensors for Aeropropulsion Flows[C]. Reno:American Institute of Aeronautics & Astronautics,2001.

[15] MA L. Laser Diagnostics for Simulation Vapor and Droplet Measurement in Sprays

［D］. California：Stanford University，2005.

［16］　KLINGBEIL A E，JEFFRIES J，HANSON R，et al. 3.39 μm Laser Absorption Sensor for Ethylene and Propane Measurements in a Pulse Detonation Engine［C］. Reno：American Institute of Aeronautics and Astronautics，2006.

［17］　HINCKLEY K M，DEAN A J. Time – Resolved Measurements of Fuel – Air Stoichiometry in Pulse Detonation Engines Using a Non – Intrusive Laser Sensor［C］. Reno：American Institute of Aeronautics and Astronautics，2005.

［18］　郑龙席，严传俊，范玮，等. 脉冲爆震发动机模型机爆震室壁温分布试验研究［J］. 燃烧科学与技术，2003，9(4)：344 – 347.

［19］　邓君香. 装有脉冲爆震主燃烧室的燃气涡轮发动机性能分析和试验研究［D］. 西安：西北工业大学，2009.

［20］　李超. 脉冲爆震发动机非接触推力测试理论与实验研究［D］. 西安：西北工业大学，2013.

［21］　BÖHRK H，AUWETER K M. Thrust measurement of the hybrid electric thruster TIHTUS by a baffle plate［J］. Propulsion and Power，2009，25(3)：729 – 736.

［22］　CHENG K，WU H X，WANG X，et al. Aerodynamics of indirect thrust measurement by the impulse method［J］. Acta Mech Sin，2011，27(2)：152 – 163.